C#

ASP.NET Core Blazor による
エンタープライズアプリ開発

JN026814

ユーザーのための
Webアプリ
開発パターン

伊藤 稔、大田 一希、小山 崇、辻本 海成、久野 太三　著
赤間 信幸、井上 章　著・監修

インプレス

はじめに

"The Server-Side Rendering is back …"

"Blazor United" 発表のニュースが舞い込んできたのは、.NET 7 リリースからおよそ 2 か月後の 2023 年 1 月下旬。当時、日本マイクロソフト社内で本書の企画が動き出した矢先の出来事で、その全貌把握とロードマップ、リリーススケジュールなどを確認することが、書籍執筆の最初のタスクになったことをよく覚えています。Blazor の生みの親とも言われる Steve Sanderson いわく、Blazor WebAssembly と Blazor Server の統合と、サーバーサイドレンダリング（SSR）／クライアントサイドレンダリング（CSR）の組み合わせが可能な柔軟でモダンな SPA 開発が可能になることが Blazor United の特徴でもありゴールでもあると……。

サーバーサイドレンダリングと聞くと、ASP.NET Web フォームによるポストバックや、ASP.NET AJAX の部分ページ更新を思い出す方も少なくないはずです。2002 年に最初のバージョンがリリースされた .NET Framework 1.0 には、当時としては非常に画期的とも言える Visual Studio に用意された Web デザイナーと各種 Web UI コントロールにポストバックと呼ばれる手法を用いてサーバーサイドレンダリングを実現する ASP.NET Web フォームというフレームワークが実装され、それまで、Windows デスクトップアプリケーション開発が主だったマイクロソフトの開発フレームワークを、一気に Web 開発の領域にまで広げる大きな役目を果たしました。ASP.NET Web フォームを使用すると、C# や Visual Basic の開発言語とドラッグ＆ドロップのイベントドリブン モデルを使って容易に Web アプリケーションが構築でき、多くの .NET Framework を使用する開発者に Web アプリケーション開発への道を切り開きました。しかしながら、2014 年に W3C で勧告された HTML5 と Web 標準への準拠が求められる中で、ある意味ブラックボックス化された ASP.NET Web フォームの Web UI コントロール群は一部で敬遠される動きが出てきたのも事実で、結局はレガシーなフレームワークとして ASP.NET Web フォームが位置づけられ、その後の .NET Core へは移植されないことになりました。この決定には、多くの ASP.NET Web フォームを使用する開発者がとても残念に思ったことでしょう。

一方で、それに代わる、ある意味 "マイクロソフトらしい" Web 開発フレームワークが求められる中で新しく誕生した技術が **ASP.NET Core Blazor** でした。JavaScript などを使わずに、代わりに C# でフロントエンドの Web UI 開発ができ、かつ WebAssembly 技術をベースにブラウザプラグインを使わずに .NET アセンブリがブラウザ上で動作する Blazor WebAssembly と呼ばれるホスティングモデルは、ASP.NET Core で本格的なクライアントサイドレンダリング（CSR）を実現するモダンで画期的なフレームワークとして、Blazor の発表当初からとても注目度が高かったように思います。あわせて、Blazor WebAssembly における .NET アセンブリがブラウザ UI スレッドで WebAssembly として実行されるがゆ

えの制限を、ASP.NET Core SignalRを使ったWebSocket接続を取り入れることで対応したBlazor Serverと呼ばれるホスティングモデルも登場し、1つのBlazorというフレームワークの中で異なる手法を用意して広く様々な開発モデルに対応するあたりは、いかにも.NETらしいアプローチと言えるのではないでしょうか。

そして、今回のBlazor Unitedの発表と、.NET 8におけるBlazor Web Appプロジェクトテンプレートの登場により、.NETのWeb開発フレームワークとしてC#を使った単一のプログラミングモデルで、サーバーサイドレンダリングとクライアントサイドレンダリングに加えて、様々なモダンな手法を柔軟に組み合わせて、まさにフルスタックなWebアプリケーションを構築することができるようになります。ある意味、ASP.NET Coreの集大成になりうる最新Web開発フレームワークになる可能性を秘めている、それがASP.NET Core Blazorなのです。

本書を読み進めていただくことで、.NETによる最新のWebアプリケーション開発を学んでいただけることでしょう。それではさっそく、.NET 8とASP.NET Core Blazorの世界に飛び込んでいきましょう!

井上 章

本書の読み方

本書のゴールと想定読者

　本書は、**ASP.NET Core Blazorを利用した最新のWeb開発技術の要点を効率よく習得して、主に Web-DB型のアプリケーション（以下、アプリ）が開発できるようになること**をゴールとして執筆しています。**C#ユーザーを主な読者として想定しています**が、言語に依存する部分は比較的少ないため、**Java をはじめとする他言語のユーザーの方でも特に問題なくお読みいただける**でしょう。また、特にASP.NET Web Forms や ASP.NET MVC など、**以前のC#系のWeb開発技術からなかなか乗り換えられずにいる ような企業システム開発者の皆様にとっては、最新のWeb開発技術を習得し、リスキルするための書 籍**としてご活用いただける内容になっています。

本書の構成

　本書はASP.NET Core Blazorを基礎からスムーズに学ぶことができるよう、4つのパートと付録で構 成されています。

　　Part 1（第1章）ではASP.NET Core Blazorの概要を解説するとともに、Blazorアプリ開発を3つのスタイルに分類して学習していくことを示します。

　　Part 2（第2章〜第8章）では、サーバー側でアプリをホスティングして動作させるBlazor Server型の開発スタイルを使って、Web-DB型のアプリの開発方法を解説します。第2章〜第6章でBlazorの基本的な考え方やデータ入力検証の方法、ランタイムの構成方法、データアクセス方法などを個別に説明し、第7章・第8章でこれらを組み合わせた実践的なWeb-DBアプリの開発方法を解説します。

　　Part 3（第9章・第10章）では、ブラウザ側でアプリをホスティングして動作させるBlazor WASM（WebAssembly）型の開発スタイルを使ったアプリの開発方法を解説します。ここではPart 2の知識をベースとして、差分となる知識のみを重点的に解説します。

　　最後の**Part 4**（第11章）では、Blazor Server型、Blazor WASM型の2つを統合したBlazor United型の開発スタイルについて解説します。Part 2・3の知識をもとに解説することで、この開発スタイルの利点や強み、適用すべき領域などを明らかにしていきます。

　　さらに本番に向けたシステム開発では、アプリ配置に関する知識や認証認可などに関する知見も必要になってきます。また、特にC#に関する知識が以前の.NET Frameworkの時代で止まっている場合や、Javaなど他言語の開発者の皆様にとっては、最新のC#のコードにとまどいを覚える場合もあるでしょう。このような点は、本書の解説の流れを妨げないよう、付録に切り出して解説しています。必要に応じて、あわせてご確認ください。

▌学習用環境の準備

　　本書を読み進める際、実機で学習用の環境を用意して自分で動作確認すると、より一層理解が深まるでしょう。特に第7章・第8章は実機で演習しながら進めやすい形式で書かれていますので、ぜひ環境をご準備いただき、挑戦してみてください。

▌開発ツール

　　マイクロソフトの開発ツールとしては、昔からあるVisual Studioと、最近特に人気を博しているVisual Studio Codeがありますが、本書では前者のVisual Studioを用いて解説しています。これは、昔からのC#開発者にとってはVisual Studioのほうがなじみ深いであろうこと、また.NETの開発においてはVisual Studioのほうが各種の開発サポート機能が充実しているためです。学習目的であれば、Visual Studio Communityを無償で利用できるため、そちらをダウンロードしセットアップしてお使いください。インストール時に「ASP.NETとWeb開発」を選択すれば（**図A**）、.NET 8のランタイムやSDKも同時

にセットアップされます（Visual Studio 2022バージョン17.8以降が必要。新規インストールでない場合にはご注意ください）。

- **Visual Studioホームページ**

  https://visualstudio.microsoft.com/ja/

図A　Visual Studioインストール時のオプション

　なお、本書で解説している範囲ではVisual Studio特有の機能を用いているところはほとんどありません。そのため、Visual Studio Codeでの開発のほうが好みだという方は、本書の学習後に、Visual Studio Codeで実際の開発を行なっていただくとよいでしょう。Visual Studioのほうが好みだという場合には、実際の開発には適切なライセンスを入手してご利用ください（必要なライセンスの詳細は上記Webサイトをご確認ください）。

　また、本書ではサンプルデータベースを用いた開発を行ないます。準備方法は複数通りあり、付録で解説していますので、そちらを参考にしてデータベースもご準備ください。

サンプルコードのダウンロード

　本書に掲載しているサンプルコードは、以下のWebサイト（本書情報ページ）からダウンロードできます。一部、コードが長い部分もありますので、適宜、ダウンロードしたサンプルコードからコピーしてご利用ください。

https://book.impress.co.jp/books/1122101173

　本書のサンプルコードは、以下のGitHubでも公開されています。

https://github.com/nakamacchi

　ダウンロードしたZipファイルを解凍すると、**図B**の2つのフォルダがあります。BlazorBookSampleAppフォルダに本書掲載のサンプルコードを収録しています。AzRefArc.AspNetBlazorUnited-masterフォルダには本書の知見に基づいて開発されたフルセットのサンプルアプリを収録していますので、必要に応じてご確認ください。

図B　Sample_BlazorBook.zipの内容

目次

Part 1　イントロダクション

第1章　ASP.NET Core Blazorの概要　　1

Part 2　Blazor Serverによるアプリ開発

第2章　データバインドの基礎　　21

Part 4　Blazor Unitedによるアプリ開発

第11章　Blazor Unitedの開発スタイル　273

Appendix　付録

付録01　サンプルデータベースの準備方法　317

ASP.NET Core Blazorとは何か

.NET Core Blazor（以下、Blazor）は、ブラウザで動作する対話型Web UIを、HTMLと
〜riptではなく、HTMLとC#で開発するための技術です。2017年に発表、2019年にGA（リリー
〜、現在も.NETのリリースにあわせて進化を続けています。まずはBlazorによるWebアプリ開
〜ージを見てみましょう（**図1.1**）。

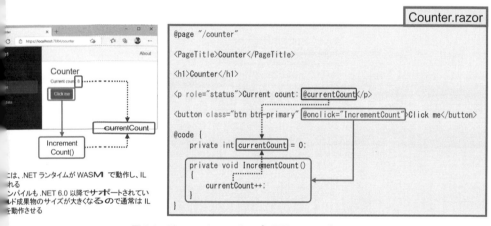

には、.NETランタイムがWASMで動作し、IL
〜れる
〜ンパイルも.NET 6.0以降でサポートされてい
〜ド成果物のサイズが大きくなるので通常はIL
〜を動作させる

図1.1 BlazorによるWebアプリ開発のイメージ

〜rではいくつかの開発モデルを併用することができますが、その中でも特に重要なのが、
〜sembly（**WASM**）、**Server**という2つの開発モデルです（**図1.2**）。まず、Blazor WebAssembly
〜Blazor WASM）では、ブラウザ内で動作するロジックをJavaScriptではなくC#で記述すること
〜ます。一方、Blazor Serverでは、（詳細は後述しますが）内部的に仮想DOMを介した
〜ket通信を利用することで、同一のプログラミングモデルを保ちながら、C#のロジックをブラウ
〜はなくサーバー上で実行させることができます。どちらもW3C標準技術のみを利用して実現され
〜主要なブラウザ上で利用できるのが特徴です。

第

ASP.NET Core B

本章では、ASP.NET Core Blazorとはと
ASP.NET Core Blazor が提供する Web
て見ていきます。

ASP
JavaS
ス）さ
発のイ

※正
が実行
　AOT
るが、
でアプ

Blaz
WebAs
（以下、
ができ
WebSc
ザ内で
ており、

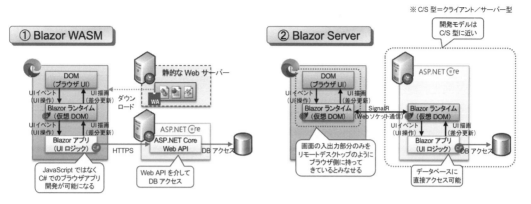

図1.2　Blazorの2つの開発モデル

これらについて、もう少し詳しく見ていきましょう。

WebAssembly（WASM）

　Blazorを支えているW3C技術標準の1つが、**WebAssembly（WASM）** です。この技術が登場する前は、ブラウザ上で動作するロジックをJavaScriptで開発せざるを得ませんでした。特に**SPA**（Single Page Application）と呼ばれる高機能なWeb UIを開発するためには、フロントエンド部分で相応に複雑なロジックを組む必要があり、**図1.3**のような3階層型（ブラウザUI + Web API + DB）のアーキテクチャを採る必要がありました。その結果、サーバー側ではJavaやC#、ブラウザ側ではJavaScript（あるいはそれを拡張したTypeScriptなど）での開発が必要となり、異なる言語を組み合わせた開発が必要となっていました。これは開発者にとって大きな負担となります。

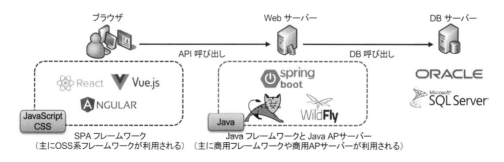

図1.3　SPA型Webアプリの一般的な開発方法

同一アプリ内で複数の言語を利用する開発を避ける方法としては、サーバー側の処理もJavaScript

ASP.NET Core Blazorの概要

（Node.js）で記述してしまうというやり方もあります。しかし特に業務アプリ開発を念頭に置いた場合、JavaScriptには、C#やJavaでは発生しない（または発生しにくい）いくつかの不便な側面があります。いくつか例を挙げると、10進数型が不在なために0.3×3が0.9にならない（内部的に浮動小数点演算になるため0.8999999999999999になってしまう）、DBアクセスが不便、文字列における書式設定や解析処理といった基礎的なライブラリが標準搭載されていない、そうした結果として「同一処理」を記述するための設計・実装がチームや人によって大きくバラついてしまう（結果として保守性の悪化やベンダーロックインの発生リスクが高くなる）、といった問題があります。

　こうした課題に対して、TypeScriptなどのプリプロセッサ言語が開発されたり、JavaScript自身も言語の機能拡張を繰り返してきたりしていますが、この状況を一変させることになったのが、2019年にW3C勧告となった**WebAssembly**（**WASM**）と呼ばれる技術です（**図1.4**）。

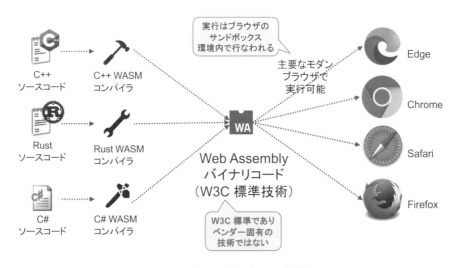

図1.4　WebAssembly（WASM）技術

　WebAssemblyは、簡単に言えばモダンなブラウザ上でバイナリコードを直接実行するための技術です。C++、Rust、C#など様々な言語でコンパイラや実行ランタイムが用意されており、これらを利用することで、EdgeやChromeなどの主要なモダンブラウザ上で動作するアプリのロジックを記述することができます。これにより、従来、JavaScript一択であったWebアプリの業務ロジック開発技術に、多彩な選択肢が登場することになりました。

　WebAssemblyがとりわけ優れているのは、**W3C標準技術である**、という点です。ブラウザ上での開発言語を広げる取り組みは（WebAssembly登場後から始まったわけではなく）昔から存在しており、特に15年ほど前には、Adobe FlashやMicrosoft Silverlightなどの技術が人気を博していました。しかしいずれもブラウザプラグインを利用するベンダー固有技術であったことや、当時大きく普及が広がったスマートデバイス（iOS、Android）での採用が見送られたことから衰退の一途をたどりました。

過去のこうした取り組みが今、改めてW3C標準技術であるWebAssemblyによって息を吹き返してきたとも言えるでしょう。

特に、C#によるアプリ開発に限って言えば、**単一の言語でサーバー／クライアントの両方を記述できる**のは極めて大きいメリットです。一般に3階層型Webアプリは、**図1.5**のように、ブラウザ上で動作するUIと、サーバー側で動作するWeb APIとが、データ交換をしながら連携して動作します。Blazor WASMであれば、サーバーとクライアントを同一の言語で記述できるため、処理ロジックの共有が容易になったり、転送するデータの型情報の共有が非常に容易になったりします。これは開発生産性の向上に大きく寄与します。

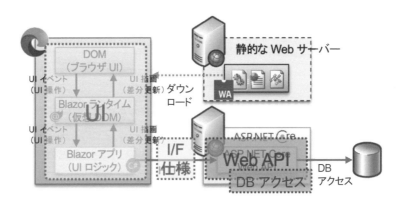

図1.5　SPA型WebアプリをBlazorで開発する場合

これだけでも十分にお釣りが来るほどのメリットなのですが、特に業務アプリ開発を想定した場合には、Blazorにはもう1つ大きなメリットがあります。それが前述した、複数の開発モデルの提供です。

Blazorで特に重要な2つの開発モデル

冒頭で、Blazorで特に重要な開発モデルとして、①**Blazor WASM**と②**Blazor Server**の2つがあると述べました（**図1.6**）。Blazorは、（ほぼ）同一のコードをこの2つの異なるモデルで動かすことができる、という特徴を持っています。

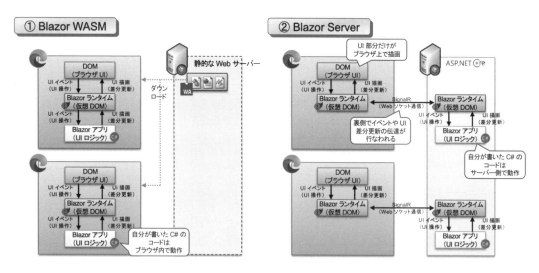

図1.6　Blazorの2つの開発モデル

　前者の Blazor WASM は、ブラウザ内にすべてのモジュールをダウンロードし、ブラウザ内のみで C# のアプリを動かすものです。これに対して Blazor Server は、ブラウザ内では UI の描画処理のみを行ない、記述した C# のロジックはサーバー側で動かす、というものです。この説明だけだとわかりにくいので、実際に Visual Studio で2つの開発モデルで作成・比較してみることにしましょう。コードの詳細な説明は次章以降で行なうため、ここではイメージがつかめれば十分です。気軽に読んでください。

Blazor WASM による Web アプリ開発とその挙動

1.4

　まず Visual Studio を開き、新規に Blazor WebAssembly アプリを作成、その後、テンプレートアプリの中の Components/Pages/Home.razor ファイルを開いて、**リスト1.1** のコードを末尾に追加します。これを Ctrl + F5 キーにより実行すると、コンソールアプリとして Web サーバーが起動し、ブラウザからのアクセスが行なわれます（**図1.7**）。

リスト1.1　最も基本的なBlazor WASMアプリの例

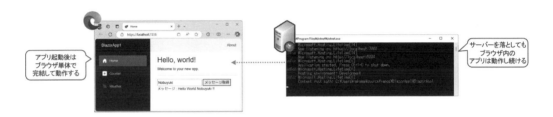

```razor
<hr />
<input type="text" @bind-value="Name" placeholder="名前を入力してください" />
<button @onclick="btnGetMessage_Click">メッセージ取得</button>
<p>メッセージ ： @Message</p>

@code
{
    private string Name { get; set; } = "";
    private string Message { get; set; } = "";

    private void btnGetMessage_Click()
    {
        Message = "Hello World " + Name + " !!";
    }
}
```

※ コードについての
解説は後述

Home.razor

ソリューション 'BlazorApp1' (1/1 のプロジェクト)
- BlazorApp1
  - Connected Services
  - Properties
  - wwwroot
  - 依存関係
  - Components
    - Layout
    - Pages
      - Counter.razor
      - Home.razor
      - Weather.razor
    - _Imports.razor
    - App.razor
  - C# Program.cs

図1.7　Blazor WASMアプリの実行

アプリ起動後は
ブラウザ単体で
完結して動作する

サーバーを落としても
ブラウザ内の
アプリは動作し続ける

　前述の通り、**Blazor WASMでは動作に必要なモジュールがすべてブラウザ側に取り込まれて動作します**。このため、「ブラウザ上でテキストボックスに名前を入力し、ボタンをクリックし、イベントハンドラ（btnGetMessage_Click()メソッド）が動作し、メッセージが描画される」という一連の動作は、すべてブラウザ内で完結し、サーバーとは一切通信を行ないません。試しに、コンソールアプリとして起動しているWebサーバーを Ctrl + C キーで強制的に終了してみても、ブラウザ上にダウンロードされたアプリは（ブラウザを閉じない限り）そのまま動作し続けます。

1.5　Blazor ServerによるWebアプリ開発とその挙動

　同じことを、今度はBlazor Serverアプリで試してみましょう。Visual Studioを開き、新規に「Blazor Web App」を選択します。Blazor Web Appでは様々なプロジェクト作成オプションが選択できますが、以下のような作成オプションを指定してプロジェクトを作成します（このオプションの意味は後述します）。

- Interactive render mode　　　Server
- Interactivity Location　　　Global

　その後、先ほどと同様にComponents/Pages/Home.razorファイルに同じコードを末尾に追加し、Ctrl+F5キーで実行してみます（**リスト1.2**）[※1]。コンソールアプリとしてWebサーバーが起動し、ブラウザにアプリが表示されて利用できるようになりますが、ブラウザから見る限りは、Blazor WASMと同じプログラムがまったく同じように動作しているように感じられます。

リスト1.2　最も基本的なBlazor Serverアプリの例

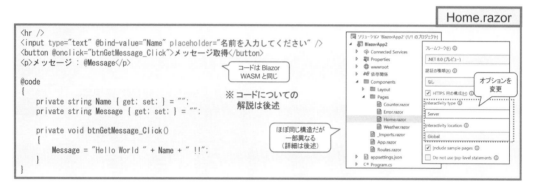

　ところが**Blazor Serverの場合、記述したC#のコードはWebサーバー上で実行されており**（すなわちWebサーバー内から一切出ておらず）、UI部分のみがブラウザ上で描画されています（**図1.8**）。このため、コンソールアプリとして動作しているWebサーバーをCtrl+Cキーでシャットダウンすると、アプリとして動作することができなくなり、ブラウザ上にはエラーメッセージ（サーバーと通信できなくなったために挙動できなくなった旨）が表示され、動作が停止します。

図1.8　Blazor Serverアプリの実行

※1　テンプレートプロジェクトの構造やProgram.csファイルの中身などが先のBlazor WASMの場合と一部異なりますが、ここでは気にしなくてかまいません。

Blazorの2つの開発モデルの使い分け

ここまで見てきたように、Blazor WASMとBlazor Serverは、同一のプログラミングモデルでありながら、内部挙動が大きく異なります。**この違いが特に顕著に表れるのが、DBアクセスを伴うエンプラ系Web業務アプリ（特にイントラネット用の業務アプリ）です**（図1.9）。

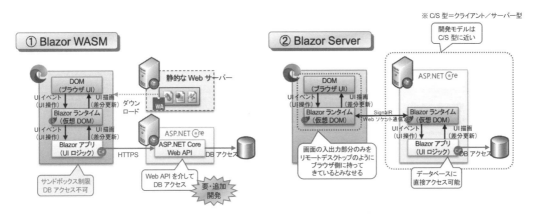

図1.9　データベースが関与するWebアプリの場合

一般的に業務アプリではDBアクセスがほぼ必須ですが、これを、Blazor WASMのWebアプリとして作成するのはそれなりに手間がかかります。**図1.9**に示したように、ブラウザ内からDBに対して直接アクセスすることはできないため、DBにアクセスするためにはそれを中継するためのWeb APIが必要になる（すなわち3階層型、UI + Web API + DBのWebアプリとして作成する必要がある）からです。確かに、Webアプリが3階層型として上手に設計・実装されている、すなわちサーバーとクライアントがきれいに分離されていれば、Web APIを他の用途に転用できる、UI部分が分離されているのでUI部分のみオフライン状態でも稼働させられるなどのメリットが生まれます。しかしそのためには、性能や再利用性を意識したWeb APIの設計、Web APIアクセス時の認証・認可、セキュリティを意識したクライアント／サーバー間の処理ロジック振り分けなどが必要で、高い開発スキルが求められるという問題もあります。このため、現在の3階層型Web業務アプリでは、データをリレーするだけの（業務処理としてはほぼ何もしていない）Web APIをひたすらコピペ実装している、というのが多くの開発現場の実態ではないでしょうか。Blazor WASMを使えば、ブラウザUIのC#実装が可能になりますが、それでもサーバーとクライアントの分離に伴う設計のやっかいさから逃れることはできません。

一方で、Blazor Serverには、サーバーとクライアントの分離に伴う設計・実装に関わる悩みがありません。Blazor ServerのC#ロジックはサーバー側で動作するため、DBアクセスのコードをそのまま記

述することができ、またそのロジックがブラウザ側に出ていくこともありません。ブラウザ上でのUI操作イベントは、ブラウザ内部のDOM（Document Object Model）とBlazorの実行ランタイムを介してサーバー側に伝達され、開発者が記述したボタンクリックなどのイベントハンドラはすべてサーバー側で動作します。**Blazor Serverにおけるブラウザは、リモートデスクトップの画面のように捉えることができ、開発モデルとしては2層型——DB直接アクセスが可能なクライアント／サーバー型（C/S型）開発——になっている**と言えます。これは、.NET Framework時代に人気を博したASP.NET Web Formsに近く、DBアクセスが必要な業務アプリには非常に便利な開発モデルです。

　実際の開発時のプロジェクトのイメージを**図1.10**に示します。Blazor Serverのほうが非常にシンプルにWebアプリ開発ができる様子が見て取れるでしょう。

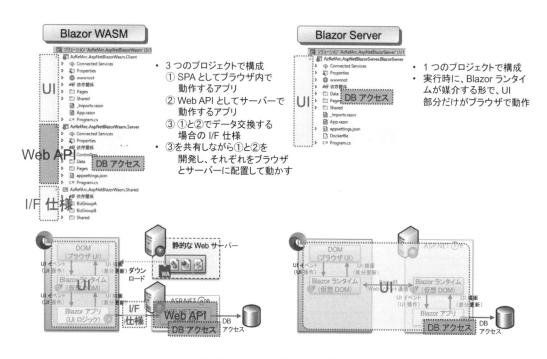

図1.10　Blazorによる業務アプリの開発イメージ

　メリットばかりを述べましたが、もちろんBlazor Serverにも注意点はあります。両者の違いを表にまとめると**表1.1**のようになります。

表1.1　2つの開発モデルの違い

	Blazor WebAssembly	**Blazor Server**
C#コードの主な実行場所	ブラウザ内部（WebAssembly）	サーバー側（.NETランタイム）
対応ブラウザ	○ WASM対応ブラウザが必要	◎ ほぼすべてのブラウザに対応可能
Webサーバー	◎ 静的ファイルを返せるサーバーであればよい	△ ASP.NET Coreサーバーであることが必要
オフライン対応	◎ 可能	× 不可能（SignalRの常時接続が必要）
初回起動速度	△ やや遅い（アプリ全量のダウンロード）	○ 比較的速い（UI部分のみのダウンロード）
UIレスポンス	◎ 非常に速い（ブラウザ側で動作）	△ サーバーとの通信が必要（環境に依存）
スケーラビリティ	◎ 非常に高い（ブラウザ側で動作）	△ やや低い（サーバー側リソースが必要）
セッションスティッキー	◎ 不要（ブラウザ側で動作）	× 必要（特定サーバーとの接続の持続が必要）
DBアクセス	× APIを介したアクセスが必要	◎ 直接アクセスが可能
サンドボックス制約	× あり	◎ なし（サーバー側で動作しているため）

　Blazor Serverは（ある程度の一時的な切断には耐えられるものの）ブラウザ／サーバー間の常時接続を必要とするため、必然的にイントラネットのような安定した通信環境を必要とします。このため、基本的にはイントラネットの業務アプリ開発向きの技術であると言えます。一方、通信が非常に不安定な環境やオフライン状態でも利用させる必要があるスマホ向けのWebアプリのような場合には、Blazor WASMを採用する必要があるでしょう。Blazor WASMの場合、オフライン対応のための設計・実装が大変になりますが、それでもC#を使って開発できるメリットは大きいです。

　また、サーバーを数百台単位で使うような大規模システムを構築する場合、Blazor Serverではサーバー側のリソースを常に消費し続けることも課題となる場合があります。これは動作モデルを見ればわかる通り、Blazor Serverでは同時接続ユーザー数の分だけサーバー側のリソースが必要になるためです。幸い、ASP.NET Coreランタイムは非常に軽量で、接続そのものの維持に必要なリソースは極めて少なくて済みます（接続の維持だけであれば1vCPU、3.5GB程度のマシンでも5,000接続の維持ができます）。しかしユーザーごとに大量のセッション情報を抱え込むようなずさんなアプリ設計をすれば、当然サーバー側のメモリはひっ迫し、十分なスケーラビリティを得ることはできません。Azureなどのクラウド環境を利用すればスケーラビリティ的な上限の問題は緩和されますが、サーバー台数が増えればコストに跳ね返ってくるという問題が生じます。このため、メモリなどのリソース利用効率を高めるようなアプリ設計上の注意・工夫が必要です。

1.7 Blazor United―― .NET 8で導入された統合開発モデル

　このように、Blazor WASM、Blazor Serverにはそれぞれメリット・デメリットがありますが、.NET 8では従来2つだった開発モデルが4つに拡張され、さらに1つのWebアプリ内において、ページ単位

（一部はコンポーネント単位）で最適な開発モデルを選択することができるようになりました。

　この統合開発モデルは当初**Blazor United**という名称で2023年1月にコンセプトが発表され、同年11月にリリースされた.NET 8ではこの統合開発モデルが標準かつ唯一の開発モデルとなりました。このため、.NET 8の製品ドキュメントではBlazor Unitedという名称は登場しません。しかし本書ではわかりやすさを優先し、「複数の開発モデルの共存・使い分けが可能な統合開発モデル」を指す用語として、あえて「**Blazor United**」という名称を利用することにします。

　ではまず、.NET 8で利用可能な4つの開発モデル（**レンダリングモード**と呼ばれます）について整理します。

1.7.1　静的サーバー側レンダリング（Static SSR）

　Blazor以前に登場した、従来のASP.NET MVCの**Razor Pages**に近いモデルです。サーバー側で一度だけレンダリング処理が行なわれ、それがクライアントに送り返されるというもので、ページ表示後の対話型処理（ボタン押下などのイベントハンドラ処理など）が不要なページで利用できます。サーバー側で静的なページの形にレンダリングを行なうため、**静的サーバー側レンダリング**（Static SSR：Static Server Side Rendering）と呼ばれます（**図1.11**）。

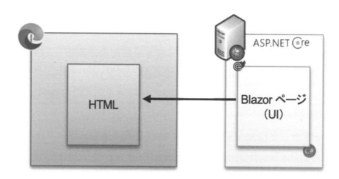

図1.11　静的サーバー側レンダリング（Static SSR）

　Blazorでは従来の静的サーバー側レンダリングを強化し、**ストリームレンダリング**と呼ばれる機能を搭載しました。これは、最初の画面描画に限ってasync/await処理による遅延描画を認めるというものです。データベースなどからデータを拾って画面に表示するだけ、という対話型処理のない静的なページの開発に役立つ機能で、詳細は第11章で解説します。

1.7.2　対話型WebAssembly（Interactive WebAssembly）

　.NET 8以前のBlazor WASMとほぼ同じ動作モデルで、W3C標準であるWebAssembly技術を使ってブラウザ内で処理を行なうものです。アプリ全体でこの動作モードしか利用しないという場合は、サーバー側での処理がまったく不要になるため、**図1.12**のように静的なWebサーバー上にアプリを配

置することもできます。

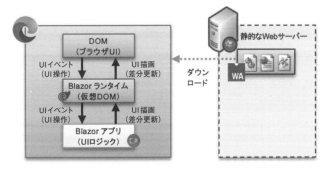

図1.12　対話型WebAssembly（Interactive WebAssembly）

🏢 1.7.3　対話型Server（Interactive Server）

.NET 8以前のBlazor Serverとほぼ同じ動作モデルで、Razorページのコードブロック（C#部分）をサーバー側で実行し、**SignalR回線**（ASP.NET Core SignalRによる接続、物理的にはWebSocketにより実装）を利用して描画をブラウザ側で行なう、というものです（**図1.13**）。

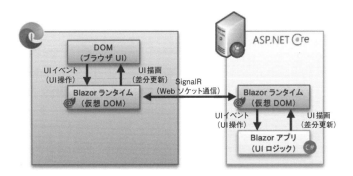

図1.13　対話型Server（Interactive Server）

.NET 8での機能改善ポイントとして、このSignalR回線を、ページ単位にすることができるようになった点があります。.NET 8以前のBlazor Serverでは、ブラウザ起動から終了までの同一セッションでは1つのSignalR回線をずっと張り続け、またその間、サーバー側でもリソースを使い続ける形になっていました。.NET 8ではこの動作が改善され、他のページに移動するとSignalR回線および関連するサーバーリソースが解放されるようになりました。複数の開発モデルが混在しているアプリでは、サーバー側リソースを不必要に保持し続けなくなるため、スケーラビリティが改善します。

1.7.4 対話型 Auto (Interactive Auto)

　前述の通り、Blazor WASMには（特に細い回線を利用している場合）初回起動が遅いという難点があります。**対話型Auto**（**Interactive Auto**）という開発モデルは、この問題を解決するためのものです。具体的には、初回のページ呼び出しの際はServerとして動作しながらバックグラウンドでWASMモジュールをダウンロードします（**図1.14**）。その後、ユーザーがページ間を遷移し、ブラウザ側にすべてのWASMモジュールがキャッシュされた状態で当該ページが呼び出された場合には、当該ページがWASMとして動作します。

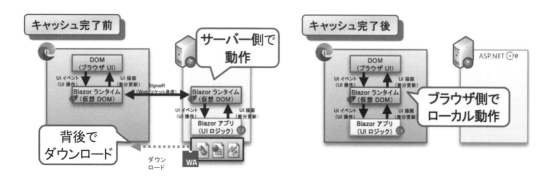

図1.14　対話型Auto（Interactive Auto）

　また詳細は第11章で解説しますが、ここで解説した4つの開発モデルのうち、対話型の3つの開発モデルである対話型WebAssembly、対話型Server、対話型Autoでは、**サーバー側プリレンダリング**と呼ばれる機能を利用することができます。通常、Blazorランタイムは起動後に動的にDOMを構築するため、初期表示されるページにコンテンツが含まれません。このため、インターネット向けWebサイトでBlazorを利用する場合、検索エンジンのクローラーにコンテンツをキャッシュしてもらえない、という難点がありました。サーバー側プリレンダリング機能を利用すると、「とりあえず初期描画をサーバー側でいったん実施してブラウザにコンテンツを含んだ形でレスポンスを返す」「そのうえで改めてBlazorアプリを動作させる」ことができます（**図1.15**）。

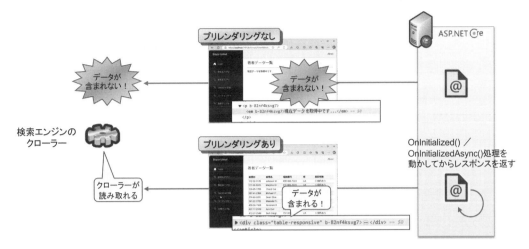

図1.15　サーバー側プリレンダリング機能

C# users
1.8　本書での解説手順

　このように、.NET 8では4つの開発モデル（レンダリングモード）を1つのアプリで利用できるように
なり、また対話型 Web Assembly や対話型 Auto などのレンダリングモードでもサーバー側プリレンダリ
ング機能が利用可能になるといった強化が行なわれました。その結果、現在の ASP.NET Core Blazor
は、単一の技術でありながら、イントラネットの業務アプリ開発から、インターネット向けのハイパフォー
マンス B2C Web サイトの開発まで幅広く対応できる、まさに万能とも言える Web 開発技術へと進化を
遂げています。

　しかしその一方で、ASP.NET Core Blazor に初めて触わる人にとっては非常にハードルの高い技術
になってしまったという側面もあります。特に、サーバー側プリレンダリング機能や対話型 Auto などの
機能はインターネット向け Web アプリでは極めて有効性が高い一方で、Razor ページを WASM／
Server 両方に対応させるように書かなければならない場合が生じるなど、正確な技術仕様の理解が必
要になってきます。

　また、これだけ優れた開発技術であるにもかかわらず、残念ながら日本国内では ASP.NET Core
Blazor の書籍が非常に少なく、C# の開発者でもまだ触れたことがないという方もまだまだ多いのが現
状です。

　こうした背景を踏まえ、本書では、以降の Blazor の解説を3つに分けて進めることとしました。これに
より、無理なくスムーズに ASP.NET Core Blazor によるアプリ開発技術を習得することを目指します。

- **Part 2　Blazor Server によるアプリ開発**
  - 前述の4つのレンダリングモードのうち、**対話型 Server のモードのみを利用したアプリ開発方法**を学びます。このモードは、特に通信回線が安定している環境で Web DB アプリを開発するのに最適で、特にイントラネットの業務 Web アプリ開発にはうってつけの開発手法です。
  - 特に、2000年代前半に開発された ASP.NET Web フォームアプリなどの移行先を検討されている場合には非常に有力な選択肢となります。一方、当時と現在とでは、データアクセスの手法や C# の言語仕様そのものも大きく進化しているため、これらについてもあわせて解説します。
- **Part 3　Blazor WASM によるアプリ開発**
  - 前述の4つのレンダリングモードのうち、**対話型 WebAssembly のモードのみを利用したアプリ開発方法**を学びます。このモードは、特に PWA（Progressive Web Application）と呼ばれる Web 技術との相性がよく、オフライン稼働も必要な業務アプリが書きやすいといったメリットがあります。また、すでに社内に C# や Java の Web API サーバー（あるいは Web サービスのサーバー）が存在するような場合に、フロントエンドアプリを C# で作りたい、といったケースにも適用できます。
  - Part 2・3の開発方法は、.NET 8以前での開発方法と言えるものです。これらの知識を踏まえたうえで、Part 4に進めるようにします。
- **Part 4　Blazor United によるアプリ開発**
  - **1つのアプリの中で、ページ単位に4つのレンダリングモードを適切に使い分ける方法**について解説します。この方法は、特にインターネット向けのハイパフォーマンス B2C Web サイトで有効ですが、一方で内部動作の正確な理解が必要になります。これについて、Part 2・3の知識を前提として解説します。
  - なお前述の通り、公式ドキュメントでは "Blazor United" という用語は使われていませんが、本書では4つのレンダリングモードを1つのアプリに混在させる Blazor の使い方を **Blazor United** と呼ぶことにします。

　.NET 8では "ASP.NET Core Blazor" という単一の開発技術に統合されたものの、**実際に特定の Web アプリを開発する場合には、開発モデル（レンダリングモード）の適切な選択が必要になります。**上記の3つの開発スタイルは、この開発モデル選択において有力な考え方となるため、ぜひ覚えておいてください。本書の締めくくりの際にも、全体のまとめとして、改めてこの3つの開発スタイルについて説明します。

まとめ

　従来、異なる言語の組み合わせが必要だったWebアプリ開発は、WebAssembly（WASM）技術とそれを利用したASP.NET Core Blazor（Blazor）の登場により、大きく変貌することになりました（**図 1.16**）。Blazorでは、特にBlazor WASM、Blazor Serverという重要な2つの開発モデルが提供されています（**図1.17**）。Blazor WASMを利用すると、ブラウザ内での処理をJavaScriptではなくC#で記述することができるようになります。また、Blazor ServerではDBアクセス処理をUI部分に直接記述できるなどのメリットがあり、特にイントラネット型の業務アプリ開発に効果を発揮します。

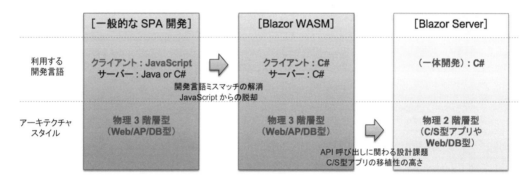

図1.16　一般的なSPA開発とBlazorによる開発の違い

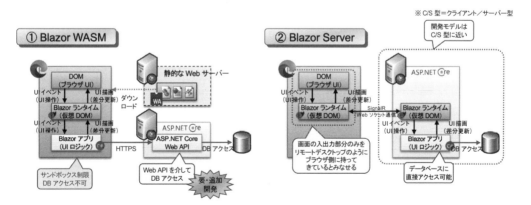

図1.17　2つのBlazorの開発モデルの違い

.NET 8ではさらにこれを拡張して、4つの開発モデルを1つのアプリ開発の中で共存させることもできるようになりました。これらの開発モデルは、アプリの特性に合わせて適切に使い分ける必要があります。本書では、Blazorアプリの開発スタイルを3種類に大別し、それぞれに対応する形でBlazorを解説していくことにします（**図1.18**）。

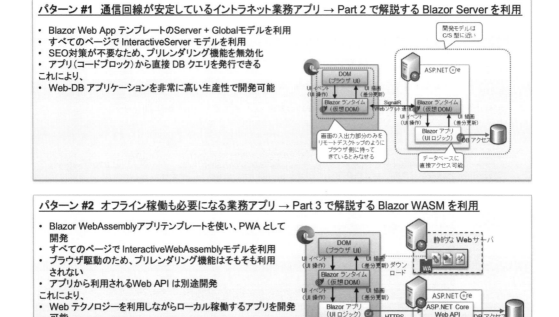

パターン #1　通信回線が安定しているイントラネット業務アプリ → Part 2 で解説する Blazor Server を利用

- Blazor Web App テンプレートのServer + Globalモデルを利用
- すべてのページで InteractiveServer モデルを利用
- SEO対策が不要なため、プリレンダリング機能を無効化
- アプリ（コードブロック）から直接 DB クエリを発行できる
これにより、
- Web-DB アプリケーションを非常に高い生産性で開発可能

パターン #2　オフライン稼働も必要になる業務アプリ → Part 3 で解説する Blazor WASM を利用

- Blazor WebAssemblyアプリテンプレートを使い、PWA として開発
- すべてのページで InteractiveWebAssemblyモデルを利用
- ブラウザ駆動のため、プリレンダリング機能はそもそも利用されない
- アプリから利用されるWeb API は別途開発
これにより、
- Web テクノロジーを利用しながらローカル稼働するアプリを開発可能

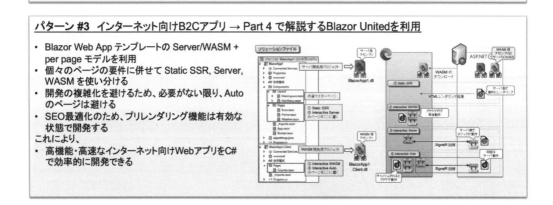

パターン #3　インターネット向けB2Cアプリ → Part 4 で解説するBlazor Unitedを利用

- Blazor Web App テンプレートの Server/WASM + per page モデルを利用
- 個々のページの要件に併せて Static SSR, Server, WASM を使い分ける
- 開発の複雑化を避けるため、必要がない限り、Auto のページは避ける
- SEO最適化のため、プリレンダリング機能は有効な状態で開発する
これにより、
- 高機能・高速なインターネット向けWebアプリをC#で効率的に開発できる

図1.18　ASP.NET Core Blazorにおける3つの開発スタイルの使い分け

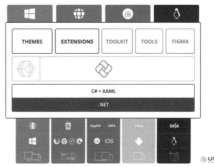

COLUMN Silverlight と Uno Platform

WASMによってC#がブラウザ内で動作するようになったときに、筆者が真っ先に思い出したのが Silverlightでした。しかしBlazorはJavaScriptをC#に置き換えることはできますが、UI部分は依然としてHTMLとCSSを利用して記述する必要があります。Silverlightの優れているところは、C#でのロジック記述に加えてUI部分をXAMLで書ける、という点でしたが、後者についてはBlazorだけでは解決されません。実はこの点を解決するサードパーティ製のソリューションがいくつかあります。その1つが **Uno Platform**（https://platform.uno/）です（**図1.A**）。

https://playground.platform.uno/#wasm-start

図1.A　Uno Platform概要

Uno Platformはカナダのnventive社が開発しているフレームワークで、2020年に正式リリースされ、その後、iOS、Android、macOS 、WASMと対応範囲を広げています。WASM版に関してはWeb標準技術だけでXAML（WPF系列のXAML）を描画することができるようになっており、まさに現代にWeb標準技術だけでよみがえったSilverlight、と言っても過言ではないフレームワークになっています。

Blazorを見たときに、そもそもXAMLは原理的にベクターグラフィックスを使った描画を行なうので、HTML SVGを使うことで現代版Silverlightを実現できるんじゃ……と思い、調べてみたら実際にすでに実装されていて驚いたことをよく覚えています。本書はBlazorに関する書籍であるため、UI部分の開発についてはHTML+CSSをベースとした解説を行ないますが、SilverlightやXAMLをご存じの方は、ぜひUno Platformも調べてみてください。

第 **2** 章

データバインドの基礎

本章では、ASP.NET Core Blazor の UI 実装の基本となるデータバインドの考え方と方法について解説します。

第1章で解説したように、現在のASP.NET Core Blazorでは複数のレンダリングモードの使い分けが可能です。しかしこれらをいきなりすべて理解しようとするのは非常にハードルが高いため、まずPart 2（第2章〜第8章）では、対話型サーバーと呼ばれるレンダリングモードのみを利用するパターンに限定して解説を進めることにします。

Part 2では、以下の方法で作成したプロジェクト（**図2.1**）を利用して解説を進めます。実際に手を動かしながら動作確認したい場合には、こちらの方法で作成したプロジェクトをひな形として利用してください。

- **「Blazor Web App」プロジェクトテンプレートを利用**
- **作成オプションとして以下を選択**
  - フレームワーク：.NET 8.0（長期的なサポート）
  - 認証の種類：なし
  - HTTPS用の構成：チェックあり
  - Interactive render mode：Server
  - Interactivity location：Global
  - Include sample pages（サンプルページを含める）：チェックあり
  - Do not use top-level statements（最上位レベルのステートメントを使わない）：チェックなし（ありでもよい）

図2.1 Blazor Server型アプリのひな形

なお、指定するオプションの中で特に重要なのが、Interactive render modeとInteractivity locationの2つです。これらのオプションをそれぞれServer、Globalと指定すると、.NET 7以前のBlazor Serverとほぼ同じ状態での利用ができます。ここでは、このひな形を利用して解説します。

Blazorにおける UI 実装モデル

Webアプリの多くは、何らかのインタラクティブな処理を持ちます。たとえばユーザーからの入力を受け付けたり、入力された値に基づいて表示を変えたりすることが必要になります。Blazorでは、双方向データバインドを利用した近代的なUI実装モデルを利用しており、特に2000年代初めのWindows Formsや Web Forms の開発に慣れ親しんでいる場合には、まずはこのモデルを理解することが重要になるため、最初に解説します。

従来のWindows Formsや Web Forms では、イベントハンドラ内でのベタ書き方法がよく使われていました。すなわち、ボタンを配置し、ダブルクリックしてイベントハンドラを作り、イベントハンドラ内からUIオブジェクトを直接読み書きする、というものです。この方法は非常に直感的で、多くの開発者に好まれましたが、ASP.NET Core BlazorではUI要素とイベントハンドラ側との入出力は**データバインド**と呼ばれる形式で実装する必要があります。これは、**UIとイベントハンドラの間に、仲介する変数を配置してデータバインドを行なう**というモデルです（**図2.2**）。

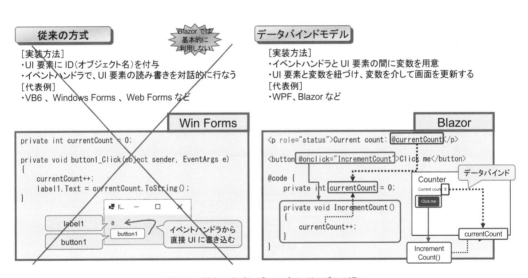

図2.2 従来の方式とデータバインドモデルの違い

大まかな設計と処理の流れは以下の通りです（**図2.3**）。

- UI描画に必要となるUI要素のプロパティ情報を、変数として定義しておく
- データバインドにより、UI要素と変数を適切に紐づける（片方向あるいは双方向）
- イベントハンドラからは、UI要素ではなく変数を操作することで、画面を更新する

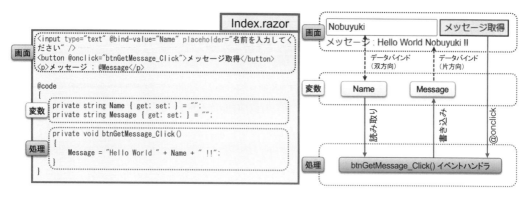

図2.3 BlazorにおけるUI実装モデル

　イベントハンドラから見ると、定義した変数群が一種の**仮想的な画面**のような位置づけの設計になります。ASP.NET Core Blazorでは、このデータバインドの仕組みを利用することで、**処理ロジックとUI要素の分離（疎結合化）**を行ないます。このような疎結合化によってアプリのテスト、保守、改修が容易になるメリットがありますが、詳細は第4章で説明します。

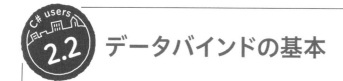

2.2 データバインドの基本

　ここまでASP.NET Core BlazorのUI実装において必要となるデータバインドの概念について解説しました。ここからは、実際のデータバインドの記述方法について解説します（**図2.4**）。

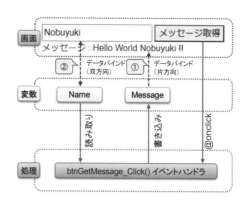

図2.4 BlazorのUI実装モデルにおける2つのデータバインド

　データバインドには、**片方向データバインド**と**双方向データバインド**の2種類があり、これらを使い分け

る必要があります。片方向データバインド（**図2.4**の①の部分）は主にUI要素へのデータの書き込みで利用し、双方向データバインド（**図2.4**の②の部分）は主にUI要素からのデータの読み取りで利用します。次項では片方向と双方向データバインドそれぞれの記述方法について触れていきます。

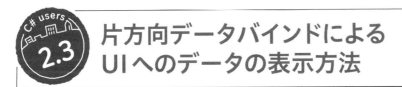

片方向データバインドによる UIへのデータの表示方法

まず、**片方向データバインド**によるUIへのデータの表示方法ついて、具体的な例を提示しながら解説します。

2.3.1 単項目データの表示方法

データを画面に描画する方法はシンプルで、**Razorコンポーネント**と呼ばれる`.razor`ファイル[1]の中に「@」を利用したコードを埋め込みます（これを**Razor構文**とも言います）。たとえば**図2.5**に示すように、`@DateTime.Now`と記述すると、現在の時刻が表示されます。同様に、**図2.5**に示した`@code`ブロックに配置したデータ変数を、`@変数名`により描画することもできます。`.ToString()`を変数の後ろにつけると書式設定も可能です（書式設定の方法は通常のC#と同様です）。

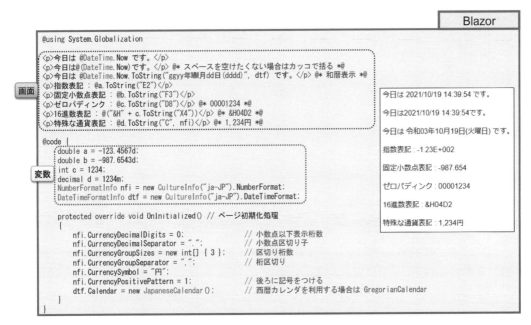

図2.5　片方向データバインドの実装例

※1　詳細は第3章で解説します。

2.3.2 コレクションデータの表示方法

次に、複数のデータ項目をUIへ表示する方法を考えてみましょう。コレクションデータは内部に複数の項目を持ちますので、@変数名とするだけでは描画できません。HTMLの中にforeachステートメントを埋め込み、ループ処理によりHTMLを描画します。

具体例を**図2.6**に示します。この例では、@codeブロック内に、文字列配列saとディクショナリデータdicの2つのコレクションがあります。これらを<select>要素や<dl>要素に描画するために、**foreachステートメント**を使っています。

なお、この例では、コレクションデータの変数にnullが入ることはありませんが、DBからデータを入手するような場合には、DBからデータを取得中であることを表現するために、一時的にコレクションデータ変数にnullを入れる場合があります。このような場合には、foreachステートメントを使う前に、コレクションデータ変数がnullでないことを確認するためのifステートメントを記述し、データ取得中と取得後で描画内容を変えることもできます。HTMLタグの中に記述した@の後ろには、変数名だけではなく、foreachやifなどC#のコードを記述することもできる、ということを覚えておくとよいでしょう。なお、データバインドするデータ変数におけるnull値の扱いには様々な注意が必要です。詳細は本章の後半で解説します。

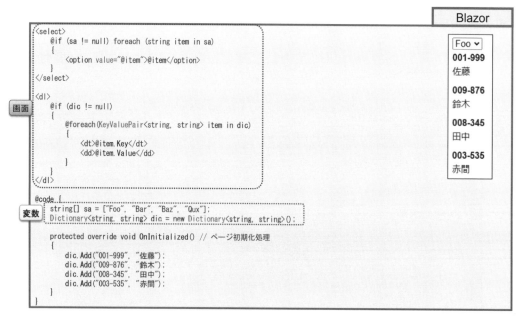

図2.6 コレクションを使ったデータ項目のUIへの表示方法

🏢2.3.3　描画の更新タイミング

　上記では、サーバー側での画面の初期表示のタイミングでRazorコンポーネントの中に埋め込んだ@が動作して画面が作成されます。しかし、場合によってはボタンを押下した際に画面を書き換えたい、というともあるでしょう。ASP.NET Core Blazorでは、**イベントハンドラ**を実装することでこれを行なうことができます。

　図2.7に示す例では、ボタンを配置し、ボタンが押下されたらデータ変数をインクリメントさせています。ボタン押下時のイベントハンドラの登録は、<button>要素に対して@onclick属性を付与することで行ないます[2]。

　イベントハンドラ内で変数currentCountを更新すると、自動的にデータバインド式が再評価され、変更されたUI部分が自動的に差分更新されます。

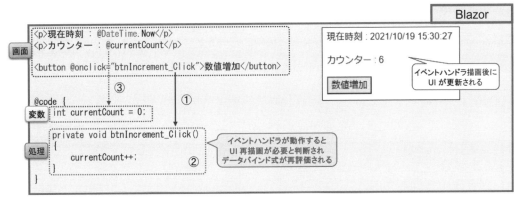

図2.7　データ項目更新に伴う描画更新のタイミング

　ボタン押下時の一連のコードの流れを整理すると、以下のようになります。

①ボタンをクリックすると、イベントハンドラが呼び出される

②イベントハンドラ内で変数currentCountが更新される

③イベントハンドラ実行後、UIのデータバインドが再評価され、更新されたUI部分が画面に差分更新で反映される

　ポイントは、イベントハンドラでは画面そのものを書き換えているわけではなく、**画面から参照されている（データバインドされている）データ変数を書き換えている**という点です[3]。

　コードブロック内のイベントハンドラから見ると、データバインドされているデータ変数が一種の抽象的な「画面」となっており、具体的な画面の描画方法はHTMLブロック側にのみ記載されています。こ

※2　@を付与するとBlazorのイベントハンドラに接続する必要があることを意味します。@を付与しない場合には通常のJavaScriptのイベントハンドラに接続されます。

※3　イベントハンドラでデータ変数を書き換えると、自動的にHTML側からデータが拾われて画面が更新されます。

れは、データバインド用のデータ変数を介して、「描画方法」（画面）と「業務ロジック」（処理）とが分離されている、ということを意味します。この**「画面」**と**「変数」**と**「処理」を明確に分離して書く**というのがBlazorの基本的な開発スタイルであるため、しっかり覚えてください。

2.3.4　手動で描画を更新しなければならない場合

ASP.NET Core BlazorのUI再描画は、イベントハンドラの実行をトリガーとして行なわれます。そのため、イベントハンドラ以外のきっかけではデータ変数が更新されたことに気づけず、UIの再描画が自動的に行なわれない場合があります。

典型的な例としては、タイマーを利用した自動的な画面更新処理があります。細かいコードを理解する必要はありませんが、図2.8のようなコードを記述すると、一定時間間隔（この例の場合には100msecごと）にTimerオブジェクトのElapsedイベントハンドラが呼び出され、UIからデータバインドされているデータ変数が更新されます。しかし、このイベントハンドラはBlazorの画面のイベントハンドラではありません。このため、Blazorランタイムはデータバインドの再評価（再描画）の必要性を正しく把握できません。このような場合には、処理の中で明示的にthis.StateHasChanged()を呼び出します。これにより、Blazorランタイムがデータバインドの再評価の必要性を認識し、画面を適切に更新してくれるようになります。

```
Blazor

@implements IDisposable
@using System.Timers

<p>現在時刻 ： @DateTime.Now</p>
<p>カウンター ： @currentCount</p>

@code {
    int currentCount = 0;

    private Timer timer = new Timer(100);
    protected override void OnInitialized()
    {
        timer.Elapsed += (s, e) =>
        {
            InvokeAsync(() =>
            {
                currentCount++;
                this.StateHasChanged();
            });
        };
        timer.Start();
    }

    public void Dispose()
    {
        timer.Dispose();
    }
}
```

図2.8　ASP.NET Core Blazorにおけるタイマー処理の実装

なお上記のサンプルからわかるように、Blazorではタイマー処理をはじめとして、DBアクセスやWeb APIへのアクセスなど、時間のかかる処理や非同期で動かすべき処理を、バックグラウンドで動作するよ

うに簡単に記述することができます。しかしバックグラウンド処理を利用する場合には、IDisposableインターフェースの実装や InvokeAsync() 命令の利用など、いくつか注意しなければならないポイントがあります。本書ではこれ以上の深掘りを避けますが、このような処理を書きたい場合には、製品ドキュメントの以下の項目をしっかり確認するようにしてください。

● **ASP.NET Core Razorコンポーネントのライフサイクル**
 https://learn.microsoft.com/ja-jp/aspnet/core/blazor/components/lifecycle

　ここまで、片方向データバインドを用いて単項目データやコレクションデータを表示する方法について解説してきました。次に、双方向データバインドによるUIからのデータ取り込み方法について、具体的な例を示しながら解説します。

2.4 双方向データバインドによるUIからのデータ取り込み方法

　双方向データバインドとは、UI要素とデータ変数を同期させるものです。これにより、ユーザーがUI要素に入力した情報を、UI要素に直接アクセスすることなく、データ変数を介してプログラム内で利用することができます。双方向データバインドは、テキストボックスやチェックボックス、ドロップダウンリストなどの、ユーザーからデータ入力を受け付けるUI要素で利用されます。これらについて解説していきましょう。

2.4.1　テキストボックスからデータを取り込む方法

　はじめに、UIとして登場頻度が多いテキストボックスとデータ変数の双方向データバインドについて、実装例を**図2.9**に示します。この例では、@codeブロック内にstring型変数を配置し、テキストボックスであるinputタグと、@bind命令により双方向データバインドさせています（@bind=の部分は@bind-value=でも動作します）。このように実装すると、データ変数を更新するとUI要素が自動更新され、逆にユーザーがテキストボックスに値を入力するとその内容がコードブロック内のデータ変数へと反映されるようになります。

　テキストボックスから入力された値をデータ変数へ反映するタイミングは変更することができます。既定では、テキストボックスからのロストフォーカス時に、入力した内容が変数へ反映されます。一方で、inputタグの属性に@bind:event="oninput"（もしくは@bind-value:event="oninput"）を指定すると、テキストボックス上で文字を入力するつど、すぐにデータ変数へ入力した内容が反映される動きになります。

図2.9 双方向データバインドの実装例

2.4.2 チェックボックスやドロップダウンリストからデータを取り込む方法

　次に、チェックボックスやドロップダウンリストに対する双方向データバインドについて解説します。チェックボックスではbool型の変数をデータバインドし、UI上でのチェックの有無をデータ変数に反映し、プログラム内で利用することができます。また、ドロップダウンリストでは、選択された項目をstring型のデータ変数にバインドして取り出すことができます。基本的な書き方はテキストボックスの場合と同様で、@bindをHTMLタグのvalue属性に指定します。

　具体例を**図2.10**に示します。まずチェックボックスでは、チェック有無をisCheckedデータ変数に双方向データバインドしています。先のテキストボックスの例と同様、見たままの内容がそのままデータ変数に反映される形になりますので、特に難しい点はないでしょう。

　ドロップダウンリストに関しては多少注意が必要です。順を追って説明しましょう。

　まず、ドロップダウンリストは「画面に表示するための文字列」と、「処理に利用するデータの文字列」（通常はキー値）を同時に持つことができるようになっています。このため、ドロップダウンに表示する文字列と、処理に利用するキー値をディクショナリ型のコレクションとして用意しておき、@foreachを利用してドロップダウンリストを描画しています。

　次に、ドロップダウンリストで項目が選択された場合、イベントハンドラでは選択された項目を拾って利用することになります。その際に必要になるのは「画面に表示するための文字列」ではなく「処理に利用するデータの文字列」（キー値）のほうです。selectタグに@bind属性を指定すると、選択されている項目のキー値を簡単に文字列型のデータ変数（**図2.10**の例ではselectedKey変数）に取り出すことができます。あとは（**図2.10**のコード例では示していませんが）イベントハンドラでこのデータ変数に取り出されている値をそのまま利用して、データアクセスなどの処理を記述することができます。

　ドロップダウンリストのデータバインドに関しては、**一覧表示に利用するコレクションデータ**と**選択された項目のキー値を取得するための文字列型変数**の2つが必要で、前者には**片方向データバインド**を、後者には**双方向データバインド**を利用する、ということを覚えておきましょう。

```
<input type="checkbox" @bind="isChecked" /> チェックボックス
<p>@isChecked</p>

@code {
    bool isChecked { get; set; }
}

<select @bind="selectedKey">
    @foreach(var item in list)
    {
        <option value="@item.Key">@item.Value</option>
    }
</select>
<p>@selectedKey</p>

@code {
    string selectedKey = "";
    Dictionary<string, string> list = new Dictionary<string, string>()
    {
        {"key1", "value1"},
        {"key2", "value2"},
        {"key3", "value3"}
    };
}
```

☑ チェックボックス
True

value1 ▾
key1

図 2.10　チェックボックスやドロップダウンリストとのデータバインドの実装例

2.5　イベントハンドラの記述

引き続き、イベントハンドラの記述方法について解説します。

2.5.1　様々なイベントハンドラの記述方法

イベントハンドラは、HTML要素に対して@onclick=関数名といった形で記述しますが、関数の書き方についてはいくつかの選択肢があります。

図2.11に、代表的な方法を示します。特に必要がない場合には、1つ目の例（メッセージ取得①）に示すように、引数なしの関数をイベントハンドラとして利用することができます。一方、イベント発生時の詳細情報が必要な場合には、2つ目の例（メッセージ取得②）に示すようにイベントハンドラ側にMouseEventArgsなどの引数をつけておき、情報を受け取るようにすることもできます。また、DBアクセスなどの時間がかかる処理を行ないたい場合には、3つ目の例（メッセージ取得③）に示すように、イベントハンドラを非同期メソッドの形で記述することができます。

またイベントハンドラとして、ラムダ式を用いたインライン記述を利用することもできます（メッセージ取得④⑤）。非常に短い処理の場合には、わざわざ別途、イベントハンドラの関数を用意するのも面倒でしょうから、こちらの方法を利用してもよいでしょう。

```
<button @onclick="btnGetMessage1_Click">メッセージ取得①</button>
<button @onclick="btnGetMessage2_Click">メッセージ取得②</button>
<button @onclick="btnGetMessage3_Click">メッセージ取得③</button>

<button @onclick="@(() => Message = DateTime.Now.ToString())">メッセージ取得④</button>    ラムダ式による
<button @onclick="@(e => Message = DateTime.Now.ToString())">メッセージ取得⑤</button>    インライン記述
<p>メッセージ : @Message</p>

@code
{
    private string Message { get; set; } = "";
                                        DOM イベントの
    private void btnGetMessage1_Click() {    詳細を引数で
        Message = "Hello World " + DateTime.Now;    受け取り可能
    }
    private void btnGetMessage2_Click(MouseEventArgs e) {
        Message = "Hello World " + DateTime.Now + "  " + e.ShiftKey;
    }
    private async Task btnGetMessage3_Click() {
        await Task.Delay(3000);              async メソッドとして
        Message = "Hello World " + DateTime.Now;    記述することも可能
    }
}
```

図2.11　イベントハンドラの記述方法

　また、画面によっては、複数のボタンに似たような処理を割り当てたいという場合もあります。たとえば、「ボタンが複数あり、実行したい処理は同じだが、パラメータだけ変えたい」といったケースでは、**図2.12**に示すような方法が利用できます。すなわち、引数付きメソッドを用意しておき、ラムダ式を用いて当該メソッドを異なる引数で呼び出すような実装を行なうことができます。

```
<button @onclick=' () => btnGetMessage_Click("Hello World ①")'>メッセージ取得①</button>
<button @onclick=' () => btnGetMessage_Click("Hello World ②")'>メッセージ取得②</button>
<button @onclick=' () => btnGetMessage_Click("Hello World ③")'>メッセージ取得③</button>

<p>メッセージ : @Message</p>

@code
{
    private string Message { get; set; } = "";

    private void btnGetMessage_Click(string message) {
        Message = message;
    }
}
```

図2.12　ラムダ式を用いたインライン型イベントハンドラの実装例

　さて前述のイベントハンドラの記述のうち、②③は重要なため、以下に少し補足説明をします。

2.5.2　イベントハンドラで受け取れるDOMイベントの引数

②に示したように、イベントハンドラにMouseEventArgs引数を付与すると、マウス操作に関する詳細情報を取得することができます。これ以外にも、ChangeEventArgs引数を付与すると入力に関する詳細情報が、KeyboardEventArgs引数を付与するとキーボード操作に関する詳細情報が取れます。どのような情報が取れるのかについて詳しく知りたい場合は、製品ドキュメントの下記項目を確認してください。

● **ASP.NET Core Blazorのイベント処理**

https://learn.microsoft.com/ja-jp/aspnet/core/blazor/components/event-handling?
view=aspnetcore-8.0#event-arguments

2.5.3　イベントハンドラを非同期で処理したい場合

Webアプリでは、外部のWeb APIの呼び出しやDBからのデータ取得をよく行ないますが、これらの処理には時間がかかります。こうした処理を同期的に実装してしまうと、その処理が完了するまで画面が固まってしまい、ユーザビリティを損ないます。このような状況を避けるには、Web API呼び出しやDBからのデータ取得を非同期処理として実装する必要があります。C#ではasync/awaitを利用した非同期処理の仕組みが用意されており、ASP.NET Core Blazorにおいてもこの仕組みを利用することができます。

図2.11では、実際の処理の代わりとしてTask.Delay()メソッドによる3秒間の待機処理を記述しています。この際、async/awaitを用いて実装することで、3秒間の待機中にUIを固まらせず、他のUI操作を受け付けることが可能になります[4]。

注意すべき点として、**asyncメソッドとしてイベントハンドラを記述する場合には、戻り型を必ずTask型にしなければなりません。**戻り型をvoid型として定義してもコンパイルは通りますが、非同期処理が正しく行なわれません。

また、ここに示した方法では、非同期のイベントハンドラを実行している最中にボタンが2回押されることによる多重処理のリスクがあり、業務処理の内容によっては対策が必要になります。この回避方法については第8章で解説します。

2.6 データバインド用データ変数のデータ型の選択とnull値の取り扱いの考え方

さて本章を締めくくるにあたり、データバインド用のデータ変数に関して、データ型とnull値の取り扱

※4　なおDBからのデータ取得を非同期処理によって行なう方法については、第7章と第8章で詳細に解説します。

いについて解説します。実際のコーディングにおいては非常に重要なポイントになりますので、以降の解説についてはしっかり理解するようにしてください。

🏢 2.6.1　null値の取り扱いの設計方針

　ASP.NET Core Blazorアプリの開発では、UI部分とロジック部分の接続に必ずデータバインドを利用します。このデータバインドにおいて特に注意しなければならないポイントの1つが、**データバインド用のデータ変数にnull値を入れるかどうか**です。この取り扱いを正しく意識しなかった場合、往々にしてnull値の取り扱いミスに起因する予期せぬ例外（NullReferenceException例外）が発生します。

　この**NullReferenceException**は、C#のような参照型変数を扱う言語でよく発生する、非常にわずらわしいバグの1つです。現在のC#には、NullReferenceExceptionが発生するようなプログラミングバグの混入リスクを低減させるための複数の機能が追加されており、その詳細は本書付録4で解説しています。C#の一般的な機能についてはぜひそちらをご確認いただくとして、ASP.NET Core Blazorを使ったアプリを開発する際には、特に以下の点に気をつける必要があります。

- 原則として、データバインドに利用するデータ変数にはnullを入れない（特に双方向データバインド）かつ、データ変数に対して初期化処理を記述する。
- データバインドに利用するデータ変数にnullを入れる場合には、どのような意味を持たせるのかをはっきりさせておく（通常は「DBなどからデータを取得中である」という意味を持たせることが多い）。データバインドに利用するデータ変数にnullを入れることがあると決めた場合には、データ変数をnull許容参照型として定義するとともに、データ変数がnullになる可能性を考慮した記述を行なう。

　これらについて解説します。

🏢 2.6.2　データバインドするデータ変数にnull値を入れない場合

　まず、双方向データバインドを利用する場合には、原則としてデータバインドするデータ変数にnull値を入れない方針で設計する必要があります。

　基本的に双方向データバインドは、**UI要素の値（テキストボックスなどの中身）とデータ変数の値を常に同期する**という考え方で作られている技術です。このため、UIの表示値とバインドしている変数の値とがズレを起こさないように設計する必要があります。具体的には、**データバインドを行なうデータ変数のデータ型**と、**null値の取り扱い**の2つに関する注意が必要です。典型的な例として、数値を入力するテキストボックスについて解説しましょう（**図2.13**）。

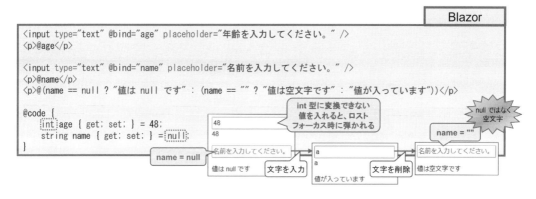

図2.13　テキストボックスとのデータバインドにおける誤った実装例

　まず、数値を入力させるテキストボックスにおいて双方向データバインドを行なう場合、データ変数にはint型を利用するべきだと考えがちですが、この設計は誤りです。テキストボックスには数字以外の文字を入力する、あるいは何も入力しない（空文字にする）こともできます。int型のデータ変数を用いてしまうと、（描画方向のデータ反映は常に成功しますが）、入力方向のデータ反映には失敗する場合が発生してしまい、データの同期が取れなくなるケースが生じます。このため、数値を入力させるテキストボックスであったとしても、データバインドするデータ変数としてはint型ではなくstring型を利用しなければなりません。

　次に、テキストボックスにバインドするstring型のデータ変数には、null値を入れないようにしなければなりません。（通常の）string型にはnull値が入りますが、テキストボックスにはnull値が入りません（未入力時は空文字（""）になります）。もしテキストボックスにバインドするstring型変数にnull値を入れてしまうと、未入力時に、UIの表示値と変数値とにズレを起こすことになります。このため、テキストボックスにバインドするstring型にはnull値を入れないように注意する必要があります。

　また、.NET 6以降では、**null許容参照型**と呼ばれる機能が追加されました。これにより、「参照型のデータ変数であっても、null値を入れる可能性がある場合には、"?"をデータ型の末尾に明示的に付けなければならない」というルールになりました[5]。

　このため、先の**図2.13**に示した例の場合、正しい実装方法は以下のようになります（**図2.14**）。

- テキストボックスとデータバインドするデータ変数は、null非許容型のstring型として定義する（string?型ではなくstring型として定義する必要がある）
- 当該データ変数の初期値がnull値にならないように、初期化を行なう（=""を書いておく）

※5　逆の言い方をすると、string型のような参照型の末尾に "?" が付いていない場合、文脈上 null が入る可能性がある際には Visual Studioがコンパイラ警告を発生します。

```
<input type="text" @bind="age" placeholder="年齢を入力してください。" />
<p>@age</p>

<input type="text" @bind="name" placeholder="名前を入力してください。" />
<p>@name</p>

@code {
    string age { get; set; } = "";
    string name { get; set; } = "";
}
```

図2.14　正しい双方向データバインドの実装方法

これらのポイントは第4章で解説するデータ入力検証の基本になります。**双方向データバインドは、UI（テキストボックスなどの中身）と変数値を常に同期することが基本になっている**というポイントをしっかり押さえておいてください。

🏢 2.6.3　データバインドするデータ変数にnull値を入れる場合

一方、バックエンドサーバーからデータを取得し、その一覧を表示する画面を実装するような場合には、データバインドするデータ変数にnull値を入れる場合があります。ここでは詳細なコードを理解する必要はありませんが、たとえば**図2.15**のような例を見てみましょう。

```
@if (authors == null)
{
    <p>データをロード中です...</p>
}
else if (authors.Count == 0)
{
    <p>データがありません。</p>
}
else
{
    <div class="table-responsive">
        <QuickGrid Items="@authors.AsQueryable()"> ...
</QuickGrid>
    </div>
}

@code {
    List<Author>? authors { get; set; } = new List<Author>();

    protected override async Task OnInitializedAsync()
    {
        authors = null;
        using (var pubs = dbFactory.CreateDbContext())
        {
            authors = await pubs.Authors.ToListAsync();
        }
    }
}
```

図2.15　データベースからデータを取得する場合

このケースでは、ページの初期化処理の中でDBからデータを読み出しています。この処理には時間がかかるため、非同期型のページ初期化メソッドであるOnInitializedAsync()メソッドを利用していますが、この間、ユーザーの画面に何も表示しないのは不親切です。そこで、以下のような実装を行ないます。

- データバインドを行なうデータ変数authorsを、null許容参照型（？付き参照型）として定義する[6]
- データ変数authorsに対しては、以下の3通りの値を使い分けて入れる
- DBからデータを読み出し中である場合にはnull値を入れる
- DBからデータが取り出せた場合にはそれをauthors変数に入れる
- DBからデータが取り出せたが件数がゼロの場合には、要素数0のコレクションをauthors変数に入れる
- HTML部分では、@if文を利用して、上記3通りを切り分けて画面に表示する

このようにすると、データ読み出し最中はデータロード中である旨が表示され、DBアクセス完了後に描画が切り替わる形となりますので、ユーザビリティが向上します。

もともとnull値は参照型（ポインタ型）の特性上生じているもので、null値にどのような意味を持たせるかは、適宜、開発者側が決める必要があります。「DBからデータを取得するので、あとから値が決まる」といったデータ変数は、null許容型（？付きデータ型）として定義し、@if文を利用して描画を切り替えるように実装するとユーザビリティを高めることができます。しかし、本来は必ず何らかの値が入っているべきデータ変数の場合には、null非許容型（？なしデータ型）として定義するとともに、必ず何らかの値で初期化をしておくようにしてください。このようにすることで、データバインドの処理に関連してNullReferenceExceptionが発生するという、わずらわしいプログラミングバグを回避することができます。

2.7　まとめ

本章では、ASP.NET Core BlazorにおけるUI描画の基本モデルであるデータバインドについて解説しました。従来のWindows FormsやWeb Formsでは、ボタンなどのコントロールを直接扱う方式が利用されていましたが、ASP.NET Core BlazorではUI要素とイベントハンドラ側との入出力はデータバインドと呼ばれる形で実施する必要があることを説明しました。

---

[6]　上記の例では、List<Author>型のデータ変数 authors を null 許容参照型として宣言し、null 値が入る可能性があることを宣言しています。

データバインドの基本的な記述方法には、片方向データバインドと双方向データバインドの2つがあります（**図2.16**）。片方向データバインドでは、コードブロック内で宣言された変数をUI要素とバインドすることで、データを表示します。また、複数のデータ項目を表示する場合には、foreach構文を利用してコレクションの中身をすべて表示します。一方で、双方向データバインドでは、UIの入力値をデータ変数に反映させることができます。

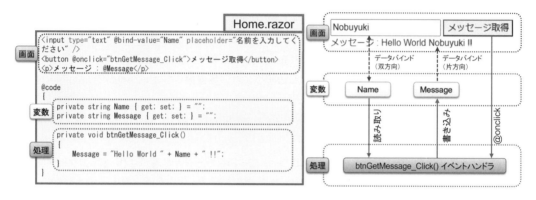

図2.16　BlazorにおけるUI実装モデル

　また、データバインドにおいては、データ変数の型とnull値の取り扱いに注意が必要です。テキストボックスに対する双方向データバインドでは、常にテキストボックスとデータ変数の値が同期できるように、null非許容のstring型を利用し、初期値として空文字を代入しておきます。また、DBから取得したデータを画面上に描画するようなケースでは、データ型をnull許容型変数として定義しておき、データ読み出し中にはnull値を入れる、という仕様で設計を行ないます。@ifブロックを利用することにより、データ読み出し中とデータ読み出し後で簡単に画面を切り替えるような実装が可能になります。

　これらのデータバインドの正しい設計・実装方法は、第4章で解説するデータ入力チェックや、第7章と第8章で解説するDBアプリの礎となりますので、しっかり理解しておくようにしてください。

## 第 3 章

Blazor における UI の組み立て方

本章では、ASP.NET Core Blazor における UI 実装の実践的な知識として、UI コンポーネントの仕組みやページとルーティングの仕組み、レイアウト制御について解説します。

第2章ではBlazorのUI実装の基本となるデータバインドの考え方と方法について学習しましたが、本章ではより実践的な知識として、UIコンポーネントの仕組み、ページとルーティングの仕組み、レイアウト制御の3つについて解説していきます。

3.1 UIコンポーネント

ASP.NET Core Blazorアプリの画面は、**Razorコンポーネント**を使って構築されます。Razorコンポーネントとは UI を組み立てるための「部品」に相当し、小さい部品（たとえばボタンやラベル）からより大きな部品（たとえばグリッドなど）を組み立て、さらにそれらを組み合わせて最上位のページを作ることができるようになっています。

Razorコンポーネントの実体は、**.razor**という拡張子を持つファイルで、HTMLとC#のコードの組み合わせにより実装されます（**図3.1**）。HTMLの中には通常のHTMLタグの他、他のRazorコンポーネントを組み込むことができるようになっており、これにより、小さな部品からより大きな部品を組み立てることができます。最上位となるページには、@pageディレクティブを宣言し、当該ページの呼び出しパスを指定する必要があります。

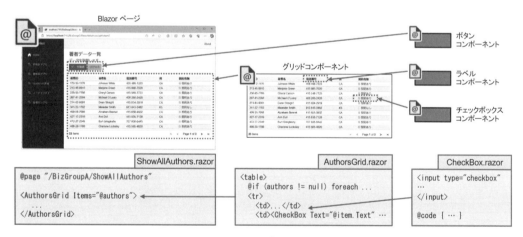

図3.1　Razorコンポーネントの仕組み

このように、.razorファイル（Razorコンポーネント）は**ページ**か**UIコンポーネント**（UI部品）のいずれかになっており、作成されたRazorコンポーネントは、内部的にクラスファイルにコンパイルされ、他のRazorコンポーネント内でUI部品として利用することができます。Razorコンポーネントは入れ子にしたり、再利用したり、プロジェクト間で共有したりすることができるため、あらかじめ様々なUI部品や画

面パーツを作っておくと、開発生産性を高めることができます。

🏛 3.1.1　簡単なUIコンポーネントの作成例

このASP.NET Core Blazorのコンポーネントシステムは極めて強力で、（今となっては設計上あまり望ましくはありませんが）2000年代に一世を風靡したASP.NET Web Formsに似せたUIコンポーネントを作ることすらできてしまいます。Blazorのコンポーネントシステムがいかに強力であるかを示す好例とも言えるので、以下では、昔ながらの部品であるTextBox／Button／LabelコンポーネントをBlazorで作ってみることにします（**図3.2**）。余力があれば、実際にVisual Studioを起動して作ってみてください。

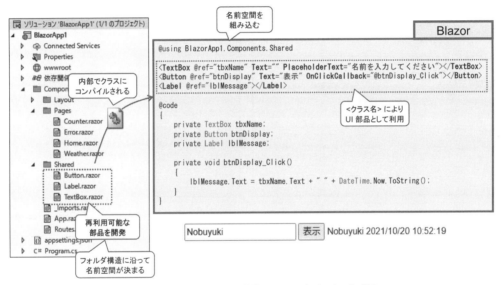

図3.2　Blazorを用いた簡単なUIコンポーネントの作成例

まず、共有のUIコンポーネントを配置するためのSharedフォルダを作成し、そこに**TextBox. razor**、**Button.razor**、**Label.razor**の3つのファイルを配置します。なお、UIコンポーネントはクラスになるため、名前の先頭は大文字にします。

次に、各UIコンポーネントを作成していきます。まずは（イベントハンドラが不要な）**Label**と**TextBox**から実装してみましょう（**リスト3.1**）。これらのコンポーネントは、表示する内容を外部から設定できるように、Textプロパティを持たせます。このプロパティは外部から設定できるパラメータであることを示すために、[Parameter]属性を付与します。

この際、「データバインド用の変数として利用している_text変数を、[Parameter]属性をつけたプロパティとして直接公開してもよいのでは?」と考えるかもしれません。しかし、外部からTextプロパティが変更された際、UIの描画を更新しなければならないことをBlazorランタイムに通知しなければなりません。このため、setterメソッドを作成し、データの更新とともに、UI描画の更新の必要性をthis. StateHasChanged()メソッドにより通知するように実装する必要があります。

リスト3.1　LabelとTextBoxのUIコンポーネント実装例

TextBox.razor

```
<input type="text" @bind="Text"
placeholder="@PlaceholderText" />

@code {
    private string _text = "";
    private string _placeholderText = "";

    [Parameter]
    public string Text
    {
        get
        {
            return _text;
        }
        set
        {
            _text = value;
            this.StateHasChanged();
        }
    }

    [Parameter]
    public string PlaceholderText
    {
        get
        {
            return _placeholderText;
        }
        set
        {
            _placeholderText = value;
            this.StateHasChanged();
        }
    }
}
```

Label.razor

```
<span>@Text</span>

@code {
    private string _text = "";

    [Parameter]
    public string Text {
        get
        {
            return _text;
        }
        set
        {
            _text = value;
            this.StateHasChanged();
        }
    }
}
```

呼び出し元から設定可能なパラメータであることを宣言

プロパティ変更時に再描画が必要であることを指示

`<Label Text="xxx"></Label>`

`<TextBox Text="xxx" PlaceholderText="xxx"></TextBox>`

　続いて、イベントハンドラを持つUIコントロールであるButtonの作成方法を見てみましょう（**リスト3.2**）。まずLabelとTextBoxのときと同様に、外部から利用する際に設定したいプロパティを考え、これを[Parameter]属性つきのpublicプロパティとして実装します。さらに、ボタン押下時のイベントハンドラを登録できるように、EventCallback型のパラメータを作成します。このようにすると、Button UIコントロールを利用する際、OnClickCallbackプロパティに対して関数を渡すことで、ボタンのクリックイベントに応答することができるようになります。

リスト3.2　ButtonのUIコンポーネント実装例

Button.razor

```
<input type="button" @bind="Text" @onclick="OnClickCallback" />

@code {
    [Parameter]
    public string Text { get; set; } = "";

    [Parameter]
    public EventCallback OnClickCallback { get; set; }
}
```

`<Button Text="xxx" OnClickCallback="@yyy"></Button>`

プロパティであるため
@OnClickCallback ではなく
@ なしでの指定が必要

デリゲートを渡す必要が
あるため、関数名の手前に
@ を付与する必要がある

引き続き、作成したUIコンポーネントをHome.razorページで利用してみることにしましょう（**リスト3.3**）。

まず@usingディレクティブにより、対象部品を含む名前空間を指定します[※1]。そのうえで、作成したRazorコンポーネントをHTMLタグのように記述して利用します。

リスト3.3　作成したUI部品の利用例

Home.razor

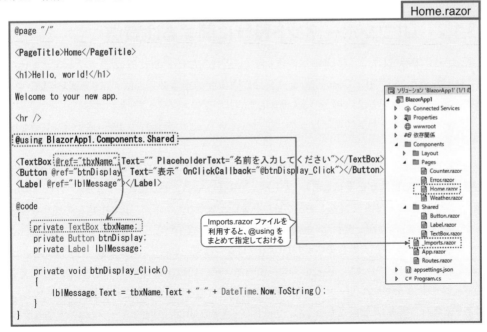

```
@page "/"

<PageTitle>Home</PageTitle>

<h1>Hello, world!</h1>

Welcome to your new app.

<hr />

@using BlazorApp1.Components.Shared

<TextBox @ref="tbxName" Text="" PlaceholderText="名前を入力してください"></TextBox>
<Button @ref="btnDisplay" Text="表示" OnClickCallback="@btnDisplay_Click"></Button>
<Label @ref="lblMessage"></Label>

@code
{
    private TextBox tbxName;
    private Button btnDisplay;
    private Label lblMessage;

    private void btnDisplay_Click()
    {
        lblMessage.Text = tbxName.Text + " " + DateTime.Now.ToString();
    }
}
```

_Imports.razor ファイルを
利用すると、@using を
まとめて指定しておける

※1　複数のページに対してまとめて宣言したい場合には _Imports.razor ファイルに記述しておく方法が利用できます。

通常、@codeブロックには、まずHTML側からデータバインドにより参照するデータ変数を記述し、これをイベントハンドラから操作します。しかしASP.NET Web Formsのような昔ながらの開発モデルの場合には、イベントハンドラからUIコントロールを直接操作するのが一般的でした。今回作成したTextBox／Button／Labelコントロールは後者の開発モデルに沿って作っているため、まず@codeブロックにUIコントロールを変数として配置しておきます。そしてHTML側に配置したUIコントロールに@ref属性を指定して当該変数と接続すると、UIコントロールをprivate変数にマッピングして取り込むことができます。あとはイベントハンドラから直接、UIを操作するコードを記述します。

ASP.NET Core Blazorのすごいところは、「たったこれだけの仕組みでASP.NET Web Formsに似せたUI部品を作れてしまう」というところです。しかも内部挙動はASP.NET Core Blazorの仕組みに則るため、Blazor WASM型としてアプリを作ればブラウザ内のみで、Blazor Server型としてアプリを作ればWeb Socket通信を介してUIはブラウザ、ロジックはサーバーで動作させることができます。技術的にはW3C標準技術のみで実装されていますので、ASP.NET Core Blazorを使えば、ASP.NET Web Formsに近しいフレームワークを最新技術により現代によみがえらせることすらできてしまう、ということになります。特に、2000年代に開発したASP.NET Web Formsアプリの移行先に悩まれている開発者には非常に魅力的に映る技術だと思いますし、こうした背景もあり、マイクロソフト自身も、ASP.NET Web Forms開発者向けのBlazor解説資料（電子書籍）を公開・提供しています。

- **● ASP.NET Web Forms開発者向けBlazor**
  https://learn.microsoft.com/ja-jp/dotnet/architecture/blazor-for-web-forms-developers/

🏛 3.1.2　UIコンポーネント設計に関する注意点

ただし、ここで解説したようなUI部品の作り方は、近代的なUI設計に即したものとは言えません。第2章で述べた通り、ASP.NET Core BlazorにおけるUI実装の推奨モデルはデータバインド型です。**リスト3.2**で紹介したコードでは@refをうまく活用して、UI要素にオブジェクト名を付与し、イベントハンドラでUI要素の読み書きを対話的に行なっていました。しかし、この実装方法は**データバインド型ではない**ことに注意が必要です。

従来の対話型モデルが推奨されない最大の理由は、**画面とロジックの実装をきれいに分離できない（混然一体となった実装が必要になる）**ことです（**図3.3**）。ここまでに解説してきたようなシンプルなUIの場合にはどちらのモデルで実装してもたいした違いにはなりませんが、より複雑な画面になった場合や、データ入力チェックが必要になった場合などには大きな違いとなって現れます。これについては第4章で詳しく解説しますが、現在の多くのUIテクノロジーはデータバインド型で設計されており、Blazorもこのモデルを踏襲しています。Blazorのコンポーネントシステムがあまりにも強力であるがゆえに、従来の対話型モデルのUIコンポーネントも容易に実装できてしまいますが、これは推奨される実装モデルではありません。標準UI部品はもちろん、サードパーティのUI部品などもデータバインド型モデルで作られていることが多いため、この観点からもデータバインド型でUIを設計・実装することが推奨されます。

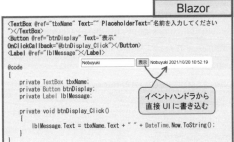
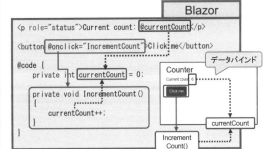

図3.3 対話型とデータバインド型の比較

3.1.3 Blazorで利用できるUIコンポーネント

引き続き、ASP.NET Core Blazorで利用できるUIコンポーネントについて解説します。まず、ASP.NET Core Blazorの標準UIコンポーネントとしては**表3.1**のようなものがあります。

表3.1 代表的な標準UIコンポーネントの一覧

分類	UI コンポーネント
基本制御	Router、Virtualize
データ入力フォーム関連	InputCheckBox、InputDate、InputFile、InputNumber、InputRadio、InputRadioGroup、InputSelect、InputText、InputTextArea
データグリッド	QuickGrid
レイアウト／ナビゲーション制御関連	FocusOnNavigate、HeadContent、HeadOutlet、LayoutView、MainLayout、NavLink、NavMenu、PageTitle、RouteView、SectionContent、SectionOutlet、Visualize
セキュリティ制御関連	Authentication、AuthorizeView、AntiforgeyToken
その他	CascadingValue、DynamicComponent、ErrorBoundary

この表からわかるように、標準UIコンポーネントとして提供されているものは、データ入力フォーム関連のものを含めて非常に基礎的なものが多いです。.NET 8でQuickGridが正式導入されたものの、高度なグリッドやチャートのような、業務アプリ開発に必要なUIコンポーネントが不足している感は否めません。そのため、実際の業務アプリ開発においては、OSSや商用のサードパーティ製UIコンポーネントを活用するとよいでしょう。**表3.2**にOSSや商用のサードパーティ製UIコンポーネントの例をいくつか示します。

表3.2 サードパーティ製コンポーネントの例

コンポーネント	URL
Telerik UI for Blazor	https://www.telerik.com/blazor-ui
DevExpress Blazor Components	https://www.devexpress.com/blazor-razor-components/
Syncfusion Blazor Components	https://www.syncfusion.com/aspnet-core-blazor-components
Radzen Blazor Components	https://blazor.radzen.com/
Infragistics Ignite UI Blazor	https://www.infragistics.com/products/ignite-ui-blazor
MESCIUS ComponentOne for Blazor	https://developer.mescius.jp/componentone/blazor
jQWidgets	https://www.htmlelements.com/blazor/
Ant Design Blazor	https://antblazor.com/en-US/
MatBlazor	https://www.matblazor.com/

🏢 3.1.4 GUIデザイナーに関する注意点

さて、ここまでASP.NET Core BlazorにおけるUIコンポーネントの仕組みについて解説してきましたが、2000年代のASP.NET Web Formsとは開発モデルが大きく変わっていることもご理解いただけたことでしょう。さらにもう1つ、ASP.NET Web Forms時代のWeb開発と現在のWeb開発で大きく異なる点があります。それが**GUIデザイナー**の存在です。

GUIデザイナーは**ビジュアルデザイナー**、あるいは**WYSIWYGデザイナー**（What You See is What You Get ： 見たままのUIデザインができるツール）などとも呼ばれ、実装の手軽さ・容易さから現在でも強い人気があります。2002年にリリースされたASP.NET Web Formsは、Web開発でありながらVisual Studioを用いてビジュアル開発ができる（＝部品を画面に貼り付けて、ボタンなどをダブルクリックしてイベントハンドラを書くことができる）ことで爆発的な人気を博しました。しかし現在のVisual Studioでは、本書で解説しているASP.NET Core Blazor向けのビジュアルデザインツールは提供されていません。これはBlazorに限った話ではなく、他の多くのWeb開発フレームワークでも似たような状況にあります。

この背景には、HTML／JavaScript／CSSの高度化と継続的な進化があります。2000年当時と異なり、現在のWebはHTML、JavaScript、CSS（以降これらをまとめてHTMLと略します）だけでも高度なUIが実装できるようになり、さらにその機能は日進月歩で強化し続けています。こうした状況においてリッチなサイトを作ろうとした場合には、HTMLのネイティブ機能をうまく生かした形でWebアプリを開発する（すなわちUI部品によって完全にHTMLを抽象化せず、そのまま扱う）ことが必要になります。このため、現在ではASP.NET Web Forms時代にあったようなHTMLを意識させない開発ではなく、**HTMLも直接扱えるようなスタイルでの開発**が望ましいものとなりました。

幸い、EdgeやChromeをはじめとする現在のモダンブラウザには**開発者ツール**と呼ばれる便利なツールが備わっており、HTMLを高度にデバッグする機能が標準的に提供されています。Visual StudioはHTMLも直接扱えるようなスタイルでの開発を実現できるよう、**ブラウザリンク**と呼ばれる機能により、ブラウザ上で直接編集した内容をソースコードに反映させたり（**図3.4**）、あるいは**ホットリロード**と呼ば

れる機能によりソースコードの修正をアプリの再起動なしに速やかに反映させたりできるようにしています。これらはいずれも、近代的なWebアプリの高度な開発スタイルに応えられるようにするためのものです。

図3.4　ブラウザリンク機能による編集の反映

とはいえ、Web Forms時代の開発に慣れた人や、簡単なテストアプリを開発したいような場合には、もっと手軽なビジュアルデザインツールが欲しい、ということもあるでしょう。Visual Studioにはこのような機能が提供されていませんが、サードパーティがそうしたツールを提供している場合もあります。たとえばInfragistics社のIgnite UI for Blazorでは、限定的ではありますがBlazorのビジュアルデザインツールを提供しています。すべての開発に当てはまるものではありませんが、適宜、こうしたツールを利用することも検討してみてください。

UIコンポーネントの説明はここまでにして、引き続き、ページとルーティングについて解説します。

3.2　ページとルーティング

3.2.1　ページとパスの定義方法

ASP.NET Core Blazorアプリの各ページは、`https://sampledomain.com/mainpage/hoge`といったURL（パス）をブラウザから入力することで呼び出されます。ASP.NET Core Blazorは、このURLの情報をもとに、どのページを表示するのかを決めており、この機能を**ルーティング**と呼びます。Blazorア

プリの場合、**アプリケーションルート**となるApp.razor内の**<Router>**オブジェクトが、パス情報をもとに各ページへのルーティングを行ないます。

各ページのパスは、ページの先頭の**@page**ディレクティブによって指定されます。たとえば、Blazor Web Appプロジェクトテンプレートにある Weather.razor では、コードの先頭に @page "/weather" と書かれています。その状態でアプリをローカルで実行した場合、該当ページには https://localhost:7092/weather という URL でアクセスできるようになります。

なお、残念ながらフォルダ構造やファイル名がそのまま自動的にルーティング用の情報として使われることはありません。必ず @page ディレクティブを用いてルーティングするパスを指定するようにしましょう。

また、URL にはパラメータをつけることができます。たとえば、@page ディレクティブの指定を、@page "/biza/showauthorsbyauthorid/{authorId?}" としておくと、パス情報の最後がパラメータとみなされるようになります（**リスト3.4**）。このため、たとえば https://localhost:5000/biza/showauthorbyauthorid/1234 と指定して当該ページにアクセスすると、1234 という値が authorId パラメータに格納されます。なお、パラメータ指定時に「?」をつけておくと、パラメータに相当する値が存在した場合に限り、値の代入が行なわれます。

リスト3.4　URLからのパラメータ取得

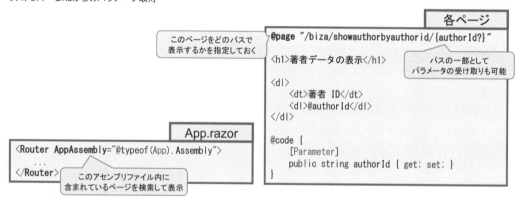

注意点として、URL の一部にパラメータを含める方法は、ユーザー側から不正な値を入力される可能性があるという問題があります。不正な値をそのまま使って処理するとセキュリティ上の脆弱性につながるため、**パラメータ値は必ずチェックしてから利用する**必要があります。具体的には、**リスト3.5**に示すように、OnParametersSet() 関数を利用し、フォーマットチェックや型チェック、無害化処理などを行なうようにしてください。

リスト3.5　パラメータチェック

Blazor

```
@page "/biza/editauthor/{AuthorId}"
@using System.Text.RegularExpressions

@code {
    [Parameter]
    public string AuthorId { get; set; }

    protected override void OnParametersSet()
    {
        if (String.IsNullOrEmpty(AuthorId)) throw new ArgumentNullException("AuthorId");
        if (Regex.IsMatch(AuthorId, @"^\d{3}-\d{2}-\d{4}$") == false) throw new
ArgumentException("AuthorId");
    }
}
```

> パラメータ値（AuthorId）の
> バリデーションを実施

3.2.2　＜Router＞オブジェクト

　次に、実際に各ページへのルーティングの処理を担うApp.razorファイル内の**＜Router＞**オブジェクトについて解説します。＜Router＞オブジェクトの主な役割は次の通りです。

- アプリが受け取ったパスをもとにページ検索を行なう
- ルーティング先のページが見つかった場合と見つからなかった場合とで表示を切り替える

　リスト3.6に既定のApp.razorのコードを示しますので、中身を確認してみましょう。

　まず、URLのパスにヒットするページが見つかった場合と見つからない場合のそれぞれの描画内容は、＜Found＞と＜NotFound＞タグの中で定義します。

　該当ページが見つかった場合は、＜RouteView＞タグで該当ページのコンテンツを表示します。＜RouteView＞タグにはDefaultLayoutプロパティを用いてテンプレート（マスタレイアウト）を指定することもできます。また、＜FocusOnNavigate＞タグを使いアクセシビリティサポートも行なっています。これは、ページ遷移後に＜h1＞タグにフォーカスを当てることで、スクリーンリーダーが適切に読み上げを行なえるようにする設定です。

　一方で、該当ページが見つからなかった場合は、＜LayoutView＞タグを用いてテンプレートを指定しながら、ページが見つからない旨のエラーメッセージを表示するようにしています。

リスト3.6　Routerの実装例

```
                                                                    App.razor
<Router AppAssembly="@typeof(App).Assembly">
    <Found Context="routeData">
        <RouteView RouteData="@routeData" DefaultLayout="@typeof(MainLayout)" />
        <FocusOnNavigate RouteData="@routeData" Selector="h1" />
    </Found>
    <NotFound>
        <PageTitle>Not found</PageTitle>
        <LayoutView Layout="@typeof(MainLayout)">
            <p role="alert">Sorry, there's nothing at this address.</p>
        </LayoutView>
    </NotFound>
                                                        ※ 通常は変更不要
</Router>
```

では引き続き、画面遷移の方法について解説します。

3.2.3　各ページへのナビゲーション方法

画面遷移を行なう方法は、

- ハイパーリンクを利用する方法
- **NavigationManager** サービスを利用する方法

の2つがあります。それぞれの方法について、**リスト3.7**を用いながら解説します。

リスト3.7　2つの画面遷移の方法

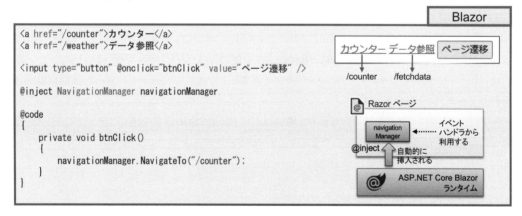

```
                                                                     Blazor
<a href="/counter">カウンター</a>
<a href="/weather">データ参照</a>

<input type="button" @onclick="btnClick" value="ページ遷移" />

@inject NavigationManager navigationManager

@code
{
    private void btnClick()
    {
        navigationManager.NavigateTo("/counter");
    }
}
```

まず、Blazorでも通常のHTMLでの開発と同様、ハイパーリンクを用いて画面遷移を実装することができます。画面遷移先のパスは先述の @page ディレクティブで記述したものを指定します。

　イベントハンドラ（たとえばボタン押下時）において画面遷移したい場合には、Blazorランタイムから

NavigationManager サービスを受け取り、**NavigateTo()** メソッドを用いて画面遷移を行ないます[2]。

　なお、上記のいずれの場合も**実際の画面遷移はブラウザ内部で処理される**という点に注意してください。画面遷移はBlazorランタイムにより捕捉され、ブラウザのアドレスバーのURLは切り替わりますが、その際、HTTPリクエストを用いた通信をサーバーと行なうことはありません[3]。画面遷移のつど、サーバーと通信を行なう昔ながらのWebアプリとは挙動が異なることに注意してください。アドレス（URL）はページごとに存在するため、各ページへの直接呼び出しやブックマークは従来通り行なうことができます。

🏢 3.2.4　画面間でのデータ引き渡しやデータの保存方法

　最後に、**ページインスタンス**について説明します。Part 2で解説しているBlazor Serverにおける各ページインスタンスは、ページが呼び出されるたびに作成されます。このため、あるページから離れて再度同じページに入り直すと、そのページの状態（ページ内の変数の値など）は失われ、初期化されます（**図3.5**）。

図3.5　ページインスタンスの状態

※2　この方法では DI コンテナを利用していますが、DI コンテナの詳細については第5章で解説します。
※3　このケースでは、Blazor Server の Web Socket 通信を用いて処理されます。

画面が切り替わっても値を保持したい場合や、画面間でデータを受け渡したい場合には、**ProtectedSessionStorage** および **ProtectedLocalStorage** と呼ばれる機能を利用することができます。これは、モダンブラウザが持つローカルデータストア機能を利用したもので、従来で言うところのSessionオブジェクトなどのように利用することができるものです。具体的な利用方法を**図3.6**と**リスト3.8**に示します。

　ProtectedSessionStorage を利用した場合にはブラウザの終了までデータを保持し、ProtectedLocalStorage を利用した場合にはブラウザを閉じても残る形でデータを保存することができます。

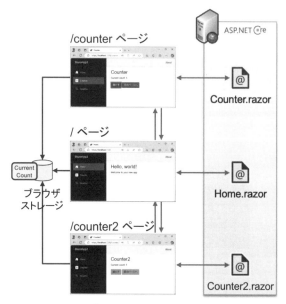

図3.6　ProtectedSessionStorage、ProtectedLocalStorageの利用

リスト3.8 ProtectedSessionStorage、ProtectedLocalStorageを用いたデータの引き渡しと保存

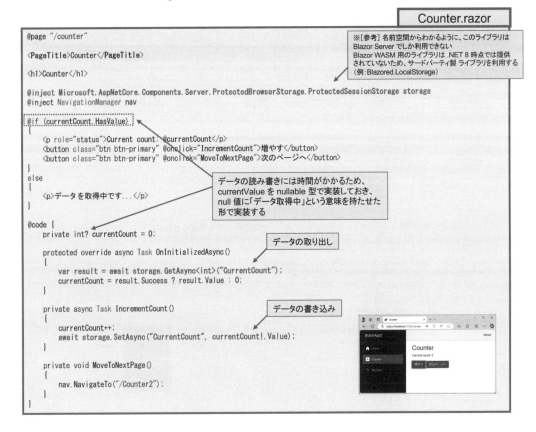

```
@page "/counter"

<PageTitle>Counter</PageTitle>

<h1>Counter</h1>

@inject Microsoft.AspNetCore.Components.Server.ProtectedBrowserStorage.ProtectedSessionStorage storage
@inject NavigationManager nav

@if (currentCount.HasValue)
{
    <p role="status">Current count: @currentCount</p>
    <button class="btn btn-primary" @onclick="IncrementCount">増やす</button>
    <button class="btn btn-primary" @onclick="MoveToNextPage">次のページへ</button>
}
else
{
    <p>データを取得中です...</p>
}

@code {
    private int? currentCount = 0;

    protected override async Task OnInitializedAsync()
    {
        var result = await storage.GetAsync<int>("CurrentCount");
        currentCount = result.Success ? result.Value : 0;
    }

    private async Task IncrementCount()
    {
        currentCount++;
        await storage.SetAsync("CurrentCount", currentCount!.Value);
    }

    private void MoveToNextPage()
    {
        nav.NavigateTo("/Counter2");
    }
}
```

Counter.razor

※[参考] 名前空間からわかるように、このライブラリは
Blazor Server でしか利用できない
Blazor WASM 用のライブラリは .NET 8 時点では提供
されていないため、サードパーティ製 ライブラリを利用する
（例：Blazored.LocalStorage）

データの読み書きには時間がかかるため、
currentValue を nullable 型で実装しておき、
null 値に「データ取得中」という意味を持たせた
形で実装する

データの取り出し

データの書き込み

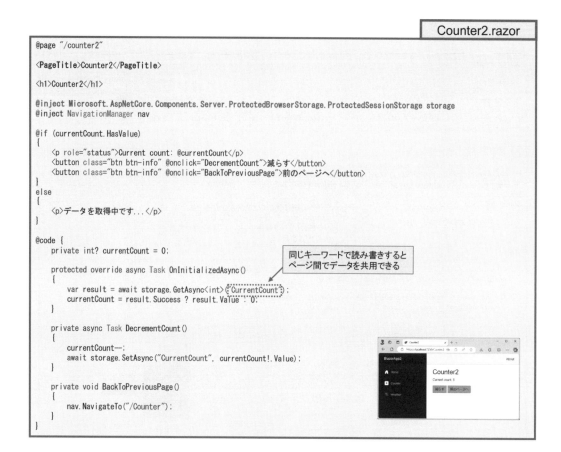

```
                                                                    Counter2.razor

@page "/counter2"

<PageTitle>Counter2</PageTitle>

<h1>Counter2</h1>

@inject Microsoft.AspNetCore.Components.Server.ProtectedBrowserStorage.ProtectedSessionStorage storage
@inject NavigationManager nav

@if (currentCount.HasValue)
{
    <p role="status">Current count: @currentCount</p>
    <button class="btn btn-info" @onclick="DecrementCount">減らす</button>
    <button class="btn btn-info" @onclick="BackToPreviousPage">前のページへ</button>
}
else
{
    <p>データを取得中です...</p>
}

@code {
    private int? currentCount = 0;                    同じキーワードで読み書きすると
                                                      ページ間でデータを共用できる
    protected override async Task OnInitializedAsync()
    {
        var result = await storage.GetAsync<int>("CurrentCount");
        currentCount = result.Success ? result.Value : 0;
    }

    private async Task DecrementCount()
    {
        currentCount--;
        await storage.SetAsync("CurrentCount", currentCount!.Value);
    }

    private void BackToPreviousPage()
    {
        nav.NavigateTo("/Counter");
    }
}
```

　なお、**これらの機能はBlazor Server型アプリでのみ利用でき、Blazor WASM型アプリでは利用できません。**Blazor WASM型アプリの場合での画面間でのデータ引き渡しの方法については第10章で解説していますので、そちらを参照してください。

　ここまでASP.NET Core BlazorにおけるUIコンポーネントとページの関係やルーティングについて解説しました。最後に、それぞれのページやUIコンポーネント内でレイアウトを制御する方法について解説します。

3.3 レイアウト制御

ASP.NET Core BlazorでのUIの**レイアウト制御**は、通常のHTMLの場合と同じくCSSで行ないます。CSSフレームワークはどのようなものを使ってもかまいませんが、Blazor Web Appプロジェクトテンプレートでは**Bootstrap**と呼ばれるフレームワークが利用されています。これについて解説していきます。

3.3.1 テンプレートの構造

はじめに、Blazor Web Appプロジェクトテンプレートの詳細に見ていきましょう（**図3.7**）。アプリの全体的なレイアウトは主にこの中の **MainLayout.razor** が担っていますが、このファイルはアプリ実行時、以下のような順で呼び出されています。

1. App.razorページが動作し、ページの外枠が作成される
2. <Router>が呼び出され、各ページにルーティングを行なう
3. 各ページのコンテンツがMainLayout.razorにはめ込まれる

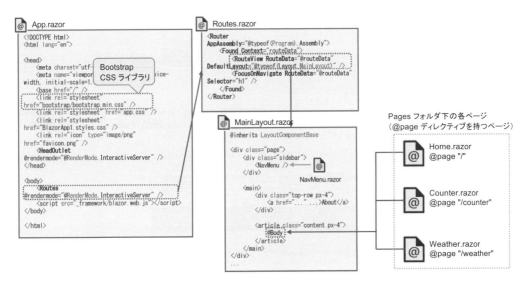

図3.7　アプリテンプレートの構造

🏢 3.3.2 Bootstrap CSSフレームワーク

図3.7を見ると、App.razor の中の<head>タグにおいて、**Bootstrap**というCSSライブラリ（フレームワーク）が指定されていることがわかります。Bootstrapは旧Twitter社が開発したCSSフレームワークで、レスポンシブル[※4]なWebサイトを容易に構築できることで人気を博しました。現在でも非常に多くのWebサイトで利用されています。

Blazorアプリの開発においてBootstrapの利用が必須というわけではありません。また本書の範囲を超えるためBootstrapの詳細な説明は避けますが、ここではBlazor Web Appテンプレートを理解・カスタマイズするときに必要な、Bootstrapの基本についてのみ説明します。

まず、BootstrapではUI部品へのスタイリングを非常に簡単に行なうことができます。押さえるべき点は次の2つです。

- HTML要素に対して適切な**class**属性を付与することでスタイリングを行なう
- 一貫したカラーリングができるように接尾語が決められている

実際に各HTML要素に対して適切な class 属性を付与してスタイリングする例を**図3.8**に示します。まず、ボタンであれば btn、同様にラベルであれば label といったように、表示したいオブジェクトの名前にあわせたクラス名が用意されていますので、これを指定します。さらに、btn-primary といった接尾語がついたクラス名を付与することで、カラーリングを指定できます。

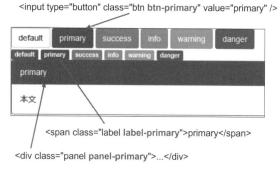

図3.8　Bootstrap CSSフレームワークにおけるclass属性の付与例

※4　異なる画面サイズでもそのサイズに応じてデザインやレイアウトが自動的に最適化されること。

表3.3はBootstrapで決められている接尾語の一覧です。先の**図3.8**では、接尾語の種類によってHTML要素の色が変わっていることが確認できますが、この接尾語を用いてWebページ内のカラーリングに一貫性を持たせることができます。

表3.3　Bootstrap CSSフレームワークの接尾語例

接尾語	意味	既定の色
-default	デフォルト	灰色
-primary	選択状態など	濃い青
-success	成功	緑
-info	情報	薄い青
-warning	警告	黄色
-danger	エラー	赤

　なお、Bootstrapは先ほど説明したボタンやラベル以外にも様々なUI部品のスタイリング機能を提供していますが、これらは**ASP.NET Core Blazorの機能を利用しているわけではないこと**に注意が必要です。たとえば、Bootstrapでは`<div>`タグを用いて高機能なドロップダウンを作ることができますが（`<div class="dropdown">`）、BootstrapのドロップダウンはJavaScriptから操作されることを想定して設計・実装されており、ASP.NET Core BlazorのC#コードから制御することが困難です。

　こうした背景から、Blazor Web AppテンプレートではBootstrap CSSフレームワークを利用しているものの、その利用は極めて限定的です。具体的には、「**HTMLのUI部品へのスタイリング**」「**ナビゲーションバーの実現**」「**レイアウト制御**」**の3つの用途でのみ利用**されています。このため、Blazor Web Appテンプレートのプロジェクトをカスタマイズして開発をする場合、Bootstrapの全機能を理解する必要はありません。たとえばスタイリングに関しては、**表3.4**で示したものを知っていれば十分でしょう。

表3.4　ASP.NET Core Blazorでよく使われるスタイル指定の例

タグ	class属性	適用されるスタイル
input type="button" および button	btn btn-primary/warning	丸みを帯びたボタンにし、色を付与する
input type="checkbox" および InputCheckbox	form-check-input	丸みを帯びたチェックボックスにする
input type="text" および InputText	form-text	丸みを帯びたテキストボックスにする
select および InputSelect	form-select または form-select-sm	丸みを帯びたドロップダウンリストにする
table	table table-condensed table-striped	テーブルを見やすくする
img	img-responsive	画像を画面サイズにあわせて拡大／縮小する

　Blazor Web Appテンプレートをカスタマイズするうえで、おそらく悩みやすい点のもう1つがナビゲーションバーの部分の実装でしょう。この部分についても次に解説します。

🏢 3.3.3 Bootstrap CSSフレームワークを用いた ナビゲーションバーの実装例

リスト3.9はテンプレートに含まれる**ナビゲーションバー**の実装コードの一部です。中身を見てみると、HTML要素のclass属性に先ほど説明したBootstrapのCSSクラス（navbarやnav-link、nav-itemなど）が利用されており、これによりスタイリングが実現されていることがわかります。

リスト3.9　ナビゲーションバーの実装コードの一部

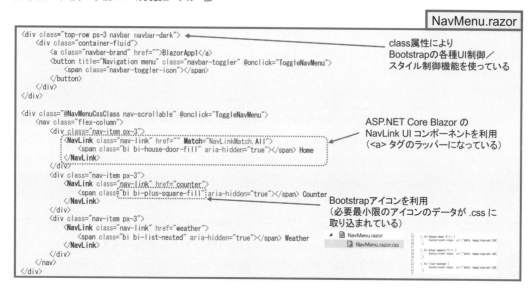

一方でこのコードをよく見てみると、`<NavLink>`というタグがあり、これはHTMLのタグではありません（Razor UIコンポーネントです）。Blazor Web AppテンプレートではナビゲーションバーをHTMLとBootstrapのみで実装するのではなく、Razorコンポーネントと組み合わせて実装していることがわかります[5]。このRazor UIコンポーネントにclass属性を指定することで、そこから出力される`<a>`タグにnav-linkというBootstrapのスタイルが適用されるようになっています。

なお上記のコードを見ると、これ以外にflex-columnやpx-3などのクラス指定が見られますが、これらはBootstrapのレイアウト制御機能を利用するものです。レイアウト制御機能に関してはWeb上に非常に多くの解説がありますので、本書では説明を割愛します。興味がある方はWeb上の解説記事を確認してみてください。

さて、ここまでBlazor Web Appテンプレートのスタイルがどのように作られているのかを解説してきました。スタイリングやレイアウト制御、ナビゲーションバーなどでBootstrapが利用されていることが確認できましたが、（繰り返しになりますが）Blazorアプリの開発においてBootstrapの利用が必須というわけではなく、別のものを利用することも可能です。本節で解説した全体の仕組みが理解できていれ

※5　`<NavLink>`は`<a>`タグのラッパーになっており、アクティブページを認識するように実装されています。

ば、CSSフレームワークを別のものに変更することも問題なくできるでしょう。

3.3.4　特定のページ内で有効なスタイルを定義する例

最後に、特定ページ内のスタイルを自前で変更したい場合の方法について紹介します。

一般に、CSSはグローバル適用が基本となるため、特定のUIコンポーネントに対してのみCSSを限定的に適用するのは非常に厄介です。通常は何らかのCSSフレームワークを利用しますが、ASP.NET Core Blazorでは標準で**特定のUIコンポーネントに対してのみ有効なCSS**を簡単に記述することができます。

具体的には、.razorページや.razor UIコンポーネントと同じ名前の.razor.cssファイルを作成します（**図3.9**）。これにより、当該ページ・UIコンポーネントの中に対してのみ有効なCSSが定義できます。これはASP.NET Core Blazorランタイムが自動的にCSS適用のスコープを制御することで実現されており、その結果、他のファイルへの影響なしにCSSを設定できるようになり、UIコンポーネントを再利用しやすくなります。

もちろんASP.NET Core Blazorにおいてもグローバルに有効なCSSを定義することは可能です。状況に応じて使い分けるとよいでしょう。

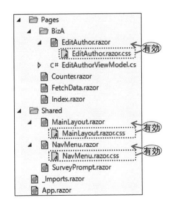

```
                                              .razor.css

/* 入力フォームの整列用 */
dl {
    width: 500px;
    margin: 6px;
}

dl dt {
    float: left;
}

dl dd {
    margin-left: 120px;
}
```

図3.9　CSSを自前で利用する方法

まとめ

この章ではASP.NET Core BlazorにおけるUIの組み立て方について紹介しました。

はじめに、ASP.NET Core Blazorのアプリを構成するコンポーネントについて解説しました。ASP.NET Core Blazorでは極めて強力なUIコンポーネントモデルを利用でき、UIコンポーネントと呼ばれるUI部品を簡単に作成・再利用できます。また、サードパーティ製のコンポーネントも充実しているため、業務アプリ開発ではそれらもうまく活用しながら開発するとよいでしょう。

次に、ASP.NET Core Blazorアプリのページとルーティングについて解説しました。各Razorページ内で「@pageディレクティブ」を指定し、呼び出しパスを構成します。また、画面遷移はハイパーリンクやNavigationManagerサービスを用いて行ないます。

最後に、ASP.NET Core Blazorのプロジェクトテンプレートで用いられているCSSフレームワークについて解説しました。ASP.NET Core Blazorの標準テンプレートではBootstrapが採用されており、主にナビゲーションバーの実装やHTMLのUI部品へのスタイリングで利用されています。一方、BlazorとしてはBootstrapの利用は必須ではありません。状況に応じてサードパーティ製のUIコンポーネントに含まれるCSSフレームワークや自身で作成したCSSをうまく活用していくとよいでしょう。

第 **4** 章

データ入力検証
（データバリデーション）

本章では、データ入力検証（データバリデーション）とは何か、なぜ
必要なのか、そして実際にデータ入力検証を行なう方法について解説
します。

データ入力検証の必要性

ほとんどの業務アプリでは、名前や数量など、UIを通したデータ入力に基づいて業務処理を行ないます。この際、入力されたデータを検証せずに利用することは、アプリの動作上の不具合だけでなく、以下のような**脆弱性**（いわゆるセキュリティホール）を生むことにつながります。

- クライアントスクリプト挿入
- SQL挿入
- バッファオーバーフロー

たとえば、テキストボックスから入力された値を取り出してSQL文を組み立てる処理を考えてみましょう。

```
string sql = "SELECT * FROM authors WHERE state = '" + textBox1.Text + "'";
```

このような処理において、テキストボックスから「'; DELETE * FROM authors; --」という文字が入力されると、実行されるSQL文は以下のようになり、当該テーブルのデータが消え去ります。

```
SELECT * FROM authors WHERE state = ''; DELETE * FROM authors; --
```

このようなSQL挿入の脆弱性への対策としてはパラメタライズドクエリの利用が挙げられますが、根本的には、テキストボックスから入力された（人間が見ればどう見てもおかしな）怪しい値を無思慮に利用していることが問題です。まず行なうべきなのは、**「ユーザーから入力された値」すべてをチェック（検証・バリデーション）することである**と言えます。

このような**データ入力検証（データバリデーション）**は、SQL挿入やバッファオーバーフローなどの既知の脆弱性だけでなく、未知の脆弱性にも効果があり、プログラミング領域におけるセキュリティ対策の王道です。**ユーザー入力はもとより、不正・改変・偽造・捏造される可能性のあるすべての入力値に対して検証（バリデーション）を行なう**のがプログラミング領域におけるセキュリティ対策の第一歩である、と覚えておきましょう。

データ入力検証の開発における MVVMモデルの必要性

4.2

このようなデータ入力検証の実装方法は、歴史とともに進化してきました。以前は、「ボタンが押されたときに入力値チェックを行なう」という思想のもと、イベントハンドラの中で入力値（テキストボックスの値など）をif文で確認する、ということがよく行なわれていました（**リスト4.1**）。

リスト4.1 昔のデータ入力検証の作り方

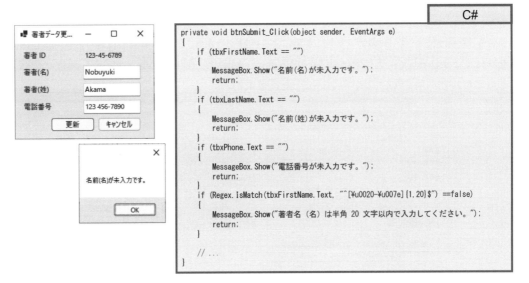

この方法は実装が単純ですが、一方で、入力値検証ロジックのテストがやりづらいという難点があります。実際のアプリでは、たった1つのテキストボックスですら多くのテストパターンが必要ですし、1つの画面内に複数のテキストボックスがある場合には、テストパターンはそれらの組み合わせとなり、時として膨大な数のテストをこなす必要が生じます（**図4.1**）。

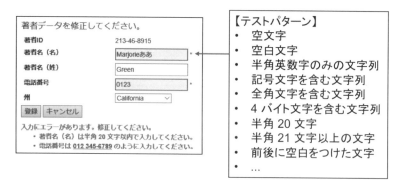

図4.1　複数の入力項目がある画面のテストパターン

　こうした膨大なパターンのテストを、人手による打鍵で行なうことは現実的ではありません。この問題を解決する手法として、近年では UI 部分の開発に、**MVVM**（Model-View-ViewModel）と呼ばれる設計モデルが利用されることが多くなりました（**図4.2**）。

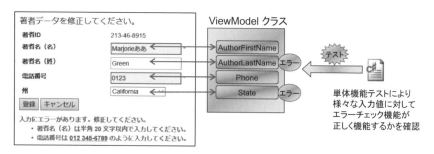

図4.2　MVVM モデルを利用した効率的なテスト実施手法

　これは、**アプリの作り方を工夫することで、テストをやりやすくする**というものです。まず、作り方として以下のようにします。

- UI と同じ構造を持った**構造体クラス**（**ViewModel** クラスと呼ばれます）を作成し、ここにエラーチェックロジックを保持させる
- UI 側ではエラーチェックそのものは実施せず、ViewModel クラス側で行なわれたチェック結果のみを表示するように実装する
- 上記により、従来 UI 部に一枚岩として実装していた処理を、「入力データの保持と検証」と「画面の描画」の2つに分解する

　このような作り方をしておくと、UI 部において行なわれていたテストは、以下のように実施すればよくなります。

- エラーチェックロジックを検査するために、様々な入力パターンをUIから人手で打鍵する必要はない。ViewModelクラスに対して、単体機能テストツール（ユニットテストツール）を利用することで実施できる
- エラーメッセージが正しく画面に描画されるかどうかは今まで通り打鍵テストが必要だが、これは数パターン程度を打鍵でやれば十分

　この考え方や設計技法は2010年頃から主流となり、.NETではASP.NET MVC 2において、**データアノテーション**（**System.ComponentModel.DataAnnotations**）を利用した**モデル検証**（**モデルバリデーション**）の機能が導入されました。以来、.NET開発における標準的なデータ入力検証機能として対応が進み、現在ではWPF、WinRT、Windows FormsなどのUI開発はもとより、Web APIなどの開発でも一般的に利用されるようになっています。一度理解すれば応用範囲が極めて広いため、この機会にぜひ覚えてください。

4.3 DataAnnotationsを使ったモデル検証機能によるViewModelクラスの実装

　DataAnnotationsを使った**モデル検証機能**の使い方は非常にシンプルです。まず、画面の構造に合わせた構造体クラス[1]を作成し、プロパティやメンバー変数に対して、属性式を使ってデータのチェック条件とエラーメッセージを指定するだけです（**リスト4.2**）。このようなデータに対する注釈のことを**データアノテーション**と呼びます。

リスト4.2　モデル検証機能を用いたViewModelクラスの実装イメージ

```
                                                                              C#
public class EditViewModel
{
                                              データに注釈(Annotation)を付与する
    [Display(Name = "著者ID")]
    public string AuthorId { get; set; } = "";

    [Display(Name = "著者名（名）")]
    [Required(ErrorMessage = "著者名（名）は必須入力です。")]
    [RegularExpression(@"^[\u0020-\u007e]{1,20}$", ErrorMessage = "著者名（名）は半角 20 文字以内で入力してください。")]
    public string AuthorFirstName { get; set; } = "";

    ...
}
```

　モデル検証機能における**単体入力チェック**の考え方は、2002年にASP.NET Web Formsで導入された以下の考え方を踏襲しています。

※1　プロパティやメンバー変数のみを持ち、メソッドを持たないデータ保持用のクラス。

- あらゆる単体入力チェック方法をカバーするという考え方では無理があるので、8〜9割程度の単体入力チェックを少ないパターン数でカバーする
- 8〜9割程度の単体入力チェックは、必須チェック、フォーマットチェック、型チェック、範囲チェックの4パターンでカバーされるので、この機能を提供する
- 汎化が難しい単体入力チェックについては、あえて提供せず、カスタムチェックとして個別に実装してもらえるようにする

より具体的には、**表4.1**のような単体入力チェック機能が組み込みで提供されています。

表4.1　モデル検証機能で実装できる単体機能チェックの種類

分類	属性	チェック内容	記述例
必須チェック	Required	値が未指定でないか	[Required(AllowEmptyString=false)]
フォーマットチェック	CreditCard	クレジットカード番号として適切か（ハイフン・空白は無視してチェック）	[CreditCard]
	EmailAddress	電子メールアドレスとして適切か	[EmailAddress]
	Url	URLとして適切か (http://、https://、ftp://〜)	[Url]
	FileExtensions	特定の拡張子を持つか	[FileExtensions(Extensions="jpg,jpeg")]
	Phone	適切な電話番号のフォーマットか（※ 日本固有ではない）	[Phone]
	MaxLength	配列または文字の長さが最大値以下か	[MaxLength(Length=50)]
	MinLength	配列または文字の長さが最小値以上か	[MinLength(Length=8)]
	StringLength	文字列長が特定範囲に収まっているか否か	[StringLength(MaximumLength=50, MinimumLength=8)]
	RegularExpression	指定した正規表現フォーマットに合致しているか否か	[RegularExpression(@"^[A-Za-z0-9]{1,8}$")]
型チェック	DataType	値が指定したデータ型として適切か	[DataType(DataType.Currency)]
	EnumDataType	値が特定のEnum型に含まれるか否か	[EnumDataType(typeof(ProductColorEnum))]
範囲チェック	Compare	他のフィールドと値が一致するか否か	[Compare("ConfirmPassword")]
	Range	値が特定範囲に収まるか否か	[Range(0, 5000)]
カスタム	CustomValidation	（上記に当てはまらないチェックロジックをカスタム実装したい場合）	[CustomValidation(typeof(ClassName), "ValidationMethodName")]

上記でカバーされない特殊なカスタムチェックを実装したい場合には、**リスト4.3**のように実装することができます。

リスト4.3 カスタムチェックの実装方法

```csharp
[CustomValidation(typeof(ContactPageViewModel), "EmailAndMobilePhoneCheck")]
public class ContactPageViewModel
{
    [EmailAddress(ErrorMessage = "電子メールアドレスのフォーマットが不適切です。")]
    public string Email { get; set; } = "";

    [CustomValidation(typeof(ContactPageViewModel), "MobilePhoneCheck")]
    public string MobilePhone { get; set; } = "";

    public static ValidationResult MobilePhoneCheck(string mobilePhone, ValidationContext ctx)
    {
        if (string.IsNullOrEmpty(mobilePhone)) return ValidationResult.Success;
        mobilePhone = mobilePhone.Replace("-", "").Replace(" ", "");
        if (Regex.IsMatch(mobilePhone, "^(090|080|070)[0-9]{8}$") == true) return ValidationResult.Success;
        return new ValidationResult("指定された番号は携帯電話の番号ではありません。", new List<string>() { "MobilePhone" });
    }

    public static ValidationResult EmailAndMobilePhoneCheck(ContactPageViewModel vm, ValidationContext ctx)
    {
        if (string.IsNullOrEmpty(vm.Email) && string.IsNullOrEmpty(vm.MobilePhone))
            return new ValidationResult("電子メールアドレスまたは携帯電話のどちらか一方は入力してください。",
                new List<string>() { "Email", "MobilePhone" });
        return ValidationResult.Success;
    }
}
```

`C#`

データバインドを用いた データ入力ページの実装

C# users 4.4

前述のモデル検証機能の使い方を、具体的な業務アプリを例に取りながら説明しましょう。たとえば、著者データの編集画面を作成したいと考えたとします（**図4.3**）[※2]。

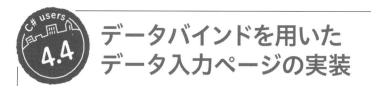

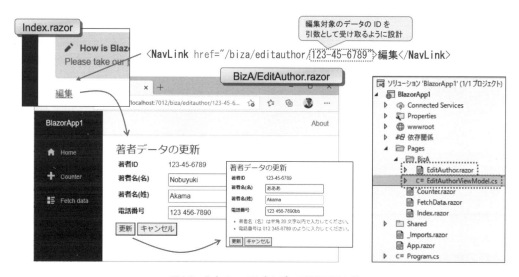

図4.3 入力チェックを含むデータ編集画面の例

[※2] この例は第8章で開発するアプリからの一部抜粋です。ここではデータ入力チェックの部分のみ扱いますが、実際のDBアクセスも含めた開発方法全体は第8章で解説します。

このような画面を実装する場合には、まず更新ボタンを押した際に発生しうる処理結果を**図4.4**と**図4.5**の考え方に沿って分類します。

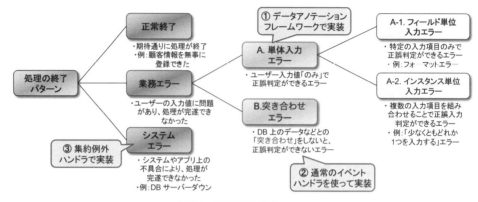

図4.4 処理結果の分類

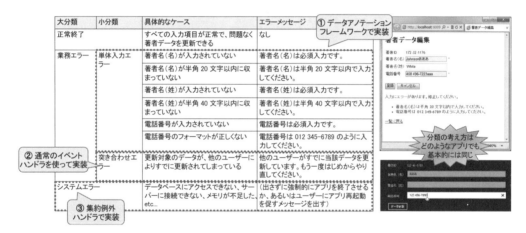

図4.5 前述の例における処理結果の分類

重要なポイントは、ボタンが押された際の処理結果の**エラー**に該当するものを、以下の3つに大別して考えることです。このように分類すると、それぞれのエラーパターンに応じた最適な実装方法がほぼ一意に決まります。

① **単体入力エラー** ：ユーザーの入力値**のみ**で正誤判定ができるもの
- 例）データ項目が未入力、フォーマットが異なる、項目間の大小関係がおかしい、など
- モデルバリデーションで実装する

② **突き合わせエラー** ：データベースなど他の情報との突き合わせで正誤判定ができるもの
- 例）マスタデータに存在しないコードだった、他のユーザーがすでにデータを操作してしまっていた、など

- イベントハンドラに業務ロジックとして実装する

③ **システムエラー**：システム的なトラブルによって処理ができなかったもの
- 例）DBにアクセスできない、メモリが足りない、など
- 集約例外ハンドラで実装する

　この考え方はASP.NET Core Blazorに限らず、Windowsフォーム、WPF、UWPなど、マイクロソフトのUI実装技術ほぼすべてで共通的に利用できるようになっています。UI実装技術により実装方法は多少変わりますが、設計としての分類・体系化方法はまったく変わらないという、汎用性の高い考え方です。ぜひこの機会にしっかり押さえておいてください。

　さて上記の説明にある通り、モデル検証機能は、エラーチェックのうち、①**単体入力エラーの検証**に特化した機能です。これを利用するためには、**リスト4.4**のように実装を進めます（余力がある方は実際にコードを組んでみるとよいでしょう）。

　最初に、ひな形となるデータ編集ページをHTMLで記述します。具体的には、/Pages/BizA/EditAuthor.razorファイルを追加したのち、著者IDパラメータを画面遷移元から引き取れるように、パラメータプロパティを@codeブロックに作成します。続いて入力フォームを<dl>／<dt>／<dd>タグで作成し、CSSで横に整列します。最後に、更新ボタンとキャンセルボタンを配置しておきます。

リスト4.4　画面のひな形の作成

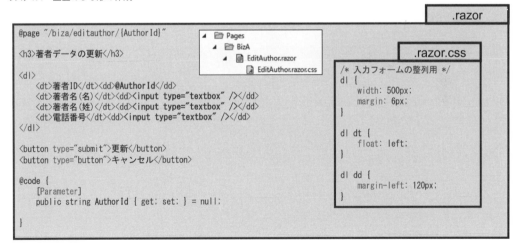

　続いて、画面の構造をもとにして、**構造体クラス（`ViewModel`クラス）**のひな形を作成します。具体的には、画面上に表示する項目をプロパティとして持つ**POCO**クラス（Plain Old CLR Object：データフィールドのみを備えた単純な構造のクラスのこと）を作成します（**図4.6**）。この`ViewModel`クラスは画面の構造に合わせて個別に設計するため、画面名に合わせたクラス名をつけるとよいでしょう（ここでは`EditAuthorViewModel`というクラス名にしています）。

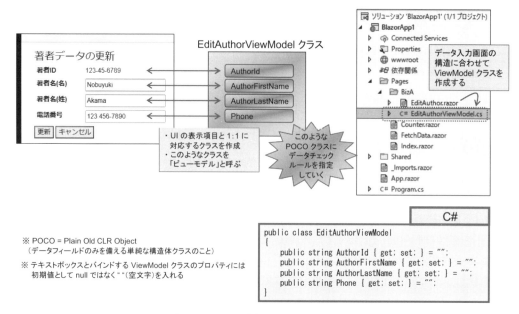

EditAuthorViewModel クラス

著者データの更新

著者ID	123-45-6789
著者名(名)	Nobuyuki
著者名(姓)	Akama
電話番号	123 456-7890

更新　キャンセル

・UIの表示項目と1:1に
　対応するクラスを作成
・このようなクラスを
　「ビューモデル」と呼ぶ

このような
POCOクラスに
データチェック
ルールを指定
していく

ソリューション 'BlazorApp1' (1/1 プロジェクト)
BlazorApp1
　Connected Services
　Properties
　wwwroot
　依存関係
　Pages
　　BizA
　　　EditAuthor.razor
　　　C# EditAuthorViewModel.cs
　　Counter.razor
　　FetchData.razor
　　Index.razor
　Shared
　_Imports.razor
　App.razor
　C# Program.cs

データ入力画面の
構造に合わせて
ViewModel クラスを
作成する

※ POCO = Plain Old CLR Object
　（データフィールドのみを備える単純な構造体クラスのこと）

※ テキストボックスとバインドする ViewModel クラスのプロパティには
　初期値として null ではなく " "（空文字）を入れる

C#

```
public class EditAuthorViewModel
{
    public string AuthorId { get; set; } = "";
    public string AuthorFirstName { get; set; } = "";
    public string AuthorLastName { get; set; } = "";
    public string Phone { get; set; } = "";
}
```

図4.6　ViewModelクラスのひな形の作成

　続いて、このEditAuthorViewModelクラスの各プロパティに対して、単体入力チェックのルールを、Required属性やRegularExpression属性などにより指定していきます（**リスト4.5**）。これを**データアノテーション**（データに対する注釈）と呼びます。

リスト4.5　モデルバリデーションによる単体入力チェックの実装

【Display 属性】
項目を画面上に表示する際に利用する、表示名を指定

【Required 属性】
必須入力項目に対して指定、未入力の場合に表示するエラーメッセージをErrorMessage で指定

【RegularExpression 属性】
フォーマットチェックを行なう項目に対して指定（フォーマットは正規表現で指定）

【カスタム検証メソッド】
複数の入力項目を組み合わせて行なわれるチェックロジックや、属性では指定できないチェックを実装する

C#

```csharp
[CustomValidation(typeof(EditAuthorViewModel), "NameAndPhoneCheck")]
public class EditAuthorViewModel
{
    // 入力対象でないフィールドにはデータアノテーションを付与する必要はない
    [Display(Name = "著者ID")]
    public string AuthorId { get; set; } = "";

    [Display(Name = "著者名（名）")]
    [Required(ErrorMessage = "著者名（名）は必須入力です。")]
    [RegularExpression(@"^[\u0020-\u007e]{1,20}$", ErrorMessage = "著者名（名）は半角 20 文字以内で入力してください。")]
    public string AuthorFirstName { get; set; } = "";

    [Display(Name = "著者名（姓）")]
    [Required(ErrorMessage = "著者名（姓）は必須入力です。")]
    [RegularExpression(@"^[\u0020-\u007e]{1,40}$", ErrorMessage = "著者名（姓）は半角 40 文字以内で入力してください。")]
    public string AuthorLastName { get; set; } = "";

    [Display(Name = "電話番号")]
    [Required(ErrorMessage = "電話番号は必須入力です。")]
    [RegularExpression(@"^\d{3} \d{3}-\d{4}$", ErrorMessage = "電話番号は 012 345-6789 のように入力してください。")]
    public string Phone { get; set; } = "";

    // フォームレベルでの単体入力チェック項目に対するロジックなどを実装
    public static ValidationResult NameAndPhoneCheck(EditAuthorViewModel vm, ValidationContext ctx)
    {
        if (vm.AuthorFirstName == "Nobuyuki" && vm.AuthorLastName == "Akama")
            return new ValidationResult("Nobuyuki Akama という名前は予約済みのため登録できません。", new List<string>() {
"AuthorFirstName", "AuthorLastName" });
        return ValidationResult.Success;
    }
}
```

実装に関してはいくつか注意点があります。

- データアノテーション（属性）をプロパティに付与しても、それ自体がプロパティに対して直接的に何かの影響を及ぼすことはない。たとえばRegularExpression（フォーマットチェック）属性を付与しても、フォーマットチェックに違反するような文字列を当該プロパティに設定することができる[※3]

- データアノテーション（属性）は、あくまで「**当該データをチェックするための参考情報（メタデータ）**」である。実際のエラーチェックは、以下の流れで行なわれる[※4]
  - まず画面からの入力値がデータバインドによりそのままプロパティに代入される
  - その後、**Blazorのランタイム**がプロパティ値と属性情報を読み取り、エラーチェックを行なう
  - エラーがある項目については、Blazorのランタイムが、属性情報に書かれているエラーメッセージをピックアップし、画面に表示する

- 単体入力チェックの中には、複数の入力項目を組み合わせて行なわれるチェックもある（たとえばメールアドレスか電話番号か、どちらか片方の入力を必須とするような場合など）。このようなチェックも、DataAnnotationsを使ったモデル検証機能による実装対象となる
  - 「単体入力チェック」という言葉からは、「プロパティ単体をチェックする」という印象を受けるが、正しくは「**入力フォーム上の値のみでチェックできる**」（言い換えればデータベースの外部データな

※3　すなわち、属性（Attribute）は、データに対して注釈をつける（データアノテーション）、という役割・意味合いを担っています。
※4　すなわちデータアノテーション自体がエラーチェックを行なったりエラーメッセージを表示したりするわけではありません。

どとの突き合わせを必要としない）という意味である

- このようなチェックはプロパティではなくフォーム全体に対してチェックロジックを記述する必要がある。上記の例に示すように、CustomValidation属性をクラスに対して指定し、チェックロジックをメソッドとして実装する
- 単体入力チェックの中では、外部データとの突き合わせを行なってはいけない
  - 単体入力チェックは、**速やかに確認され、速やかにUIが応答する**ことが極めて重要なため
  - 特にCustomValidation属性を利用したチェックロジックでは「どのような処理」も書こうと思えば書けるが、SQL文やWeb API呼び出しのような時間のかかる処理を記述してはいけない。こうしたエラーチェックは、突き合わせエラーチェックとして、イベントハンドラの中に業務ロジックの一部として実装する

データ入力ページを作成するための UIコンポーネント

ViewModelクラスの実装が終わったら、引き続きUI（View）の実装を完成させます。UI実装にはいくつかのポイントがありますが、大まかには、

- モデル検証機能による単体入力チェックとその結果を表示する
- 単体入力チェックが完了したデータを用いて業務処理を行ない、正常終了／突き合わせエラーの結果を表示する

の2つを行なう必要があります。**リスト4.6**が実装例です（補足説明は後述）。

```razor
@page "/biza/editauthor/{AuthorId}"

<h3>著者データの更新</h3>

<EditForm Model="@vm" OnValidSubmit="@btnSubmit_OnClick">
    <DataAnnotationsValidator />

    <dl>
        <dt>著者ID</dt><dd>@vm.AuthorId</dd>
        <dt>著者名(名)</dt><dd><InputText @bind-Value="vm.AuthorFirstName" /></dd>
        <dt>著者名(姓)</dt><dd><InputText @bind-Value="vm.AuthorLastName" /></dd>
        <dt>電話番号</dt><dd><InputText @bind-Value="vm.Phone" /></dd>
    </dl>

    <ValidationSummary />

    <button type="submit">更新</button>
    <button type="button" @onclick="btnCancel_OnClick">キャンセル</button>

</EditForm>

@code {
    [Parameter]
    public string AuthorId { get; set; } = null;

    private EditAuthorViewModel vm { get; set; } = null;

    [Inject]
    private NavigationManager navigationManager { get; set; } = null;

    protected override void OnInitialized()
    {
        // DB からデータを読み出し
        vm = new EditAuthorViewModel() { AuthorId = this.AuthorId, AuthorFirstName = "Nobuyuki",
AuthorLastName = "Akama", Phone = "123 456-7890" };
    }

    private void btnSubmit_OnClick()
    {
        // 入力されたデータをもとに DB を更新
        // その上でメインメニューに戻る
        navigationManager.NavigateTo("/");
    }

    private void btnCancel_OnClick()
    {
        // メインメニューに戻る
        navigationManager.NavigateTo("/");
    }
}
```

ポイント③ フォームの ViewModel を指定する

ポイント② EditForm UI コンポーネントで入力フォーム全体を囲む

ポイント④ データアノテーションによる検証用の部品を差し込む

ポイント⑤ InputXXX UI コンポーネントにより、入力検証機能を持った UI 部品をデータとバインド

ポイント⑥ 単体入力エラーメッセージをまとめて表示する場所を指定

ポイント① ViewModel のインスタンスをプロパティとして持つ

ポイント⑦ 画面初期化処理(本来はDBからデータを拾ってくるが、ここでは簡単にするためダミーデータを作成している)

ポイント⑧ データ更新処理を実装 (EditFormの単体入力検証が OK だった場合に限ってイベントハンドラが呼び出される)

.razor

上記のサンプルコードの要点を以降で解説します。

4.5.1　単体入力チェックの実装

先に作成した EditAuthorViewModel クラスを利用できるように、インスタンスをプロパティとして持つようにします(ポイント①)。ここでは null 値を代入していますが、実際のインスタンスは、このページに遷移してきたときにデータベースから最新データを取得して作成します(ポイント⑦)。

4　データ入力検証(データバリデーション)

次に、ASP.NET Core Blazorの単体入力データチェック機能を有効化するため、以下を行ないます。

- データ編集フォーム全体を<EditForm>タグで囲む（ポイント②）
- フォームで利用するViewModelクラスのインスタンスをModelプロパティにより指定する（ポイント③）
- モデル検証機能によるチェックを有効化するため、<DataAnnotationsValidator>タグを設置する（ポイント④）

　続いて、画面上のテキストボックス（inputタグ）を、双方向バインドおよび入力検証機能を持ったUI部品（InputText UI部品）に置き換えます（ポイント⑤）。

　最後に、単体入力エラーをまとめてメッセージ表示できるように、<ValidationSummary>タグを設置します（ポイント⑥）。

　なお、**上記で指定したタグは、いずれも生のHTMLタグではなく、ASP.NET Core BlazorのUI部品（UIコンポーネント）である**、という点に注意してください。ASP.NET Core Blazorの画面（.razorファイル）を記述する場合、通常のHTMLタグをそのまま書くこともできますが、ASP.NET Core BlazorのUI部品を記述することもできます。ASP.NET Core BlazorのUI部品は、実行時に動的にHTML（場合によってはJavaScriptやCSSなども）を出力することにより、高度な画面を簡単に記述できるようになっています。気をつけるべきこととして、ぱっと見でそのタグが生のHTMLタグなのかASP.NET Core BlazorのUI部品なのかがわかりにくいという点があります。通常、HTMLタグは小文字で記述し、ASP.NET Core BlazorのUI部品は大文字から始まるのが一般的であるため、この点に注意するとよいでしょう。

　なお、入力フォームを作成する場合には、以下の点にも注意してください。

- 前述の通り、単体入力チェック機能を使いたい場合には、エラーチェック機能つきのUI部品を利用する必要がある。このため、自力でinputタグを書くのではなく、<InputXXX>タグを使ってBlazorのUIコンポーネントを用いて実装すること
- これらのUI部品は<EditForm>の内側でしか動作しないため、<EditForm>の記述忘れに注意すること
- データ入力フォームの作成で利用できるUI部品は**表4.2**に示す通り。残念ながらカレンダーピックアップなどの高度なUI部品はASP.NET Core Blazorの標準機能としては提供されていないため、必要に応じてサードパーティ製のUI部品を活用することになる

表4.2　データ入力フォーム作成のための標準UI部品

入力用 UI コンポーネント	レンダリング
InputCheckbox	<input type="checkbox">
InputDate<TValue>	<input type="date">
InputFile	<input type="file">

入力用 UI コンポーネント	レンダリング
InputNumber<TValue>	<input type="number">
InputRadio<TValue>	<input type="radio">
InputRadioGroup<TValue>	子 InputRadio<TValue> のグループ
InputSelect<TValue>	<select>
InputText	<input>
InputTextArea	<textarea>

4.5.2 業務処理の実装

単体入力チェック機能を利用すると、<EditForm> の OnValidSubmit で指定したイベントハンドラは、単体入力チェックでのエラーチェックを通過した場合にのみ呼び出されるようになります。言い換えれば、このイベントハンドラ（この例では btnSubmit_OnClick() メソッド）では**単体入力チェックが終わったデータ**を利用することができるため、業務処理にのみ注力してすっきりとしたコードを書くことができます（ポイント⑧）。

本章のサンプルでは実装していませんが、EditAuthorViewModel クラスのインスタンスである変数 vm の中に、単体エラーチェックの終わったデータが格納されているので、これをそのまま利用して、データベースの書き込みなどを行ないます。通常この処理結果は2パターンに分かれ、正常終了するか、突き合わせエラーとなるかのどちらかになるため、その結果を画面に表示したり、終了後の画面遷移を行なったりすることになります。これらについての具体例は第8章で解説します。

DataAnnotations を使ったモデル検証機能の利用に関する Tips&Tricks

4.6

DataAnnotations を使ったモデル検証機能の利用方法は以上となりますが、さらにいくつか知っておくとよい Tips について触れておきます。

4.6.1 正規表現を利用したフォーマットチェック

単体入力チェックを行なううえで、データの**フォーマットチェック**は極めて重要です。しかし標準で用意されているフォーマットチェックは電子メールアドレスやクレジットカード番号など限定的であり、多くの場合は自力で**正規表現**を記述する必要があります。正規表現に関しては苦手意識を持っている人も多いかもしれませんが、ポイントを押さえると簡単に記述できます。フォーマットチェックのための正規表現の書き方の基本は以下の通りです。

- 先頭に^をつける
- [許容する文字種別]{許容する文字数}を繰り返す
- 末尾に$をつける

　いくつか具体例を示します[5]。

- 例1）著者ID（123-45-6789）の場合 ➡ ^[0-9]{3}-[0-9]{2}-[0-9]{4}$

- 例2）書籍ID（BU1032）の場合 ➡ ^[A-Z]{2}[0-9]{4}$

- 例3）携帯電話（090-1234-5678）の場合 ➡ ^(090|080|070)-[0-9]{4}-[0-9]{4}$

カッコの中のどれか

- 例4）ローマ字の名前（Nobuyuki Akama）の場合 ➡ ^[A-Za-z]+ [A-Za-z]+$

カッコの中のどれか

1文字以上の繰り返し
※0文字以上の場合は*を指定
※1～50文字のような場合は{1,50}と指定

　上記の例からわかるように、ポイントは**文字種別をどう記述するか**です。代表的な文字種と正規表現での書き方は**表4.3**の通りですが、\dのような正規表現特有の記述は覚えておくのも大変です。この表の例からわかるように、迷ったときはUnicode表記をしてしまえばよいでしょう。

表4.3　正規表現で利用する文字種別

文字種	表記
半角数字	[0-9] または \d
半角小文字英字	[a-z]
半角大文字英字	[A-Z]
半角英数字	[A-Za-z0-9] または \w
半角スペース	[\u0020]
半角ハイフン	[\u002D]
半角アンダースコア	[\u005F]
全角数字	[\uFF10-\uFF19]

※5　本書で利用しているサンプルデータベースpubsで利用されているフォーマットなどをいくつか示します。

文字種	表記
全角小文字英字	[\uFF41-\uFF5A]
全角大文字英字	[\uFF21-\uFF3A]
全角スペース	[\u3000]
全角ハイフン	[\uFF0D]
全角アンダースコア	[\uFF3F]
全角ひらがな	\p{IsHiragana} または [\u3040-\u309F]
全角カタカナ	\p{IsKatakana} または [\u30A0-\u30FF]

🏛 4.6.2　参考　モデル検証機能による単体入力テストの実装方法

　紙面の関係上、本書では深掘りしませんが、モデル検証機能を利用した単体入力チェックに関する**単体テスト（ユニットテスト）**の方法についても触れておきます。

　ViewModelクラスは本質的にはシンプルな**構造体クラス**であるため、容易に単体テストが可能です。入力パターンをcsvファイルなどで用意しておき、これを利用するように記述すれば、非常に多くのパターンのテストが可能です（**図4.7**）。

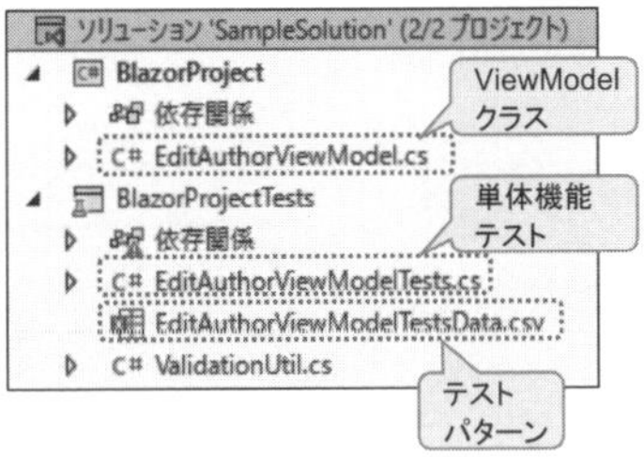

TestId	AuthorId	AuthorFirstName	AuthorLastName	Phone	ExpectedErrorCount	FirstErrorMessage	SecondErrorMessage
1	123-45-6789		Akama	123 456-7890	1	著者名（名）は必須入力です。	
2	123-45-6789	あああ	Akama	123 456-7890	1	著者名（名）は半角20文字以内で入力してください。	
3	123-45-6789	あああ	いいい	123 456-7890	2	著者名（名）は半角20文字以内で入力してください。	著者名（姓）は半角40文字以内で入力してください。

※ ここでは ViewModel クラスを単体機能テストする場合のコンセプトをイメージとして示した（実際のプロジェクトの場合にはソリューションファイルの構造がもう少し複雑になる）

図4.7　csvファイルを用いた大量パターンの単体テスト

　ただし、ViewModelクラスに指定した属性によるチェック機能を働かせるためには少し工夫が必要です。まずユーティリティクラスを作成し（**リスト4.7**）、これを使った単体テストコードを記述してください（**リスト4.8**）。

リスト4.7　モデル検証機能に関するユーティリティクラスの実装例

```csharp
public class ValidationUtil
{
    public static IList<ValidationResult> ValidateObject(object objectToValidate)
    {
        ValidationContext ctx = new ValidationContext(objectToValidate, null);
        List<ValidationResult> results = new List<ValidationResult>();
        bool isValid = Validator.TryValidateObject(objectToValidate, ctx, results, true);

        // 子プロパティについても確認
        Type type = objectToValidate.GetType();
        TypeInfo info = type.GetTypeInfo();
        foreach (PropertyInfo pi in type.GetRuntimeProperties())
        {
            if (pi.PropertyType.Namespace != "System") // 基本データ型の場合にはそれ以上チェックしない
            {
                var internalResults = ValidateObject(pi.GetValue(objectToValidate));
                results.AddRange(internalResults);
            }
        }
        return results;
    }

    public static void ThrowIfObjectIsNotValid(object objectToValidate)
    {
        var results = ValidateObject(objectToValidate);
        if (results != null && results.Count > 0)
        {
            if (results[0].MemberNames == null) throw new ArgumentException(results[0].ErrorMessage);
            throw new ArgumentException(results[0].ErrorMessage, string.Join(",", results[0].MemberNames.ToArray()));
        }
    }
}
```

C#

> DataAnnotation を持つ
> ViewModel クラスの
> データ検証を UI なしで
> 行なわせるためのユーティリティ

リスト4.8　ViewModelクラスを利用した単体テストの実装例

```csharp
public static IEnumerable<object[]> EditAuthorViewModelTestsData
{
    get
    {
        string[] lines = System.IO.File.ReadAllLines(@"EditAuthorViewModelTestsData.csv");
        return lines.Select(line => line.Split(',')).Skip(1);
    }
}

[TestMethod]
[DeploymentItem(@"EditAuthorViewModelTestsData.csv")]
[DynamicData(nameof(EditAuthorViewModelTestsData))]
public void VariousInputPatternsErrorTest(string testId, string authorId, string authorFirstName, string authorLastName, string phone,
string expectedErrorCount, string firstErrorMessage, string secondErrorMessage)
{
    EditAuthorViewModel vm = new EditAuthorViewModel()
    {
        AuthorId = authorId,
        AuthorFirstName = authorFirstName,
        AuthorLastName = authorLastName,
        Phone = phone
    };
    var result = ValidationUtil.ValidateObject(vm);
    TestContext.WriteLine("TestId {0} : {1}", testId, expectedErrorCount);
    Assert.AreEqual(int.Parse(expectedErrorCount), result.Count(), "テスト ID = " + testId);
    if (string.IsNullOrEmpty(firstErrorMessage) == false)
    {
        Assert.IsTrue(result.Select(r => r.ErrorMessage).Contains(firstErrorMessage), "テスト ID = " + testId);
    }
    if (string.IsNullOrEmpty(secondErrorMessage) == false)
    {
        Assert.IsTrue(result.Select(r => r.ErrorMessage).Contains(secondErrorMessage), "テスト ID = " + testId);
    }
    TestContext.WriteLine("TestId {0} : Succeeded.", testId);
}
```

C#

> TestId, AuthorId, AuthorFirstName, AuthorLastName, Phone, ExpectedErrorCount, FirstErrorMessage, SecondErrorMessage
> 1, 123-45-6789, , Akama, 123 456-7890, 1, 著者名（名）は必須入力です。
> 2, 123-45-6789, あああ, Akama, 123 456-7890, 1, 著者名（名）は半角 20 文字以内で入力してください。
> 3, 123-45-6789, あああ, いいい, 123 456-7890, 2, 著者名（名）は半角 20 文字以内で入力してください。, 著者名（姓）は半角 40 文字以内で入力してください。

> csv ファイルとしてテストデータを
> 用意しておき、ViewModel クラスに
> 対して様々な入力検証を行なって
> みるためのサンプルコード

もちろん突き合わせチェックなどは残りますが、この方法を利用することにより、従来であれば打鍵テストで行なっていた大量のデータ入力テスト（単体テスト）を大幅に簡素化することができます。

4.7 まとめ

ASP.NET Core Blazorで単体入力データ検証を行ないたい場合には、.NET標準のモデル検証機能を利用した、MVVMモデルで実装します（**図4.8**）。MVVMモデルで実装することにより、効率的にUI部の単体入力データ検証を実装できるだけでなく、様々な入力値に対するエラーチェック機能の動作確認を、打鍵テストではなく、単体テスト（ユニットテスト）ツールを活用して効率的に実施できるようになります。

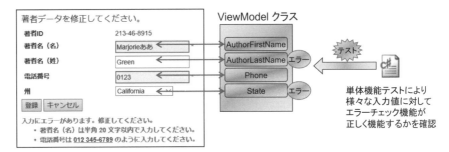

図4.8　MVVMモデルを利用した単体入力チェック機能の実装方法

DataAnnotationsを使ったモデル検証機能を活用すると、8〜9割の単体入力チェックを属性ベースで容易に実装できます。大まかに言えば、以下のような単体入力チェック機能が標準で用意されており、ここから外れるものについてはカスタムチェック（CustomValidation）機能により実装することができます。

- 必須チェック（Required）
- フォーマットチェック（RegularExpression）
- 型チェック（DataType）
- 範囲チェック（Compare、Range）

なお、この機能は単体入力エラーチェックに特化しています。**突き合わせエラーやシステムエラーの実装にはこの機能を利用すべきではない**という点にも注意してください。

第 **5** 章

Blazor Serverランタイムの構成方法

本章では、Blazor Serverのランタイム内部の仕組みと、その構成方法について解説します。

ここまでASP.NET Core Blazorの基本的なアプリ開発の方法を見てきましたが、本章ではBlazor Serverのランタイム内部の仕組みとその構成方法について見ていきます。これらの項目は、アプリ全体の動きに関わるもので、本格的な開発の際には少なからず手を入れなければならない部分です。

- スタートアップ処理
- DIコンテナへのサービスの登録
- ASP.NET Coreミドルウェアの登録
- 構成設定
- ロギング
- 集約例外ハンドラ

　まずはスタートアップ処理から順に解説していきましょう。

5.1　スタートアップ処理

　Blazor Serverでは、サーバー側でC#のアプリロジックが稼働します。このため、サーバー側は静的なWebサーバーではなく、ASP.NET Coreのサーバーを用いることになります（**図5.1**）。

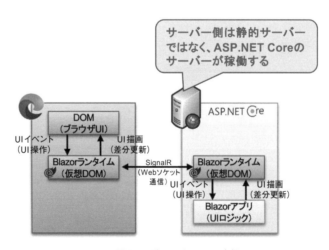

図5.1　Blazor Serverの実行

5.1.1　各ページが呼び出されて処理されるまでの流れ

Blazor Server型のプロジェクトにおいて、各ページが呼び出されて処理されるまでの流れがどのようになっているのかについて、特に重要な部分をピックアップしたのが**図5.2**です。

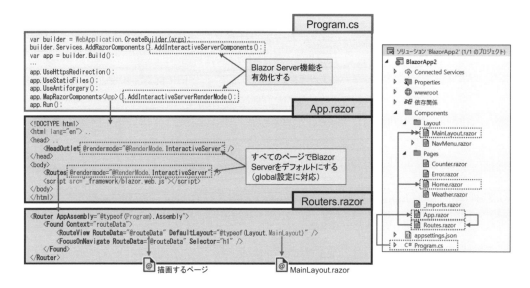

図5.2　各ページが呼び出されて処理されるまでの流れ

細かい部分まで理解する必要はありませんが、大まかには以下のようになります。

- **Program.cs** ファイルで .AddInteractiveServerComponents() 処理や .AddInteractiveServerRenderMode() 処理が行なわれる。これによって、ASP.NET Core ランタイムに、Blazor Server の機能が追加される

- アプリのテンプレートは **App.razor** ファイルに記述されており、この中にある **<HeadOutlet>** と **<Routes>** の 2 か所に Blazor の実行結果が差し込まれる。これらのタグには @rendermode 属性として InteractiveServer が指定されており、これにより各ページの既定のレンダリングモードとして Blazor Server モードがセットされる

- **Routes.razor** ファイル内の Router コンポーネントが、実際の各ページへのルーティング処理を行なう。指定されたパス情報をもとに適切な Razor ページを選んで実行しつつ、これを **MainLayout. razor** の @Body 部分に差し込んで描画を行なう

🏢 5.1.2 Program.csファイルによるWebサーバーの起動

さて、上記の内容から、実際の各ページの描画内容に関しては、App.razorファイルやRouters.razorファイル、MainLayout.razorファイルなどが重要な役割を担っていることがわかりました。一方、それらをホストする実行環境に関しては、Program.csファイルが重要な役割を担っていることがわかります。

詳細は後述しますが、この**Program.cs**ファイルで行なっていることは大別して2つあります（**図5.3**）。1つがDIコンテナサービスの登録（5.2節で解説）、もう1つがASP.NET Coreランタイムへのミドルウェアの登録によるHTTPリクエストパイプラインのセットアップ（5.3節で解説）です。

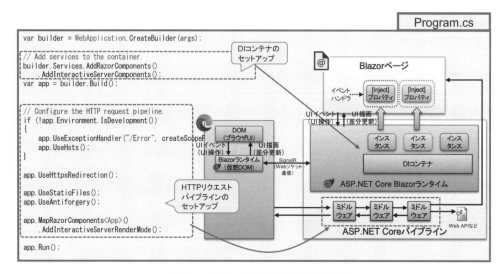

図5.3　Program.csファイルによる起動処理

なお、**図5.3**に示したように、ASP.NET Core BlazorランタイムはASP.NET Coreランタイムの上で稼働していますが、通常のHTTP／HTTPS通信を処理する部分と、Blazor Serverの**SignalR通信**を処理する部分は、基本的に独立しています。このため、たとえば未処理例外に対する集約例外ハンドラは、ASP.NET CoreパイプラインとBlazorランタイム部分とで別々に考えなければならないなどの注意点が生じます。

最初のBlazorアプリへのアクセスについては通常のASP.NET Coreランタイムが受け（それに基づいてブラウザ側とサーバー側のセットアップやSignalR通信の確立が行なわれる）、その後のBlazor Serverページが動作するためのSingalR通信はBlazorランタイム側で独立した形で処理されている、と理解しておくとよいでしょう。

引き続き、Blazorを利用するうえで極めて重要な、DIコンテナについて解説します。

COLUMN　SignalR回線の詳細パラメータ設定

ここで触れたBlazor ServerのSingalR通信に関連して、**SignalR回線**の詳細パラメータの設定についても解説しておきます。

先に説明した通り、Blazor Serverでは、クライアントとサーバー間の情報のやり取りにSignalRを用いたリアルタイムな双方向通信（WebSocket通信）を使用します。この接続は、通常のWebサーバー呼び出しに使われるHTTP／HTTPS通信と異なり、（利用している最中は）常時接続が必要です。つまり、この回線が切れるとBlazor Serverアプリは動かなくなります。

イントラネット環境のように品質が安定している通信回線を利用する場合には問題ありませんが、モバイル回線などのように品質が不安定で瞬断が発生する通信回線を利用する場合には注意が必要です。このような場合には、SignalR回線の詳細パラメータ設定を調整することで、回線の瞬断の影響を緩和できる場合があります。

● ASP.NET Core Blazor SignalRガイダンス

https://learn.microsoft.com/ja-jp/aspnet/core/blazor/fundamentals/signalr

詳細は上記のページに書かれていますが、特に重要なのはサーバー側の回線ハンドラオプションです。Blazorランタイムのセットアップ処理である`.AddInteractiveServerComponents()`メソッドにオプション指定を加えることで、パラメータの調整ができます（**リスト5.A**は、いずれもデフォルト値のものです）。

リスト5.A　BlazorのSignalR回線の詳細パラメータ調整

```
                                                                    Program.cs
builder.Services.AddRazorComponents().AddInteractiveServerComponents(options =>
{
    options.DetailedErrors = false;
    options.DisconnectedCircuitMaxRetained = 100;
    options.DisconnectedCircuitRetentionPeriod = TimeSpan.FromMinutes(3);
    options.JSInteropDefaultCallTimeout = TimeSpan.FromMinutes(1);
    options.MaxBufferedUnacknowledgedRenderBatches = 10;
});
```

なお、運用環境ではWebサーバーを複数台用意してクラスタリングし、冗長構成とするのが一般的ですが、再接続時にはクライアントが同じサーバーにアクセスするように制御する必要があります。このためには、クライアントからのHTTPリクエストが必ず同一のサーバーに振り分けられるように、ロードバランサーの設定を行なう必要があります。一般に、これを**アフィニティ設定**と呼びます。この設定が行なわれていないと、Blazor Serverは正しく動作できない点にも注意してください。詳細は本書付録02の本番環境へのアプリ配置に関する項（A2.4.1項）で説明しています。

5.2 DIコンテナへのサービスの登録

　Program.csでは、builderオブジェクトを利用した処理が書かれていますが、これは主にDIコンテナへのサービスの登録を行なうためのものです。DIコンテナを正しく理解して利用することはBlazorに限らず極めて重要であるため、少し詳しく解説します。DIコンテナについてすでにご存じの方は、次項の解説は読み飛ばして5.2.2項へ進んでください。

5.2.1　DI（Dependency Injection）とDIコンテナの必要性

　DIはDependency Injectionの略であり、日本語では「依存関係の注入」と訳されることがよくあります。しかし「Dependency」を「依存**関係**」（または「依存**性**」）と訳すのはほぼ誤訳と言ってよく、「**依存している『モノ』**」（または「**依存オブジェクト**」）と訳したほうが的確です。まずはここから解説します。

　たとえば以下のような2つのクラスがある場合、すなわち**クラスAをクラスBが使う**場合、当たり前ですがクラスAが存在していなければクラスBは動きません。このような状況を、「**クラスBはクラスAに依存（dependent）している**」と表現します。

- クラスA：処理Aを行なうクラス
- クラスB：クラスAのインスタンスを生成してその機能を利用するクラス

　この際、利用される側であるクラスAのことを、（**クラスBから見た**）dependency（＝依存している『モノ』）と呼びます。

　さて、クラスBからクラスAを使う場合、通常はクラスBの中からクラスAのインスタンスを作成して使う、というコードを記述します（var a = new A(); a.MethodX();)。しかし何らかの理由により、クラスBから利用するクラスAを別のクラスA'に差し替えたい、という場合があります。典型的なのは以下のようなケースです。

- クラスBの単体機能テストを行なうために、クラスAをスタブであるクラスA'に差し替えたい
- 実行環境を切り替えるために、クラスAを別の実行環境用のクラスA'に切り替えたい（または、構成設定の異なるクラスA'に切り替えたい）

　このような場合、クラスBの中に、クラスAのインスタンスを直接生成するコードをベタ書きしてしまう（ハードコードしてしまう）と、単体機能テストや実行環境切り替えのために、インスタンス生成コードを書き換えて（var a = new A'(); a.MethodX();)、リコンパイルを行なう必要が生じてしまいます。これは非常に面倒です。

この問題を避けるために利用されているのがDI（Dependency Injection）と呼ばれる技術、そしてそれを実現するためのDIコンテナです。DIコンテナは、

- 各クラスでインスタンスの生成をベタ書きさせるのではなく、代わりに、システム全体で設定された情報に基づいてDIコンテナがインスタンスを生成し、各クラスに渡して使ってもらう

という作業を行なうものです（具体的なコードの書き方は後述します）。各クラスの開発者（このケースであればクラスBを作成する開発者）から見ると、（処理を行なうためにクラスAやA'のインスタンス生成コードをベタ書きするのではなく）、

- 処理を行なうためのインスタンス（**サービスオブジェクト**と呼ばれます）をDIコンテナから受け取って、それを使う

というコードの書き方をすることになります[※1]。

このような作り方をすることにより、アプリのテスト容易性や環境移植性を高めることが、昨今行なわれるようになりました。現在では多くの開発フレームワークが何らかのDIコンテナ機能を提供するようになってきています。

🏢 5.2.2　ASP.NET Core BlazorにおけるDIコンテナ

ASP.NET Core Blazorの場合、ASP.NET Coreランタイムの中にDIコンテナが含まれており、これをBlazorのRazorページでもそのまま使うことができます。具体的には、Razorページに@injectまたは[Inject]属性を付与したプロパティを用意しておくと、ランタイム側（前述の**DIコンテナ**に相当）からサービスインスタンス（サービスオブジェクト、前述の**dependency**に相当するオブジェクト）を受け取って利用することができます（**図5.4**）。第3章のページ間遷移に利用したNavigationManagerは、まさにこのDIコンテナの仕組みを利用しており、これ以外にもロギングサービスや構成設定情報サービス、実行環境情報提供サービスなどを受け取って利用することができます。なお、以降では、DIコンテナから受け取れる各種のサービスオブジェクトのことを便宜的に「**DIサービス**」と呼ぶことにします。

右余白：5　Blazor Server ランタイムの構成方法

[※1]　実際にBが受け取るのがAになるのかA'になるのかは、DIコンテナ側の設定によって適切に切り替わるようにしておきます。

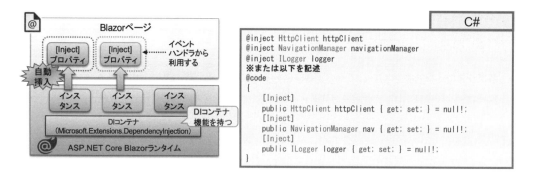

図5.4　ASP.NET Core BlazorにおけるDIコンテナの利用

Blazor Serverでは様々なDIサービスがDIコンテナに登録されており、既定でも200個以上のサービスが登録されています。とはいえ、その多くはBlazorランタイム自身の動作に用いられているものであり、アプリ開発者が利用するものはそれほど多くありません。また、データベースアクセスに利用するサービス（DbContextFactory）やWeb APIにアクセスするためのサービス（IHttpClientFactory）などは既定では登録されておらず、開発者が明示的にProgram.csファイルで登録しなければなりません。

たとえば、DBにアクセスする際に利用するサービスであるDbContextFactoryをDIコンテナに登録するには、リスト5.1のようなコードを記述します。詳細は第6章で解説しますので、ここではコードの意味は理解しなくても大丈夫です。

リスト5.1　DIサービスの登録

```
                                                                              Program.cs
builder.Services.AddRazorComponents().AddInteractiveServerComponents();

// DB サービス登録
builder.Services.AddDbContextFactory<PubsDbContext>(opt =>
{
    if (builder.Environment.IsDevelopment()) opt = opt.EnableSensitiveDataLogging().EnableDetailedErrors();
    opt.UseSqlServer(
        builder.Configuration.GetConnectionString("PubsDbContext"),
        providerOptions => { providerOptions.EnableRetryOnFailure(); });
});
var app = builder.Build();
```

> DI用に用意されているサービスの多くは.AddXXX拡張メソッドが用意されており、簡単にランタイムにサービス登録ができるようになっている（後述）

表5.1に、アプリ開発者がよく利用するDIサービスについて示します。どんなDIサービスが利用できるのかをざっと知っておくとよいでしょう。

表5.1　よく利用されるDIサービス

サービス	内容	既定で利用できるか？	備考
IHostingEnvironment、IHostEnvironment	ホストプロセスに関する情報を提供	○	Blazor WASMでは IWebAssemblyHostEnvironmentを利用する
IConfiguration	構成設定に関する情報を提供	○	サーバーシャットダウンまで同一オブジェクトを使いまわし続ける
ILogger、ILoggerFactory	ロギングを行なうサービス	○	ILogger<T>で受け取って利用する
HttpClient、IHttpContextFactory	コンテキスト情報を保持するサービス	×（要自力登録）	IHttpContextFactoryを利用したほうがよい
NavigationManager	画面遷移を行なうサービス	○	
DbContext、DbContextFactory	DBアクセスを行なうサービス	×（要自力登録）	DbContextFactoryを利用したほうがよい
IJSRuntime	JavaScriptを呼び出すサービス	○	サーバー側からブラウザ上のJavaScript ランタイムを呼び出す場合に利用できる

5.2.3　自作のサービスをDIコンテナに登録する方法

また、自作のサービスをDIサービスとしてDIコンテナに登録することも可能です。本書では最終章の第11章でBlazor Server、WASMの両方に対応するアプリを開発する際にしか利用していませんが、DIコンテナをより深く理解する一助となるため、ここで簡単に説明しておきます。

　一般的に、DIコンテナにサービスを登録したい場合、サービスの有効期間、つまり同じインスタンスをどのような期間だけ使いまわすのか（どのタイミングで別のインスタンスを作るのか）を決める必要があります。サービスの有効期間には表5.2の3種類があり、サービスの機能的な要件に応じてどれを使用するのかを選択します。

表5.2　インスタンス生存期間によるDIサービス登録方法の違い

有効期間	一時的（Transient）	スコープ（Scoped）	シングルトン（Singleton）
概要	ユーザーがDIコンテナ（サービスコンテナ）へ要求するたび、新規にインスタンスが生成されるようにする	ユーザーからのリクエスト（接続）のたび、新しいインスタンスが作成されるようにする	同じサーバー内ではシャットダウンまで同じインスタンスを使い続けるようにする
Blazor Serverの場合	ページが切り替わるつど新しいインスタンスがDIコンテナにより生成され、それを利用する	同一セッション中は同一オブジェクトを使い続ける	サーバーシャットダウンまで同一オブジェクトを使いまわし続ける
DIコンテナへの登録方法	builder.Services.AddTransient<IServiceClass, ServiceClass>();	builder.Services.AddScoped<IServiceClass, ServiceClass >();	builder.Services.AddSingleton<IServiceClass, ServiceClass >();

　この3つの使い分けは非常に重要で、誤った方法でサービスを登録すると、同一のDIサービスインスタンスを別のページや処理で再利用してしまうことになり、アプリが正しく動作しなくなります。自作のサービスをDIコンテナに登録する場合には、自力でこれらの中から正しい選択をしなければならないのは当然ですが、ASP.NET Coreランタイムが提供している一般的なDIサービス（たとえばDbContextFactoryなど）も上記の方法で登録させるのは、誤った方法でのサービス登録を誘発しや

すく、危険です。

このため、**表5.1**に示したような、よく利用されるDIサービス[2]に関しては、上記3種類から適切な方法でDIコンテナに登録する処理を、拡張メソッド方式で提供しています。たとえば前述のDbContextFactoryの場合、.AddSingleton()で登録するのが正解ですが、開発者がこうした選択をする必要がないよう、.AddDbContextFactory()メソッドが提供されています。こうしたDIサービス登録用の拡張メソッドは、単にDIサービスを登録するだけでなく、インスタンス作成時のオプション設定も容易に指定できるようになっており、非常に便利です。

まとめると、DIコンテナへのサービス登録に関しては、以下のように覚えておくとよいでしょう。

- ASP.NET Coreランタイムが提供している基本的なDIサービスは、既定でDIサービスがセットアップされている（例：IConfiguration、NavigationManagerなど）。このため、これらのDIサービスは自力で登録する必要はなく、そのまま利用できる
- ASP.NET Coreランタイムが提供しているDIサービスのうち、自力でのセットアップが必要なものは、サービス登録のための拡張メソッドが用意されているため、それを利用する（例：DbContextFactory、IHttpContextFactoryなど）
- 自前のサービスをDIコンテナに登録したい場合には、インスタンスの使いまわし可否に関する仕様をもとにして、AddTransient、AddScoped、AddSingletonから適切なものを選ぶ

以上がBlazor ServerにおけるDIコンテナの使い方とその注意点です。では引き続き、ASP.NET CoreのHTTP／HTTPSリクエストパイプラインに組み込まれることになる、ASP.NET Coreミドルウェアの登録について解説します。

5.3 ASP.NET Coreミドルウェアの登録

Blazor Serverランタイムは、ASP.NET Coreのミドルウェア機能を利用して動作しています。単にBlazor Serverアプリを書くだけであればASP.NET Coreミドルウェアは特に意識しなくてもよい部分ですが、Blazor Serverアプリのスタートアップコード（Program.csファイル）の中にはASP.NET Coreミドルウェアの構成設定を行なっている部分があります。

このため、ASP.NET Coreミドルウェアがどのようなものか概要を知っておくとランタイムの理解が進みますので、ここで簡単に説明しておきます。

※2　ASP.NET Core ランタイムが提供している一般的な DI サービス。

🏛 5.3.1　ASP.NET Core ミドルウェアとは何か

ASP.NET Core ミドルウェアとは、ASP.NET Core ランタイムがHTTP／HTTPSリクエストを受け取った際に、実際のアプリ処理の前処理と後処理を行なうための機能です。たとえば、実際のアプリ処理を行なう前に認証の処理を行なう、リクエストヘッダーに基づいたキャッシュ処理を行なう、セッション情報の復元や保存を行なう、といったことを ASP.NET Core ミドルウェアにより実施します。

ミドルウェアは複数個を使用することもできます。実際の ASP.NET Core アプリの実行の前に、**図5.5**のように複数の処理を入れ子のように組み込むことができます。

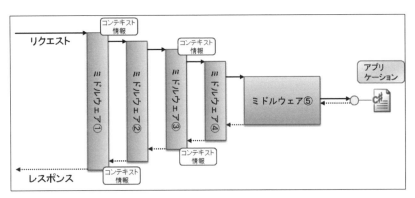

図5.5　HTTPリクエストに対するミドルウェア処理

これらの ASP.NET Core のミドルウェアの登録は、`Program.cs` ファイル内のコードによって記述されます。自前の処理を組み込みたい場合には、**リスト5.2**に示すようなコードを `Program.cs` ファイルに追加することができます。

リスト5.2　ミドルウェアの登録処理の例

Program.cs

```
app.Use(async (context, next) =>
{
    Console.WriteLine("前処理");
    await next.Invoke();
    Console.WriteLine("後処理");
});
```

リスト5.2では app.Use() メソッドにより自前の処理をミドルウェアとして登録しましたが、ASP.NET Core ランタイムに含まれる標準的なミドルウェアについては、ミドルウェア登録のための拡張メソッドが用意されています。Visual Studio でテンプレートからプロジェクトを作成すると、`Program.cs` ファイルで app オブジェクトに対して様々なメソッドが記述されていますが、これらはミドルウェアを登録するための処理になっています。以降ではこれらの詳細について解説します。

5.3.2 既定で組み込まれている主なミドルウェア

Blazor Server型プロジェクトのProgram.csを見ると、**リスト5.3**のようなプログラムが構成されています。

リスト5.3 Blazor Server型プロジェクトにおけるProgram.csファイル

```
                                                              Program.cs
var app = builder.Build();

// Configure the HTTP request pipeline.
if (!app.Environment.IsDevelopment())
{
    app.UseExceptionHandler("/Error", createScopeForErrors: true);
    // The default HSTS value is 30 days. You may want to change this for production scenarios, see
https://aka.ms/aspnetcore-hsts.
    app.UseHsts();
}

app.UseHttpsRedirection();

app.UseStaticFiles();
app.UseAntiforgery();

app.MapRazorComponents<App>()
    .AddInteractiveServerRenderMode();

app.Run();
```

これらの実装はミドルウェアを組み込む処理です。既定では、**表5.3**のようなミドルウェアが組み込まれています。

表5.3 Blazor Server型プロジェクトで組み込まれているミドルウェア

ミドルウェア登録	処理内容
UseExceptionHandler()	未処理例外がある場合は指定パスへリダイレクトする
UseHsts()	応答ヘッダーにより信頼されていない証明書を無効化する指示を出す
UseHttpsRedirection()	HTTPアクセスの場合にはHTTPSへリダイレクトする
UseStaticFiles()	wwwrootフォルダ下に静的ファイルがある場合はそれを返す
UseAntiforgery()	クロスサイトリクエストフォージェリ（XSRF/CSRF）攻撃を防止するためのモジュールを組み込む
MapRazorComponents<App>()	Razorコンポーネントを動作するようにする
AddInteractiveServerRenderMode()	Blazor Server型のレンダリングモードを有効化する

上記に加えて、必要に応じて追加のミドルウェアを登録する場合もあります。代表的なケースは認証処理を追加するミドルウェアの追加です[3]。

※3 詳細は本書付録03を参照してください。

🏢 5.3.3 SignalR回線とミドルウェア

さて、ミドルウェアはASP.NET CoreランタイムにHTTPリクエストが送られてきた場合に行なわれる前後処理ですが、注意すべき点として、**SignalR回線を経由した通信では、これらのミドルウェアが動作しません。** これは非常に重要なポイントなので以下に補足します（**図5.6**）。

まず、Blazor Serverの通信は、ミドルウェアとしてセットアップされたBlazorランタイムが別途SignalR通信を行なうことによって実現されています。Blazor ServerのページへのリクエストによりBlazorランタイムが起動し、ブラウザとの間でSignalRの接続が確立されたあとはWebSocket上でのメッセージのやり取りが行なわれますが、これはHTTPリクエストが新規に送られてくる処理ではありません。このため、ASP.NET Coreのミドルウェアは、SingalRでの通信（すなわちBlazor Serverページ内の処理）に対して動作しません。

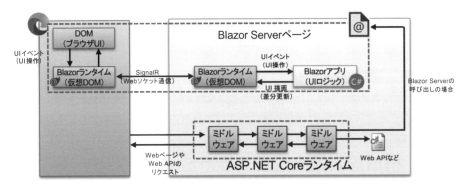

図5.6 ASP.NET Coreミドルウェアの有効範囲

この結果として、たとえばASP.NET Coreランタイムには未処理例外ハンドラとして`UseExceptionHandler()`が登録されていますが、これはBlazor Serverのアプリ部分に対しては機能しません。このため、Blazor Serverにおける未処理例外の対策は、ASP.NET Coreランタイムとは別に、分けて考える必要が生じます[4]。

以上、ミドルウェアについて解説しました。最後にミドルウェアについて押さえておくべきポイントをまとめておきます。

- ASP.NET CoreランタイムがHTTPリクエストに対するアプリ処理を行なう前後に処理を組み込む手法として、ASP.NET Coreミドルウェアが存在する
- ASP.NET Coreランタイムには、HTTPSリダイレクトや未処理例外ハンドラなど、既定でいくつかのミドルウェアが組み込まれている
- ASP.NET Core BlazorのアプリはSingalR回線を用いて動作する。このため、ASP.NET Coreランタイムの未処理例外ハンドラなどはASP.NET Core Blazorのアプリに対して機能しないことに注意する

※4 詳細は本章後半の5.6節で解説します。

以上がBlazor Serverにおけるミドルウェアの使い方とその注意点です。続いて、アプリで使用する構成設定値の適切な管理方法について解説します。

5.4 構成設定

Blazor Serverアプリに限らず、多くのアプリは動作させる環境や条件などによって何らかの設定変更を加える必要があります。たとえば、外部のWeb APIやDBを利用するアプリの場合、開発環境と運用環境では、通常、アクセス先となるサーバー名は異なります。こうした情報（設定値）をプログラム内に直接記述（ハードコード）してしまうと、設定値を切り替える際に、ソースコードの書き換えとリコンパイルが必要になり、大変です。

このような値は、**構成設定値**と呼ばれます。構成設定値は、ソースコードから切り出しておき、変更時にソースコードの書き換えやリコンパイルが不要になるようにすることが一般的です。このセクションでは、Blazor Server型のアプリにおける構成設定値の管理方法について解説します。

5.4.1 構成設定値を管理する方法

Blazor Server型のアプリにおいて、構成設定値を管理する方法は主に3つあります。

Ⓐ appsettings.json

構成設定値を管理する最もシンプルな方法は、プロジェクト内のルートディレクトリに含まれる`appsettings.json`で指定する方法です。具体例を**リスト5.4**に示します。JSON形式のため、入れ子の形（階層化された形）で構成設定値を記述できることに留意してください。

リスト5.4 appsettings.jsonの記述例

appsettings.json

```
{
  "Logging": {
    "LogLevel": { "Default": "Information" }
  },
  "AppSettings": { "AcceptFiles": [ "jpg", "png", "bmp" ] }
}
```

appsettings.jsonファイルには、開発環境で利用する構成設定値を`appsettings.Development.json`というファイルに分けて記述することができる機能が備わっています（**図5.7**）。アプリが開発環境

で実行されている場合には、このファイルに書いた設定値が優先されます[※5]。

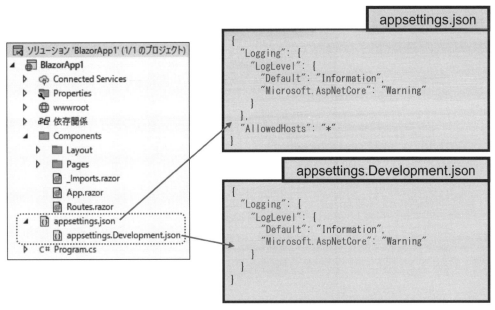

図5.7 appsettings.Development.jsonファイルによる設定値の上書き

　このappsetttings.jsonファイルはプロジェクトに含まれるファイルであるため、ソースコード管理の対象となり、開発チーム内で共有されます。しかし構成設定値の内容によっては、開発チーム内で共有したくない、という場合もあるでしょう。典型的にはシークレット（秘匿）情報が含まれる場合が該当します。そのような場合には、次に述べるシークレットマネージャーや環境変数を利用する方法を用います。

Ⓑシークレットマネージャー

　ASP.NET Coreの**シークレットマネージャー**を使用すると、構成設定値を以下のディレクトリのsecrets.jsonファイルに保存することができます。

```
%APPDATA%\Microsoft\UserSecrets\<user_secrets_id>\secrets.json
```

　<user_secrets_id>にはプロジェクトごとに割り振られたIDが対応しており、プロジェクトごとに分けられたディレクトリにsecrets.jsonが保存されます。ファイルパスからわかるように、ソースコードとは別のディレクトリにファイルが保存されるため、ソースコード管理の対象とはならず、情報が当該マシンの利用者以外に見られることはありません。

※5　なお、実行環境の種類はASPNETCORE_ENVIRONMENT環境変数により変更することができます。Visual Studioからデバッグ実行する場合には、Properties/launchSettings.jsonファイルの定義に従い、Development（開発）環境の扱いとなります。

開発環境がVisual Studioの場合には、**図5.8**のように右クリックで簡単に`secrets.json`にアクセスすることができます。

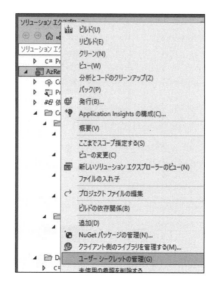

図5.8　secrets.jsonの利用

なお、シークレットマネージャーは、開発環境での利用を想定して作られている機能です。運用環境では、次に述べる環境変数を利用して、構成設定値を管理・設定します。

ⓒ環境変数

Blazor Server型アプリは、様々な環境で稼働させることができます。通常のWindowsサーバーやLinuxサーバーで動かすこともできますし、Dockerコンテナで動かすこともできます。さらに、AzureのPaaSサービスであるWeb Apps（App Service）で動かすこともできるなど、様々な環境で稼働させることができます。こうした様々な環境に配置したBlazor Server型アプリに対して構成設定値を与える際に便利なのが、**環境変数**です。

環境変数の設定方法は、環境ごとに異なります。たとえばWindows OSであればコマンドラインから設定したり、システムの詳細設定から設定したりできますし（**図5.9**）、Dockerコンテナの場合には、コンテナの起動引数として環境変数を与えることができます。また、AzureのWeb Appsの場合には、Azure Portalの管理画面から値を設定することができます。このように、具体的な設定のやり方は環境ごとに異なるため、適宜調べて設定を行なってください。

図5.9　環境変数の設定方法（例）

　注意すべき点として、環境変数はキー／値の単独のペアとなっており、jsonファイルのように構造化された情報を渡すことができません。jsonファイルでの設定を環境変数による設定に置き換える場合には、**リスト5.4**のように「__」（アンダースコア2個）を区切り文字として利用します。

リスト5.4　環境変数を利用する場合に利用するキーの作り方

```
appsettings.json
{
  "Logging": {
    "LogLevel": {
      "Default": "Information",
      "Microsoft": "Warning"
    }
  },
  "AppSettings": {
    "PageSize": "30",
    "AcceptFiles": [ "jpg", "png", "bmp" ]
  }
}
```

```
コマンドライン
SET LOGGING__LOGLEVEL__DEFAULT=Information
SET LOGGING__LOGLEVEL__MICROSOFT.ASPNETCORE=Warning

SET APPSETTINGS__PAGESIZE=30
SET APPSETTINGS__ACCEPTFILES__0=jpg
SET APPSETTINGS__ACCEPTFILES__1=png
SET APPSETTINGS__ACCEPTFILES__2=bmp
```

　なお、本書では深掘りしませんが、構成設定値はここで述べた3つの方法以外にも、iniファイルやxmlファイル、Azure Key Vaultなど様々な方法で、様々な場所に保存することが可能です。詳細な方法は以下で解説されていますので、興味があれば確認してみてください。

● **ASP.NET Coreの構成**

　https://learn.microsoft.com/ja-jp/aspnet/core/fundamentals/configuration/

　以上、構成設定値の代表的な管理方法を3種類紹介しました。次はこれらの管理方法をどのように使い分けるとよいかという選定基準について解説します。

🏛 5.4.2　設定方法の選定基準

一般的に、構成設定値として管理しなければならない情報には、以下のようなものがあります。

- DBへの接続文字列
- Web APIアクセスに必要となる情報（サーバー名、ユーザー名・パスワードなど）
- 認証連携に必要な情報（テナントIDやアプリIDなど）
- ロギングに関する設定（ロギングレベル、出力先など）
- アプリの挙動に関わる設定（DBからのデータ取得上限件数など）

これらの中には、セキュリティ上の理由から秘匿性を要求されるものもあります。たとえばDB接続文字列の中にはDBサーバーの名前だけでなく、場合によっては接続に利用するID・パスワードの情報が含まれていることもあり、セキュリティリスクの観点から、漏えいを防ぐ必要があります。

構成設定値をappsettings.json（およびappsettings.Development.json）ファイルに記述した場合、これらのファイルはソースコード管理サーバーによって開発チーム内で共有されますし、また運用環境ではエンドユーザーから直接読み出される可能性もあります。このことから、**秘匿性を要求される構成設定情報については、適宜、別の管理方法を組み合わせる必要があります**。一般的には以下のようにするとよいでしょう。

▌開発環境

最近は、ソースコード管理サーバーとしてGitHubやAzure DevOpsなど、社外のSaaSサービスが利用されるケースが多くなってきています。このような場合には、開発用のDBサーバーへの接続文字列や、テスト用のWeb APIサーバーへのアクセスに関する情報などであっても、ソースコード管理サーバー上には保存しないようにしておいたほうがよいでしょう。具体的には、appsetting.jsonファイルにはダミー値を記述しておき、実際の開発に利用する値に関しては、secrets.jsonファイルを使って各端末上で設定するようにすることが望ましいと言えます。

一方、デバッグやロギングに関する設定は、そうした秘匿性が求められません。このため、appsettings.jsonで明示的に設定し、ソースコード管理サーバーを介してチーム内で設定を共有する、というやり方をすると便利です。

▌運用環境

特に運用環境においては、セキュリティの観点から、**攻撃者に対してアプリの内部構造に関する情報やヒントを与えないことが望まれます**。appsettings.jsonファイルは、そのままだとWebサーバーの公開ディレクトリ上に配置されることになり、攻撃者に情報をさらすことにつながりかねません。このため運用環境では、環境変数で接続文字列などの構成設定情報を保持するとよいでしょう。

なお、高いセキュリティを要求されるアプリや環境では、構成設定値を環境変数へ切り出すだけでは

不十分とされる場合があります。特に、構成設定値に秘匿情報（接続パスワードなど）が平文で書かれているような場合には、環境変数への切り出しではセキュリティ対策として不十分とみなされることがよくあります。このような場合には、たとえばManaged ID認証やWindows統合認証などを認証に利用して、構成設定情報の中から接続パスワードなどの秘匿情報をなくすというアプローチを採る必要があります。本書では紙面の関係上、これ以上の深掘りはしませんが、ここでは構成設定の中に平文でパスワードが含まれるような場合には、アプリのケーション設計も含めた対策が必要になることがあるという点だけ押さえておいてください。

ここまで、構成設定値の管理方法について紹介しました。次に、アプリ内から構成設定値を取得する方法を解説します。

5.4.3　構成設定値を取り出す方法

構成設定値を取得するには、DIサービスの1つである**構成設定サービス**を利用します。具体的には、Razorコンポーネントで**リスト5.6**のように**IConfigurationオブジェクト**をinjectしてもらい、これを利用して構成設定値を取得します。

リスト5.6　IConfigurationオブジェクトを使った構成設定値の読み出し

.razor

```
@inject IConfiguration config
<p>@config["LOGGING:LOGLEVEL:DEFAULT"]</p>
<p>@config["AppSettings:AcceptFiles:1"]</p>
```

構成設定は階層化されているため、「:」で区切った形で値を取り出します。取り出す際のキーに関しては、大文字・小文字が区別されないことに注意してください。

なお、構成設定値は（既定では）**表5.4**の順番で読み込まれ、**下側の設定によって上側の設定がオーバーライドされます**。このため、複数の方法で構成設定値が設定されている場合には、より下側にある設定値が優先されることになります。

表5.4　構成設定プロバイダーの順序

構成設定値の取得元	プロバイダー
appsettings.json	JSONファイル構成プロバイダー
appsettings.{環境名}.json	JSONファイル構成プロバイダー
Appシークレット（Development環境の場合）	ユーザーシークレット構成プロバイダー
環境変数	環境変数構成プロバイダー
コマンドライン引数	コマンドライン構成プロバイダー

また、構造体クラスを定義しておき、一括してそこに構成設定情報を取り出すことも可能です。**リスト5.7**に例を示します。データ型の変換も行なわれるため便利です。

リスト5.7　型付きでの構成設定情報の読み出し

```razor
@inject IConfiguration config

<p>@azureAdConfig.Authority</p>
<p>@azureAdConfig.ClientId</p>
<p>@azureAdConfig.ValidateAuthority</p>

@code
{
    private AzureAdConfig azureAdConfig { get; set; }

    protected override void OnInitialized()
    {
        base.OnInitialized();
        this.azureAdConfig = config.GetSection("AzureAd").Get<AzureAdConfig>();
    }

    public class AzureAdConfig
    {
        public string Authority { get; set; }
        public string ClientId { get; set; }
        public bool ValidateAuthority { get; set; }
    }
}
```

appsettings.json

```json
{
  "AzureAd": {
    "Authority": "https://login.microsoftonline.com/22222222-2222-2222-2222-222222222222",
    "ClientId": "33333333-3333-3333-33333333333333333",
    "ValidateAuthority": true
  },
  "Logging": { ...
```

最後に、構成設定値について改めてまとめました。以下のような点を覚えておくとよいでしょう。

- DBサーバーへの接続文字列やWeb APIへのアクセスに関わる情報などは、構成設定機能を用いて、プログラムコードの外で管理できるようにしておく
- 通常は、`appsettings.json`ファイルに切り出して管理する
- 秘匿性を要求される情報については、開発環境であればユーザーシークレットを、運用環境であれば環境変数を用いて管理する
- **参考**　構成設定情報の中に平文パスワードが含まれている場合には、Windows統合認証やManaged ID認証などを組み合わせた設計をすることにより、構成設定情報から平文パスワードを排除しなければならない場合がある

以上がBlazor Server型アプリにおける構成設定値の使い方とその注意点です。続いて、ロギング処理について解説します。

5.5 ロギング

アプリの実行に際して様々な情報を記録しておき、あとから分析できるようにしておくことは非常に重要です。一般にこのような情報の記録のことを**ロギング**と呼び、記録されたログはパフォーマンスの評価やエラー原因の特定など様々な目的に利用されます。

ロギングの目的は、たとえばエラー解析、デバッグ、システムモニタリング、監査、コンプライアンス、ビジネス分析など多岐にわたりますが、情報を記録するという側面では共通的な部分も多く、通常は**ロギングフレームワーク**と呼ばれる仕組みを介して共通的な方法で情報を記録します。.NETランタイムにはこの仕組みが備わっており、もちろんASP.NET Core Blazorからも利用することができるようになっています。

5.5.1 各razorページからのロギング方法

Blazor Serverの各ページでは、Blazorランタイムに含まれるDIコンテナから、ロギング処理を行なうDIサービスである**ILogger**オブジェクト（**ロガーサービス**）を受け取ることで容易にロギングを行なうことができます。たとえば、Counter.razorでILoggerを使用するときには**リスト5.8**のように実装します[6]。

リスト5.8 ロギング処理の実装例

Counter.razor

```
@inject ILogger<Counter> logger

@code {
    private int currentCount = 0;

    private void IncrementCount()
    {
        currentCount++;
        logger.LogWarning("currentCount = {0}", currentCount);
    }
}
```

ロガーサービスをDIコンテナから受け取るときには、**リスト5.8**のサンプルコードにあるように、Generics（<T>）を使って、自身（razorページ）のクラス名を指定するようにします。このようにしておくと、Genericsで指定したクラス名が出力ログのカテゴリ情報として利用されるようになり、ログの検索に役立ちます。

以上がロギング処理の実装になります。次にログの出力先の指定について解説します。

---

[6] ログ出力には、.LogWarning()の他に.LogTrace()、.LogDebug()、.LogInformation()などいくつかのメソッドを利用することができますが、この使い分けについては後述します。

🏢 5.5.2　ログの出力先の設定方法

ログの出力先は、DIコンテナに登録したILoggerオブジェクトの種類によって決まります。既定では**ConsoleLogger**が登録されており、各ページから出力されたログはコンソールに出力されます。

.NETでは様々な種類のロガーが提供されていますが、一部のロガーは取り扱いに専門的な知識が必要です。そのため本書では、既定のコンソールに加えて比較的取り扱いやすいWindowsの**イベントログ**を出力先として追加する方法を紹介します（**リスト5.9**）。

リスト5.9　Windowsイベントログへのログの出力例

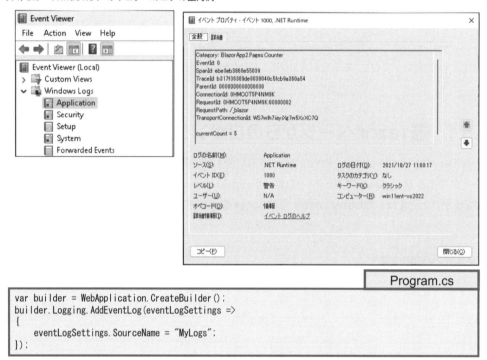

```
var builder = WebApplication.CreateBuilder();
builder.Logging.AddEventLog(eventLogSettings =>
{
    eventLogSettings.SourceName = "MyLogs";
});
```

イベントログを出力先として追加するためには、`Program.cs`で`AddEventLog()`メソッドを利用します。　これにより、`ILogger`でのログの出力先としてイベントログが追加されます。

なお、`AddEventLog()`メソッドは`Microsoft.Extensions.Logging.EventLog`というNugetパッケージに含まれています。もしこの拡張メソッドが認識されない場合は、当該パッケージがプロジェクトに追加されているか確認してみてください。

🏢 5.5.3　ログレベルの設定方法

引き続き、ログレベルについて解説します。**ログレベル**とは、そのログがどの程度重要なのかを指定しておくことができるものです。これを適切に利用することにより、たとえば開発時にはデバッグにも活

用できるように詳細なログを出力させるようにしつつ、運用時には重大なエラーに絞ってログを出力させるようにするといった柔軟な設定が可能になります。

　.NETでは、ログレベル（ログの種類）として**表5.5**の7種類が定義されており、それぞれに対応する.LogXXX()メソッドが用意されています。開発者がログを出力する場合には、当該情報の重要度に基づいて、適切なログレベルの.LogXXX()メソッドを利用してログを出力するようにします。

表5.5　.NETで定義されている7種類のログレベル

ログの種類	レベル	値	具体例	備考	
トレースログ	LogLevel.Trace	0	詳細なコードの流れを追いかけるためのもの	開発用途のため、運用環境では有効化しない	開発・デバッグ用途でのロギング
デバッグログ	LogLevel.Debug	1	開発およびデバッグに役立つ情報	障害解析などのために運用環境でも取得することがある	
情報ログ	LogLevel.Information	2	アプリの一般的な情報	既定ではInformationレベル以上のログが出力される	業務的な情報をロギング
警告ログ	LogLevel.Warning	3	エラーではないが予兆になりうる情報		
エラーログ	LogLevel.Error	4	システムとしてリカバリ可能なエラーや例外		例外などの障害情報をロギング
重大ログ	LogLevel.Critical	5	即時対応（介入）が必要なエラーや例外	例）ディスク領域の枯渇、ランタイムのクラッシュなど	
-	LogLevel.None	6	-	ログを一切取らない設定を行なう場合の設定値として利用	ブラウザ側でもアプリのエラーとして扱われる

　なお、ログの出力に際しては、使い方が複雑な.Log()メソッドではなく、.LogXXX()メソッドを利用してください。.LogXXX()メソッドはMicrosoft.Extensions.Loggingに定義された拡張メソッドで、以下のようなメソッドが多重定義されており、使いやすくなっています（**リスト5.10**）。通常は上2つのいずれかを利用します（イベントIDについては後述します）。

- メッセージのみを受け取るもの
- 例外オブジェクトとメッセージを受け取るもの
- イベントID（後述）とメッセージを受け取るもの
- イベントID（後述）と例外オブジェクトとメッセージを受け取るもの

リスト5.10　ロギングメソッドの使い分け

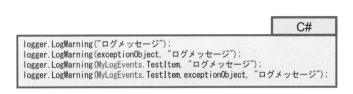

```csharp
logger.LogWarning("ログメッセージ");
logger.LogWarning(exceptionObject, "ログメッセージ");
logger.LogWarning(MyLogEvents.TestItem, "ログメッセージ");
logger.LogWarning(MyLogEvents.TestItem, exceptionObject, "ログメッセージ");
```

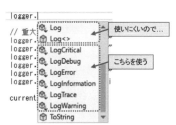

5.5.4 ログ出力に関する構成設定

　先に述べたように、ログの出力は、開発時と運用時で設定を切り替えることがよくあります。この切り替えは、前述の構成設定により容易に行なうことができるようになっています。

　既定のappsettings.jsonファイルには**リスト5.11**左側のような設定が行なわれており、"Microsoft.AspNetCore"カテゴリ（すなわちASP.NET Coreランタイム）からはWarningレベル以上の情報が、それ以外のカテゴリについてはInformationレベル以上の情報がログ（既定ではコンソール）に出力されるようになっています。しかし、**リスト5.11**右側に示すように、この設定はかなり細かく調整することができます[7]。

リスト5.11　appsettings.jsonファイルによるログ出力の調整方法

```
                    appsettings.json
{
  "Logging": {
    "LogLevel": {
      "Default": "Information",
      "Microsoft.AspNetCore": "Warning"
    }
  },
  "AllowedHosts": "*"
}
```

```
                    appsettings.json
{
  "Logging": {
    "LogLevel": {
      "Default": "Error"
    },
    "Console": {
      "LogLevel": {
        "Microsoft.AspNetCore.Mvc.Razor.Internal": "Warning",
        "Default": "Information"
      }
    },
    "EventLog": {
      "LogLevel": {
        "Microsoft": "Information"
      }
    }
  }
}
```

　リスト5.11右側の例の場合、以下のようなログ出力設定となります[8]。

- 既定では、Errorレベル以上のログをすべてのロガーに出力する
- Consoleロガーに対しては、
  - `Microsoft.AspNetCore.Mvc.Razor.Internal`カテゴリに対してはWarningレベル以上のログを出力する
  - それ以外はInformationレベル以上のログを出力する
- EventLogロガーに対しては、
  - `Microsoft`カテゴリに対してはInformationレベル以上のログを出力する

　ロギングに関する構成設定からわかるように、ログを出力する際に、正しいカテゴリとレベルを利用しておくことは、環境による出力条件の設定変更や、後々のトラブルシューティングの容易性などを大きく左右します。カテゴリに関してはクラス名を、レベルに関しては前述の**表5.5**の分類を守るようにコーディ

※7　ここでは appsettings.json での設定を示していますが、環境変数などでオーバーライドすることももちろん可能です。
※8　複数条件に合致する場合には、より厳密に一致するものが適用されます。

ングすることを心がけてください。

　また、ロギングの構成設定を行なう際は、ログの出力しすぎによる性能劣化や、ログの肥大化にも注意してください。特にイベントログやディスクなどへ出力するログに関しては、本当に有効なものに適切に絞るように構成設定を行なうことが望まれます。一例としては、以下のような考え方をするとよいでしょう。

- 運用環境では、警告以上のレベルをロギングするように設定しておく
- 例外が発生するなど調査が必要な事象が発生した場合には、まず出力されているログの情報を確認し、調査を行なう
- 出力されているログだけでは情報として不足する場合には、開発環境などで再現手順を確立し、トレースレベルなど低いレベルでログを出力して解析する

5.5.5　参考　イベントIDの利用

　業務システムでは、**イベントID**という機能を使うと便利な場合があります。この機能の利用は必須ではありませんが、少し補足しておきます。

　ここまで解説したように、ログの利用においては、**カテゴリ名**（ログを出力したクラス名）と**ログレベル**（ログ情報の重要度）の2つが非常に重要で、この2つを利用することによりフィルタリングや検索を行ないます。しかし実際の業務システム開発では、特定のログ（イベント）についてはIDを設定しておき、それが発生した際の対処をあらかじめ決めておく（運用設計をしておく）、ということがしばしばあります。このようなIDは**イベントID**と呼ばれ、.NETのロギングフレームワークでも利用できるようになっています。

　通常、このようなイベントIDはシステム全体で一意にする必要があります。このため、**リスト5.12**に示すように、グローバルなクラスで一元的にIDを列挙型として管理しておき、そのうえで、各ページから適切なイベントIDを使うように実装するとよいでしょう。

リスト5.12　イベントIDの利用方法

```csharp
public class MyLogEvents
{
    public const int GenerateItems      = 1000;
    public const int ListItems          = 1001;
    public const int GetItem            = 1002;
    public const int InsertItem         = 1003;
    public const int UpdateItem         = 1004;
    public const int DeleteItem         = 1005;
    public const int TestItem           = 3000;
    public const int GetItemNotFound    = 4000;
    public const int UpdateItemNotFound = 4001;
}
```

```csharp
// イベント ID の指定
logger.LogInformation(MyLogEvents.GetItem, "Getting item {0}", id);
logger.LogWarning(MyLogEvents.GetItemNotFound, "Get({0}) NOT FOUND", id);

// カテゴリ名を自力で指定したい場合には...
[Inject]
public ILoggerFactory loggerFactory { get; set; }

var _logger = loggerFactory.CreateLogger("テストカテゴリ");
_logger.LogInformation("テスト");
```

なお、同様の理由で、カテゴリを（クラス名ではなく自社固有のものを使うために）自前で定義したい、という場合もあります。こちらも上記のコードに示す方法により可能です。自社の運用方法に合わせてこうした機能を活用するとよいでしょう。

　最後に、ここまで解説してきたロギングの方法について、要点をまとめます。

- Razorページでログを出力するためには、ILogger<ページ名>をDIコンテナから受け取って利用する。ページ名は、出力するログのカテゴリ情報として利用される
- 情報の重要度に合わせたログレベルを選び、.LogXXX()メソッドを使って出力する
- ログの出力先を追加・変更したい場合は、Program.csでロガーを追加・変更する
- ログの出力条件は構成設定により行なう。開発環境と運用環境とで出力条件を適切に切り替えるとよいが、大量にログを出力しすぎて性能などに悪影響を及ぼさないように注意する

　では本章の締めくくりとして、集約例外ハンドラについて解説します。

5.6 集約例外ハンドラ

　アプリ内部で障害が発生すると、.NETランタイムは**例外**を発生させてこれを取り扱います（**図5.10**）。既定では、try-catchされなかった例外はランタイムが捕捉し、後処理を行ないますが、Blazor Server型アプリはもともとSignalR回線を介してサーバーとブラウザが連携するという仕組みで動作しているため、通常のアプリに比べて考慮しなければならない点がいくつか増えます。ここでは、Blazor Server型アプリにおける例外について、適切な考え方と取り扱い方について説明していきます。

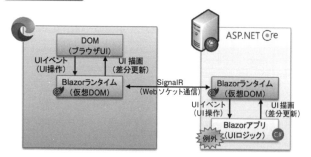
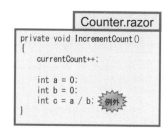

図5.10　Blazor Server型アプリでサーバー側で発生した例外

5.6.1 Blazor Serverアプリにおける「障害」の分類

まず図5.10において、障害が発生するポイントはいくつかに分類できます。

- ブラウザ内で動作しているDOMやBlazorランタイム
- SignalR回線（ネットワークの切断）
- サーバー側で動作しているBlazorランタイム
- サーバー側で動作しているユーザーアプリ（C#で書いたコード）

このうち上の3つは、Blazor Serverアプリが動作するうえでの基盤に相当するものであり、これらで障害が発生した場合（すなわち基盤がクラッシュした場合）にはある種の破滅的な状況に陥ります。このようなケースでは、利用者であるユーザーに何らかのメッセージを表示することさえままならないこともあり、利用者はアプリを再起動して対処することになります。

一方、最後のケース、すなわちサーバー側で動作しているユーザーアプリ（自分がC#で書いたコード）の中で例外が発生した場合には、SignalR回線やBlazorランタイムはまだ生きています。このため、こうした例外（ユーザーアプリから発生する例外）については、ユーザーに対して穏やかなエラーメッセージ（たとえばユーザーにリロードを促すようなメッセージなど）を表示しつつ、例外情報をログとして記録しておき、障害解析に役立てるようにします。

実際の業務アプリ開発においては、特に後者のタイプの障害（すなわちユーザーアプリで発生する例外）への実装上の対策が非常に重要になります。このタイプの例外は、アプリのバグや、DBアクセス・Web APIへのアクセスなど、アプリの挙動上のトラブルなどによって発生するものですが、適切なハンドリングやロギング処理を行なっておくと、障害解析やリカバリが非常に容易になります。ここでは、このタイプの例外（＝基盤としては生きているがアプリとしてトラブルを起こしているケース）への適切な対処方法について解説します。

5.6.2 Blazor Serverアプリにおける例外処理の考え方

ユーザーアプリの中で発生する例外には様々なものがあります。

- `SqlException`（DBアクセスにおいて問題が発生した）
- `NullReferenceException`（オブジェクトがnullの場合にメソッドなどにアクセスした）
- `IndexOutOfRangeException`（コレクションの範囲外のインデックスにアクセスした）
- `WebException`／`HttpRequestException`／`SocketException`（HTTP通信関連の処理で問題が発生した）

これらの例外の中には、事前に発生が予測でき、発生した場合には適切に対処すべきものもあります。そのような例外は、try-catchにより適切な後処理を行ないます。一方でNullReferenceExceptionの

ように、アプリのバグやトラブルで発生する例外であるために、事前に発生が予測できないもの（＝いわゆる障害）もあります。このような例外はtry-catchが書かれていないため、アプリランタイム（今回の場合はBlazorランタイム）が、**未処理例外**（try-catchされていない例外）として拾って後処理することになります。

　未処理例外は、アプリバグやシステムトラブルによって発生するため、適切な後処理（特にロギングとユーザーへの適切な報告処理）が重要になります。この後処理は、未処理例外に対する既定の処理では不十分な場合が多く、適切なカスタマイズが必要です。このようなカスタマイズは、アプリ全域に対して一括で行なう必要があるため、これを行なう機能（**集約例外ハンドラ**などと呼ばれます）をランタイムが提供していることがしばしばあります。

　Blazorランタイムでもこのようなハンドラが提供されており、そのカスタマイズを行ないますが、カスタマイズの方針は開発時と運用時とで異なります。大まかな方針としては以下の通りです。

①**開発時** ➡ 例外ログを開発者に見せて、デバッグに役立ててもらう
②**運用時** ➡ 処理を中断してエラー画面に切り替えて、アプリの再起動を促す
③**開発時 ・ 運用時ともに** ➡ 可能な限り、ファイルなどに例外ログを残しておく

　以降ではこれらのカスタマイズ方法について解説します。

5.6.3　開発時の未処理例外の取り扱い

　開発時は、サーバー側で未処理例外が発生したら、その情報をすぐにブラウザに伝搬して表示すると、速やかなデバッグ作業に役立ちます。Blazor Serverにはこの機能が備わっており、appsettings.Development.jsonの**DetailedErrors**の値をtrueにすることで有効化できます（**図5.11**）。この機能を利用すると、ブラウザの開発者ツールを用いて、サーバー側で発生した例外情報の詳細をすぐに確認することができます。

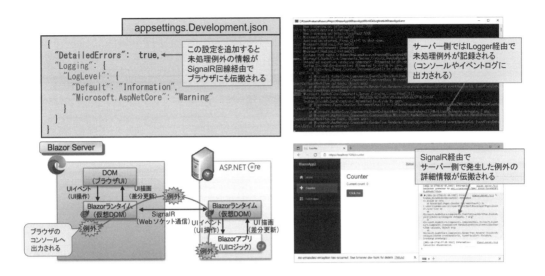

図5.11　開発時の未処理例外に対する取り扱い

　未処理例外にはアプリの内部的な情報（スタックトレースなど）が含まれるため、運用環境では例外の詳細情報はサーバー内のみにとどめるべきものとなります。そのため、運用環境ではDetailedErrorsは必ずfalse（既定値）にします。appsettings.jsonではなくappsettings.Development.jsonにDetailedErrorsをtrueにする設定を記述しておくとよいでしょう。

5.6.4　運用時の未処理例外の取り扱い

　運用環境での未処理例外の取り扱いとして、例外の詳細情報をユーザー側に見せてはいけないという点は先に述べた通りですが、もう1つ、特に注意すべき点があります。それは**未処理例外が発生した場合には、以降の業務処理を継続してはならない**という点です。

　未処理例外は、try-catchが記述できなかった例外、すなわち発生することが予測できていなかった例外です。このため、業務アプリが適正な状態にあるかどうかがわからず、そのまま業務処理を継続させると何が起こるかわかりません（最悪の事態としては、業務データが破壊されるなどの危険もありえます）。よって、**未処理例外が発生した場合には、ユーザーに以降の業務処理を継続させないようにし、アプリをリロードしてもらってやり直してもらう**というのが適切なアプリの作り方ということになります。

　この観点からすると、既定のプロジェクトテンプレートの挙動は望ましいものとは言えません。未処理例外が発生した場合、**図5.12**のように、リロードを促すメッセージは表示されるものの、画面の操作は引き続き行なえるようになっているからです[9]。

※9　実際にはサーバー側で未処理例外が発生するとSignalR回線が切断されるため、業務を続けようとしてもアプリを正しく動作させることはできませんが、画面操作が可能であると、あたかも業務継続が可能であるかのような誤解を与えてしまいます。

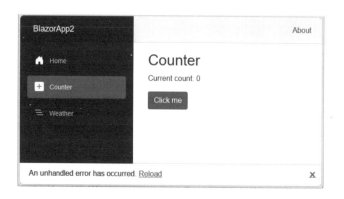

図5.12　既定のプロジェクトテンプレートにおける未処理例外に対する挙動

例外が発生したあとにユーザー操作を抑止する方法は複数考えられますが、一例としては、**図5.13**のように画面をグレーアウトさせ、背後にあるボタンなどを反応させないようにする方法が考えられます。これはCSSを利用すると比較的容易に実装できます。

図5.13　未処理例外の発生時にユーザー操作を抑止する方法の例

具体的な実装方法は**リスト5.13**の通りです。Blazor Severでは、ランタイムが未処理例外を捕捉すると、`blazor-error-ui`のIDを持つ要素が表示されるようになっています（内部的にはCSSの`display:none`が削除されます）。これを利用できるように`MainLayout.razor`と`MainLayout.razor.css`ファイルを**リスト5.13**のように修正します。ポイントは`blazor-error-ui`のスタイル設定で、透過率20%の真っ黒な画面を`z-index: 999;`によって前面に表示することで、ボタンなどのクリック判定を無効化します。このようにすると、未処理例外の発生時に、ユーザーはそれ以上業務画面を操作できなくなり、アプリをリロードするしかなくなります。

リスト5.13　未処理例外発生時の挙動の変更例

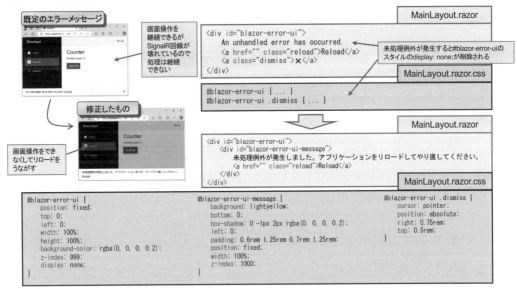

5.6.5　集約例外を用いたロギングのカスタマイズ方法

　開発環境・運用環境を問わず、アプリで未処理例外が発生した場合には対処が必要ですが、その際に重要になるのが**例外オブジェクトに含まれる情報**です。開発環境ではブラウザ開発ツールのデバッグコンソールに出力されますが、それとは別にログを取っておいたほうがよいですし、運用環境ではどこかにログを保存しておかないと、あとから対処のしようがなくなります。

　既定では、アプリで発生した未処理例外はコンソールなどに出力されますが、追加でフラットファイルに保存しておくとよいでしょう。**カスタムロガー**を開発することにより、これが可能になります。具体的なやり方は**リスト5.14**の通りです。

　まず、プロジェクトに`ILogger`インターフェースを継承したクラス`ExceptionFileLogger`を作成し、ロギング処理を実装します。ここでは例として、ローカルアプリケーションフォルダにサブフォルダを作成し、そこに日付付きで詳細なログを保存するようにしました。

リスト5.14　ExceptionFileLoggerクラスの実装例

ExceptionFileLogger クラス

```
public sealed class ExceptionFileLogger : ILogger
{
    public IDisposable? BeginScope<TState>(TState state) where TState : notnull => default!;

    public bool IsEnabled(LogLevel logLevel)
    {
        return (logLevel == LogLevel.Warning || logLevel == LogLevel.Error || logLevel == LogLevel.Critical));
    }

    public void Log<TState>(LogLevel logLevel, EventId eventId, TState state, Exception? exception, Func<TState, Exception?, string> formatter)
    {
        if (!IsEnabled(logLevel)) return;

        string fileName = string.Format("{0:yyyyMMdd}.txt", DateTime.Now);
        string folder = Environment.GetFolderPath(Environment.SpecialFolder.LocalApplicationData, Environment.SpecialFolderOption.None) + @"¥" +
Assembly.GetEntryAssembly()!.GetName().Name;
        Directory.CreateDirectory(folder);
        string filePath = Path.Combine(folder, fileName);
        File.AppendAllText(filePath, $"[formatter(state, exception)]");
        if (exception != null) File.AppendAllText(filePath, ConvertExceptionToString(exception));
    }

    private static string ConvertExceptionToString(Exception exception)
    {
        Dictionary<string, string> _generalInformation = new Dictionary<string, string>();

        if (exception == null) return "例外オブジェクト情報はありません。¥r¥n¥r¥n";
        StringBuilder strInfo = new StringBuilder("****** 一般情報 ******¥r¥n¥r¥n");

        // 一般情報を取得して文字列化
        // 発生時刻は上書き (なければ追加)
        _generalInformation["発生時刻"] = DateTimeOffset.Now.ToString();

        // 実行ランタイムの情報
        Assembly myAssembly = Assembly.GetEntryAssembly()!;
        // バージョンの設定
        _generalInformation["エントリアセンブリ情報"] = myAssembly.GetName().FullName;

        foreach (var key in _generalInformation.Keys)
        {
            strInfo.Append(key + ": " + _generalInformation[key] + "¥r¥n");
        }
        strInfo.Append("¥r¥n****** 例外情報 ******");

        // ネストされた例外を順次文字列化する
        Exception? currentException = exception!;
        int intExceptionCount = 1;
        do
        {
            strInfo.AppendFormat("¥r¥n¥r¥n{0}) 例外オブジェクト情報¥r¥n{1}", intExceptionCount.ToString(), "");
            strInfo.AppendFormat("¥r¥nException Type: {0}", currentException.GetType().FullName);

            try
            {
                PropertyInfo[] aryPublicProperties = currentException.GetType().GetRuntimeProperties().ToArray();
                foreach (PropertyInfo p in aryPublicProperties)
                {
                    if (p.Name != "InnerException" && p.Name != "StackTrace")
                    {
                        try
                        {
                            if (p.GetValue(currentException, null) == null)
                            {
                                strInfo.AppendFormat("¥r¥n{0}: NULL", p.Name);
                            }
                            else
                            {
                                strInfo.AppendFormat("¥r¥n{0}: {1}", p.Name, p.GetValue(currentException, null));
                            }
                        }
                        catch (Exception)
                        {
                        }
                    }
                }
            }
            catch (Exception)
            {
            }

            if (currentException.StackTrace != null)
            {
                strInfo.AppendFormat("¥r¥n¥r¥nスタックトレース情報");
                strInfo.AppendFormat("¥r¥n{0}¥n", currentException.StackTrace);
            }
            currentException = currentException.InnerException;
            intExceptionCount++;
        } while (currentException != null);

        return strInfo.ToString();
    }
}
```

続いて、このカスタムロガーをログプロバイダーとして使用するため、ILoggerProviderを継承したカスタムログプロバイダークラスExceptionFileLoggerProviderクラスを作成します（**リスト5.15**）。

リスト5.15　ExceptionFileLoggerProviderクラスの実装例

ExceptionFileLoggerProvider クラス

```
public class ExceptionFileLoggerProvider : ILoggerProvider
{
    private readonly ConcurrentDictionary<string, ExceptionFileLogger> _loggers = new ConcurrentDictionary<string, ExceptionFileLogger>();

    public ExceptionFileLoggerProvider()
    {
        // initialization code
    }

    public ILogger CreateLogger(string categoryName)
    {
        var logger = _loggers.GetOrAdd(categoryName, new ExceptionFileLogger());
        return logger;
    }

    public void Dispose()
    {
        _loggers.Clear();
    }
}
```

あとは、このログプロバイダーを、5.3節で解説したDIコンテナ登録と同じ要領でProgram.csのスタートアップの処理に追加します（**リスト5.16**）。

ここまでの作業によって、未処理例外がフラットファイルに出力されるようになります。

リスト5.16　未処理例外を出力するロガーの追加

Program.cs ファイル

```
var builder = WebApplication.CreateBuilder(args);

// Add services to the container.
builder.Services.AddRazorComponents()
    .AddInteractiveServerComponents();

// 例外ログのファイル出力機能の追加
builder.Logging.AddProvider(new ExceptionFileLoggerProvider());

var app = builder.Build();
```

基本的な集約例外処理の方法は以上ですが、参考までに、いくつか例外に関連して知っておくべきポイントを補足説明します。

🏢 5.6.6　参考　ErrorBoundary

　ネット上でASP.NET Core Blazorの例外処理の仕組みを調べてみると、多くのサイトで`<ErrorBoundary>`（以下、ErrorBoundary）という仕組みが紹介されています。これは多数のユーザーからの希望で.NET 6からBlazorに追加された仕組みで、これを利用すると、未処理例外を捕捉して描画内容を差し替えたり、あるいは例外が発生した状態から強制的に復帰（リカバリ）したりすることができます。

　現在でもErrorBoundaryの機能を利用することはできるものの、いくつかの理由により、この機能は利用せず、ここまで解説してきた「**CSSによるスタイル変更**」を**利用すること**を**推奨**します。ErrorBoundaryの利用が推奨されないのは以下の理由によります。

- 未処理例外が発生しているということは、発生箇所や原因が特定できない状況に陥っていることを示している。このため、その状況からむやみに処理を継続することは原理的なリスクを伴ってしまう。本節で解説したように、ユーザーに対してアプリのリロードを要求し、アプリをリセットしてもらうことが望ましい

- ErrorBoundaryのような集約例外ハンドラは、従来、DBアクセスやWeb APIアクセスのように、アプリのいろいろな場所で記述されるが、いちいちtry-catchを書くのが面倒な場合に便利。しかし現在では、`HttpClient`や`DbContext`などのライブラリに自動リトライ機能が搭載されているため、そちらを利用するのが実装として正しい

- .NET 8から追加されたBlazor United型のアプリ開発との相性が非常に悪い。Blazor United型の仕組み上、`MainLayout`のような外枠レイアウトのコンテンツにErrorBoundaryのような動的コンテンツを利用することができない

🏢 5.6.7 　参考 ASP.NET Core HTTPパイプラインの 例外処理との関係

　もう1つ気をつけたいのが、本節で示した**Blazorの例外処理は、ASP.NET Coreランタイムの HTTPパイプラインの例外処理とは別に動く**という点です。Program.csには既定で**図5.14**のような例 外ハンドラが組み込まれていますが、これはASP.NET CoreのHTTP処理に対する例外ハンドラです。 そのため、Blazor側で発生した例外に対してこの例外ハンドラは機能しないことに注意してください。

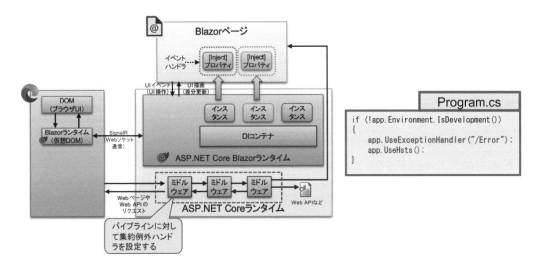

図5.14　BlazorランタイムとASP.NET Coreランタイムの関係性

　集約例外ハンドラについては以上となります。ここまでの内容をまとめると、以下のようになります。

- ASP.NET Core Blazorには、アプリでtry-catchされなかった未処理例外を捕捉して一括処理する 機能が備わっている
- 一般に、未処理例外に対しては、例外の情報を適切に記録・表示しつつ、アプリを穏やかに終了さ せることが求められる。すなわち、未処理例外が発生したあとも業務処理を無理やり継続させるよう なことをしてはならない
- 開発時にはdetailedErrorsの設定を有効化することで、ブラウザ側の開発者ツールに例外情報を 伝搬させることができる
- 運用時には、CSSをうまく使ってユーザーのそれ以上の画面操作を抑止しつつ、ユーザーにアプリの リロードを促すようにする
- 開発時・運用時、いずれの場合も、例外情報を適切に保存するようにする。カスタムロガーを作っ て差し込んでおくとよい
- ErrorBoundaryは原則として利用しない

まとめ

本章では、Blazor Serverのスタートアップやロギングなどの処理をどのように実行しているのか、どのように設定ができるかといった点を紹介しました。ここまで紹介してきたように、多くの項目について、開発時と運用時で異なる考え方や設定が必要になります。要点を整理すると、以下のようになります。

- **スタートアップ処理**
  - Program.csファイル内で、DIコンテナへのサービス登録とASP.NET Coreミドルウェアの登録を行なう
- **DIコンテナへのサービスの登録**
  - ロギングや構成設定、画面遷移などの基本的なDIサービスは既定でセットアップされているが、DBアクセスやWeb APIに関わるDIサービスは適宜自力でセットアップする必要がある
- **ASP.NET Coreミドルウェアの登録**
  - Blazor ServerはHTTPパイプライン上で動作しておらず、そこから別途セットアップされたSignalR回線上で動作している
- **構成設定**
  - 環境によって変えるべき設定は、構成設定ファイルappsettings.jsonに切り出しておく
  - 開発環境ではユーザーシークレット、運用環境では環境変数を利用して構成設定値のオーバーライドを行なう
- **ロギング**
  - 各ページでは、ILogger<T>をinjectしてもらい、.LogXXX()メソッドでログを出力する
  - 構成設定を用いて、適切にフィルタリングしてログを出力する
- **集約例外ハンドラ**
  - 開発時にはdetailedErrors設定によりブラウザ側へ例外情報を伝搬させる
  - 運用時にはCSSスタイルシートを用いてユーザー操作を抑止しつつアプリのリロードを促す
  - どちらの場合も、カスタムロガーを用いて未処理例外の情報をファイルに保存しておくことが望ましい

Part 2 Blazor Server によるアプリ開発

第**6**章

Entity Framework Core に よるデータアクセスの基礎

本章では、Entity Framework Core と LINQ を使用して、データ
ベースのデータの読み書きを行なう方法について解説します。

本書では、Entity Framework Core（EF Core）とLINQを使用して、データベースへのデータの読み書きを行ないます。この章で基本的なデータの読み書きの方法を学びましょう。

Entity Frameworkの概要

6.1.1 Entity Frameworkとは何か

Entity Framework（**EF**）は、マイクロソフトのオブジェクト／リレーショナルマッピング（O/Rマッピング）ベースのデータアクセス技術です。2008年にリリースされたのち、OSSとしてコミュニティとともに成長し、現在でもGitHub上で活発な開発が行なわれています。

この長い年月の間、EFはたびたび多くの修正が行なわれてきました（**図6.1**）。特に、.NET Core対応を実施したEF Coreでは、非常に大きな修正が行なわれています。Windowsのみでなく、Linuxを含む多くの環境で動作するようになりました。現在では非常に扱いやすいフレームワークとして、.NETアプリでのデータアクセスに利用されています。

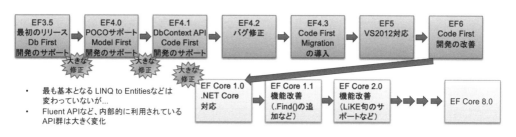

図6.1　Entity Frameworkの修正の歴史

6.1.2 O/Rマッピング

O/Rマッピングとは、オブジェクト指向プログラミング言語とリレーショナルデータベース管理システム（RDBMS）の間のデータ変換を行なう技術です。O/Rマッピングを使用することで、RDBMSに対するクエリを抽象化した形で記述することができます。言い換えると、EFで書かれたクエリを実行すれば、使用するRDBMSによらず、同じ結果が得られることになります。

6.1.3 LINQ

Language Integrated Query（**LINQ**）はC#やVBに言語統合されたクエリ言語で、2007年にC#3.0に導入された機能です。RDBMSだけでなく、オブジェクトコレクション、XMLなどの様々なデー

タ集合に対して、同一の文法でクエリを記述することができます。EF と LINQ を併用すると、埋め込みクエリの形式でデータアクセスを記述できます[※1]。

　本書では、業務アプリ開発に必要な最低限の EF と LINQ の知識について解説します。

6.2　サンプルデータベースの準備

6.2.1　サンプルデータベースの概要

　本書では、SQL Server のサンプルデータベースの1つである pubs データベースを利用して解説します。このデータベースは本の出版社を想定したもので、著者、売上、販売店舗などの情報がデータに含まれています（**図6.2**）。

図6.2　サンプルデータベースのダイアグラム

※1　EF と組み合わせて使用する LINQ は、他の LINQ と区別するために、当初、LINQ to Entities と呼ばれていました。しかし LINQ が一般化した現在では、この用語は使われなくなりました。

6

Entity Framework Core によるデータアクセスの基礎

🏢 6.2.2 サンプルデータベースの準備

本書の付録01に、サンプルデータベースの構成方法を掲載しています。本書のコードサンプルを実機で試してみたい場合には、付録01を参考に、データベースを準備してください。

🏢 6.2.3 接続文字列の記述方法

データベースへの接続に使用する、接続文字列の記述方法について説明します。**接続文字列**とは、主に接続先のデータベースのFQDN、ユーザー名、パスワード、データベース名を含む文字列です。プロパティと値をイコール（=）で関連付け、セミコロン（;）で区切ります。

接続文字列の例は、**リスト6.1**の通りです。

リスト6.1　接続文字列の例

接続文字列

```
Server=tcp:<ServerNameOrIPAddr>,1433;Initial Catalog=pubs;Persist Security Info=False;User
ID=<UserID>; Password=<Password>; Encrypt=True; TrustServerCertificate=False; Connection Timeout=30;
```

接続文字列は今後も使いますので、どこかにメモしておいてください。本書でサンプルデータベースを使用するにあたっては、この接続文字列があれば十分ですが、参考までにそれぞれのプロパティの設定内容について説明します。

● **Server=tcp:<ServerNameOrIPAddr>,1433;**
SQL Serverのインスタンスに接続するための情報を提供します。<ServerNameOrIPAddr>はサーバーの名前（ドメイン名）かIPアドレスに置き換えます。1433はデフォルトのSQL Serverのポート番号です。サーバーが異なるポート番号を使用している場合は適宜変更する必要があります。

● **Initial Catalog=pubs;**
デフォルトのデータベース名を指定します。この場合、pubsという名前のデータベースに接続します。

● **Persist Security Info=False;**
セキュリティ情報を永続化するかどうかを指定します。Falseに設定すると、パスワード情報はメモリ上に一時的に保存され、接続が確立されるとすぐに破棄されます。セキュリティ上、Falseにすることを推奨します。

● **User ID=<UserID>; Password=<Password>;**
データベースへの接続に使用する認証情報です。<UserID>と<Password>は適切なユーザー名とパスワードに置き換えます。

● **Encrypt=True;**
接続を暗号化するかどうかを指定します。Trueに設定すると、クライアントとサーバー間のデータの送受信は暗号化されます。

- **TrustServerCertificate=False;**

  クライアントがサーバー証明書を無条件に信頼するかどうかを指定します。アクセスするサーバー情報を適切なFQDN名（たとえば mysqldb.database.windows.net など）で指定している場合には問題は発生しませんが、IPアドレスで指定した場合や短縮サーバー名で指定した場合などは、証明書に記載のサーバー名と一致しないため、クライアント側でサーバーとの接続を拒否するようになっています。このような場合にはこの設定を True にして強制的に接続させることができます。

- **Connection Timeout=30;**

  データベースへの接続確立を試行する際に、待機する時間（秒数）を指定します。30を設定する場合、30秒間待機します。

  また、今回は設定していませんが、次のプロパティもよく使用しますので、あわせて説明します。

- **ConnectRetryCount=3;**

  データベースへの接続確立が失敗した際に行なう、接続リトライの試行回数を設定します。

- **ConnectRetryInterval=30;**

  データベースへの接続確立が失敗した際に行なう、接続リトライの試行間隔を設定します。30を設定する場合、次のリトライまで30秒間待機します。

- **Language=Japanese;**

  接続時に使用する言語を設定します。日付のフォーマットやエラーメッセージが変更されます。

6.3 データモデルの作成方法

EF CoreとLINQを利用してデータアクセスを行なうためには、まずアプリ内でデータモデルを作成する必要があります。これには次の2つの方法があります。

- **スキャフォールディング**：データベースの既存のスキーマから自動的にコードを生成する方法。既存のデータベースを使用してアプリを開発する場合に便利で、比較的短時間で実装できる
- **コードファースト**：最初にプログラムのクラスをコードで記述し、これをリレーショナルデータベースのテーブルとカラムにマッピングする方法。データベースの設計をコードで管理し、EFのマイグレーション機能を使って、データベースのスキーマを逐次変更できる

どちらもデータベースとコード間のマッピングを容易に行なうための仕組みです。また、スキャフォールディングでコードを作成して、それを修正する形でも開発することができます。

コードをスキャフォールディングで作成したあとに修正するよくあるシナリオとして、既存のデータベースのテーブル名、列名の命名が不適切である状況が挙げられます。不適切な命名のままでC#側の開発を進めると、コードの可読性を下げることになります。この問題を解決するために、データベースとC#とで異なる名前を利用できるよう、コードを修正することができます。

🏢 6.3.1 スキャフォールディング

スキャフォールディングでは、データベースの情報をもとにしてマッピングを作成します。

まずは、簡単なコンソールアプリを作成し、スキャフォールディングでマッピングを行なってみます。

1 Visual Studioを起動し、表示される「新しいプロジェクトの作成」からコンソールアプリを作成します。プロジェクト名、場所、ソリューション名などは任意の設定でかまいません。本書では既定値（ConsoleApp1）のまま、プロジェクトを作成します。

2 Visual Studioの画面左側にある、サーバーエクスプローラーにある［データ接続］を右クリックして［接続の追加］（図6.3）を選択します。なお、サーバーエクスプローラーが表示されていない場合には、［表示］→［サーバーエクスプローラー］を選択します。

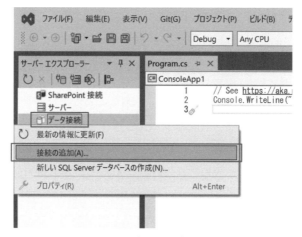

図6.3　サーバーエクスプローラー

3 「接続の追加」画面（図6.4）で、以下を設定します。
- データソースとして、「Microsoft SQL Server（SqlClient）」を選択する
- サーバー名に、サーバーのIPアドレス、またはサーバー名（ドメイン名）を入力する
- 認証を「SQL Server認証」に変更、ユーザー名とパスワードを入力する。また、［パスワードを保存する］をチェック（有効に）する
- 「データベース名の選択または入力」に「pubs」を入力する

- サーバーの証明書を無条件に信頼するには、［サーバー証明書を信頼する］をチェックする。なお、チェックする場合、証明書の検証をしなくなる。セキュリティリスクとなるため、本番環境では認証局によって発行された証明書を使用し、設定を無効にした状態で運用する

この設定は一例であり、サンプルデータベースの構成方法によって異なるため、各環境に合わせて設定してください。

図6.4　接続の追加

4 ［テスト接続］をクリックして、「テスト接続に成功しました。」と表示されれば、［OK］を2回クリックして、「接続の追加」画面を閉じます。

GUIで実施する場合

1 プロジェクトを右クリックして［NuGetパッケージの管理］（図6.5）を選択し、［参照］タブ（図6.6）で以下のパッケージをインストールします。

Ⓐ Microsoft.EntityFrameworkCore.Design
Ⓑ Microsoft.EntityFrameworkCore.SqlServer

図6.5 ソリューションエクスプローラー（[NuGet パッケージの管理] を選択）

図6.6 NuGet パッケージマネージャー（[参照] タブ）

2 [拡張機能] → [拡張機能の管理] から、「EF Core Power Tools」を検索し（図6.7）、[ダウンロード] をクリックしてインストールします。インストールを完了するには、Visual Studio を再起動する必要があります。

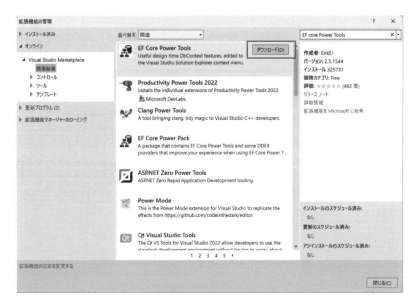

図6.7　拡張機能の管理

3 プロジェクトを右クリックして ［EF Core Power Tools］ → ［Reverse Engineer］（**図6.8**）
を選択します。

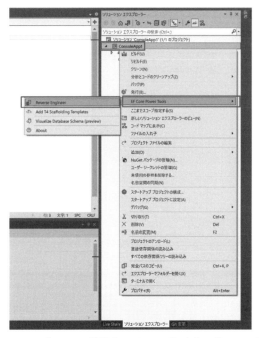

図6.8　ソリューションエクスプローラー（［EF Core Power Tools］→［Reverse Engineer]を選択）

4 「Choose Your Data Connection」画面（図6.9）で先ほどサーバーエクスプローラーから
追加したデータベースを選択し、[OK]をクリックします。

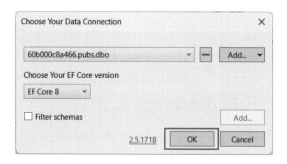

図6.9　Choose Your Data Connection

5 「Choose Your Database Objects」画面（図6.10）で［Tables］をチェックし、[OK]を
クリックします。

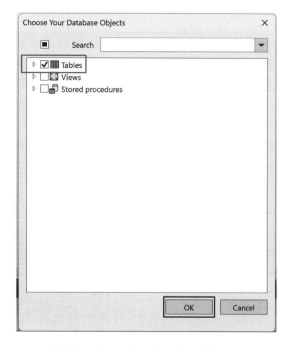

図6.10　Choose Your Database Objects

6 「Choose Your Settings for Project ＜Project名＞」画面（図6.11）が表示されます。ス
キャフォールディング時の細かい設定変更ができます。今回は、そのまま［OK］をクリックし
て閉じます。

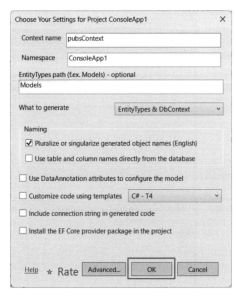

図6.11　Choose Your Settings for Project ConsoleApp1

7 Modelsフォルダ内に、スキャフォールディングで作成したマッピングが作成されます（図
6.12）。

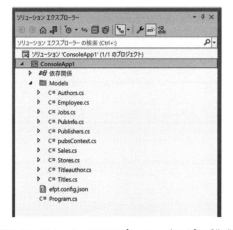

図6.12　ソリューションエクスプローラー（マッピング作成後）

CUIで実施する場合

1 プロジェクトを右クリックして［ターミナルで開く］を選択し（図6.13）、開発者用PowerShell
を開きます。

図6.13　ソリューションエクスプローラー（［ターミナルで開く］を選択）

2 リスト6.2を実行し、必要なパッケージをインストールします（図6.14）。

リスト6.2　パッケージのインストール

PowerShell

```
dotnet tool install --global dotnet-ef
dotnet add package Microsoft.EntityFrameworkCore.Design
dotnet add package Microsoft.EntityFrameworkCore.SqlServer
```

図6.14　開発者用PowerShell（パッケージのインストール）

3　リスト6.3を実行し、データベースのスキーマからマッピングを作成します。
`<ConnectionString>`は、前節で作成した接続文字列に置き換えます。

リスト6.3　データベースのスキーマからマッピングを作成

```PowerShell
dotnet ef dbcontext scaffold "<ConnectionString>" Microsoft.EntityFrameworkCore.SqlServer -c PubsContext -o Models
```

自己署名証明書を使用しており、端末がその証明書を信頼していない場合、この操作で**リスト6.4**のエラーが表示されます。エラーを解消するには、証明書を端末の証明書ストアに追加するか、接続文字列の`TrustServerCertificate`を`True`に変更します。

リスト6.4　端末が証明書を信頼していない場合に表示されるエラー

```PowerShell
A connection was successfully established with the server, but then an error occurred during the login process.
(provider: SSL Provider, error: 0 - 信頼されていない機関によって証明書チェーンが発行されました。)
```

`TrustServerCertificate`を`True`にすると、証明書の検証を行なわなくなります。セキュリティリスクとなるため、本番環境では認証局によって発行された証明書を使用し、`TrustServerCertificate`を`False`にした状態で運用します。

4　`Models`フォルダ内に、スキャフォールディングで作成したマッピングが作成されます。

以上の手順で、データベースのスキーマからEF Core用のクラスが作成されます。この手順により、大まかには以下のクラスが作成されます（**図6.15**）。

- 各テーブル（およびビュー）のデータを読み込むためのエンティティクラス
- DB接続とデータベース操作を制御するための`DbContext`クラス

テーブル名が英語の場合、クラス名はC#の命名規則に合わせて自動的に変換されます。

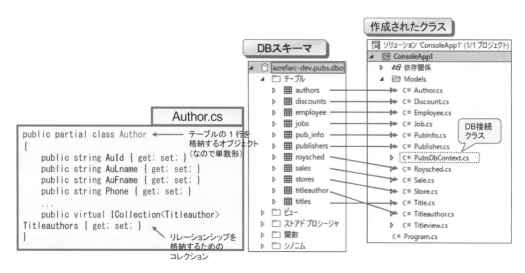

図6.15　スキャフォールディングによるマッピング結果

6.3.2　コードファースト

スキャフォールディングは簡単で便利な方法ですが、高度なO/Rマッピングには適していません。特に、エンティティのプロパティに対して詳細な設定や制約を付与したい場合、**コードファースト**が適しています。

コードファーストにおけるマッピングの指定方法は大きく2つあります。

①**アノテーション**：データアノテーションを利用する方法では、クラスやプロパティに対して、属性を指定することでマッピングを定義します（**リスト6.5**）。この方法は非常に直感的です。たとえば、プロパティに[Required]アノテーションを追加することで、該当するカラムがNOT NULL制約を持つことを表わします。

②**Fluent API**：Fluent API利用する方法では、コード内でチェーンされたメソッド呼び出しを使用して、より詳細かつ複雑なマッピングを指定することができます（**リスト6.6**）。OnModelCreating()メソッド内でModelBuilderオブジェクトを使って設定します。

アノテーションは簡潔で直感的な記述が可能ですが、Fluent APIに比べて機能が限定されています。複雑なリレーションシップやカスタムマッピングの場合、Fluent APIを使用することでより高度な設定が可能です。また、Fluent APIは、マッピング設定をエンティティクラスから分離し、より構造化された方法で設定を管理するのに適しています。

実際には、これら2つの方法は相互補完的であり、アノテーションを基本としながら、Fluent APIで詳細な設定を加えるという方法が一般的です。

リスト6.5　コードファーストでマッピングする例

```csharp
[Table("authors")]
public class Author
{
    [Column("au_id"), Required, MaxLength(11), Key]
    public string AuthorId { get; set; }

    [Column("au_fname"), Required, MaxLength(20)]
    public string AuthorFirstName { get; set; }

    [Column("au_lname"), Required, MaxLength(40)]
    public string AuthorLastName { get; set; }

    [Column("phone"), Required, MaxLength(12)]
    public string Phone { get; set; }
    …
}
```

アノテーションにより
マッピングを指定

C#

DB名 + "DbContext"またはDB名 +
"Entities"という名前を付けることが多い

```csharp
public class PubsDbContext : DbContext
{
    public DbSet<Author> Authors { get; set; }
    public DbSet<Title> Titles { get; set; }

    protected override void
        OnConfiguring(DbContextOptionsBuilder options)
    {
        options.UseSqlServer(@"接続文字列を記述する");
    }

    protected override void
        OnModelCreating(ModelBuilder modelBuilder)
    {
        // Fluent API を記述
    }
}
```

テーブル群を
指定

接続文字列情報

追加のマッピング
情報を記述

C#

リスト6.6　Fluent APIを使ってマッピングする例

```csharp
public partial class PubsDbContext : DbContext
{
    …
    protected override void OnModelCreating(ModelBuilder modelBuilder)
    {
        // 複合 PK の指定
        modelBuilder.Entity<Sale>().Key(s => new { s.StoreId, s.OrderNumber, s.TitleId });
        // リレーションシップ ※ 命名規約からずれているなど手作業で指定する必要がある場合
        modelBuilder.Entity<Sale>().HasOne(s => s.Title).WithMany(t => t.Sales).IsRequired();
        modelBuilder.Entity<Sale>().HasOne(s => s.Store).WithMany(s => s.Sales).IsRequired();
        modelBuilder.Entity<Publisher>().HasMany(p => p.Titles).WithOne(t => t.Publisher).IsRequired();
        modelBuilder.Entity<Author>().HasMany(a => a.TitleAuthors).WithOne(ta => ta.Author).IsRequired();
        modelBuilder.Entity<Title>().HasMany(t => t.TitleAuthors).WithOne(ta => ta.Title).IsRequired();
    }
}
```

OnModelCreatingメソッド内で
Fluent APIを使って特殊なマッピングを指定する

アプリケーションコードによって
特殊なマッピングを指定する
（Fluent APIと呼ばれる）

C#

アノテーションでは、表6.1に示すものよく使われます。

表6.1　主なアノテーション

属性	意味	無指定の場合（暗黙マッピング）	備考
[Table("authors")] ※ クラスに対して付与	対応テーブル名	クラス名 + "s"	同一 PK を持つ複数のクラスに同一の [Table("name")] を指定すると、1つのテーブルにマージされて保存される
[Required]	NULL不可	参照型 → NULL 可 値型 → NULL 不可 Nullable<T> → NULL 可	値型の場合には Nullable<T>で定義されているか否かで決まる
[Key]	プライマリキー	"Id" プロパティまたはクラス名 + "Id" プロパティがマッピングされる	無指定の場合には nvarchar(128)、NOT NULL で自動マッピングされる。 ※複合キーの場合は複数のカラムに [Key] を付与

属性	意味	無指定の場合（暗黙マッピング）	備考
[PrimaryKey(nameof(xxx), nameof(yyy))] ※クラスに対して付与 （EF Core 7.0 以降）	プライマリキー	同上	複合キーをまとめて指定できる
[Column("au_id")]	対応列名	プロパティ名	
[Column(TypeName="xxx")]	対応データ型	既定のマッピングが利用される (string → nvarchar(max)、 byte[] → varbinary(max)、 bool → bit (NOT NULL))	指定例： [Column(TypeName="image")] public byte[] ImageData;
[MaxLength()] [MinLength()] [StringLength()]	文字の長さ	nvarchar(max) にマップ	MinLength()はDBスキーマには反映されない。 [StringLength(max, min)]が正しい書き方。[MaxLength], [MinLength]は EF 独自の指定なので、ASP.NET Core MVC などでは認識されない
[DatabaseGenerated(DatabaseGeneratedOption.Identity)]	Identity列	なし	
[DatabaseGenerated(DatabaseGeneratedOption.None)]	データベース側での計算列	なし	
[Timestamp]	楽観同時実行制御用列	なし	byte[]にマッピングして使う。 [Timestamp] public byte[] RowVersion {get; set;} Timestamp列以外を使う場合には、[ConcurrencyCheck] アノテーションを利用
[NotMapped]	DB にマップしない	なし	getter または setter しか持たないプロパティはマップされない。 setter、getter 両方を持つもので DB にマップしたくない場合にこの属性を利用する
[ForeignKey("xxx")]	外部キー	以下のいずれかに合致するものを探してマップ。なければ作る。 1 側テーブルの PK 列名 1 側テーブルの型名 + PK 列名 多→1へのナビゲーションプロパティ名＋1側のPK列名	既定の名称は 1 側テーブルの型名 + PK 列名

　サンプルデータベースに対するO/Rマッピングをコードファーストで記述したサンプルコード、およびコンソールアプリのサンプルは、本書情報サイト（p.v）からダウンロードできます。このサンプルコードでは、C#の命名規則に従うよう、カラム名のマッピングを行なっています。このコンソールアプリのサンプルを実際に使用するには、Pubs.cs内のoptions.UseSqlServer(@"<ConnectionString>");のうち、<ConnectionString>を前節で作成した接続文字列に置き換える必要があります。

基本的なデータ参照の書き方

6.4.1　データ参照方法

ここまでで、データベースとコードの間のマッピングが完了しました。続けて、データベースのデータをコードから読み出してみましょう。

> **MEMO**　**本書サンプルコードのカラム名マッピングについて**
>
> この 6.4 節以降の内容は、コードファーストで作成したモデルを使用して説明します。スキャフォールディングで作成したモデルを使用する場合は、**図6.15**に示したようなカラム名マッピングが行なわれていないため、本節以降のサンプルコードがそのまま使えません。マッピングを追加するか、カラム名を読み替えて実装するようにしてください。

LINQクエリは、複数の行データを含んでいるテーブルを、オブジェクト（1オブジェクト＝1行）のコレクションとみなし、それに対してforeach処理を行なう、というコンセプトで記述します（詳細は後述します）。まずは、基本的なデータ参照の書き方について、サンプルコードを用いて紹介します（**リスト6.7**）。

リスト6.7　基本的なデータ参照の書き方サンプルコード

```csharp
using (PubsDbContext pubs = new PubsDbContext())   ←　①EFを利用する空間を作成
{                                                        （この中でのみ LINQ to Entities が使える）
    // n 件データ取得
    var query1 = from a in pubs.Authors where a.State == "CA" select a;   ←　②クエリを定義（LINQクエリと呼ばれる）
    List<Author> result1 = query1.ToList(); // クエリを実行し、結果を List コレクションで取得
                                                         ③取得件数に合わせて
    // 1 件データ取得                                        クエリを実行
    var query2 = from a in pubs.Authors where a.AuthorId == "172-32-1176" select a;
    Author result2 = query2.FirstOrDefault(); // クエリを実行し、結果を POCO オブジェクトで取得

    // 結果表示
    foreach (Author a in result1) Console.WriteLine("{0}: {1} {2}",
                                    a.AuthorId, a.AuthorFirstName, a.AuthorLastName);
    Console.WriteLine("{0}: {1} {2}", result2.AuthorId, result2.AuthorFirstName, result2.AuthorLastName);
}
```

このサンプルコードの各行は、以下の操作を実施しています。

①usingブロックを使用して、**PubsDbContext**クラスのインスタンスを生成している。このクラスは、アプリとデータベースとの間のセッションを表わし、RDBMSとデータをやり取りするための**空間**を提供する

②`var query = from .. in .. where .. select ..;`でLINQクエリを定義する。これはデータコレクション（テーブル）からデータを抽出するためのクエリである

- `from ..`：データコレクションから受け取ったデータの1行分を格納するための変数を指定する[2]
- `in ...`：クエリ対象のデータコレクションを指定する
- `where ...`：データを抽出する条件を指定する
- `select ...`：データコレクションから取り出した各オブジェクト（`from`で指定したデータ変数）に対する変形加工方法を指定する。何もしないで取り出すのであればそのままデータ変数を、変形加工するのであればそのための式を指定する

③`ToList()`（複数件のデータを取り出す場合）または`FirstOrDefault()`（1件のデータを取り出す場合）を使ってクエリを実行する。ここで初めて、実際にデータベースへのアクセスが行なわれる

このコード全体を通して、データベースに対して以下の操作が行なわれます（**図6.16**）。

①LINQクエリは、EF Core用LINQプロバイダーと、SQL Server用EF Core DBプロバイダーによって評価され、データベースが理解できるSQLクエリ（T-SQL）に変換される。このプロセスは自動的に行なわれる

②T-SQLクエリがデータベースに対して実行されたあと、結果セットとして返されるデータは、エンティティオブジェクト[3]のコレクションにマッピングされる。これにより、データがアプリ内で利用できるようになる

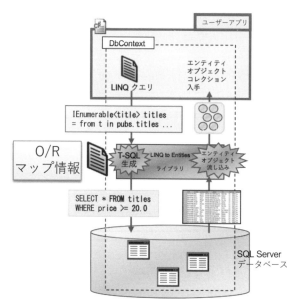

図6.16 LINQクエリ実行時のデータベースへのアクセスイメージ

※ 2　各行の値がこの変数にコピーされて foreach で処理される、と考えるとわかりやすいでしょう。
※ 3　データを保持するだけの構造体のようなクラスのことで、POCO（Plain Old CLR Object）とも言います。

上記の処理について、以降でもう少し詳しく説明していきましょう。

6.4.2 実行イメージ

LINQクエリを使ってデータを取り扱う際には、データベース上のデータをエンティティオブジェクトのコレクションであると想定して処理を行ないます。つまり、データベースのテーブルを、C#のオブジェクトの集まりとして扱っているわけです（**図6.17**）。

LINQクエリを使用することで、これらのエンティティオブジェクトに対して、効率的に抽出処理や変換処理を行なうことができます。

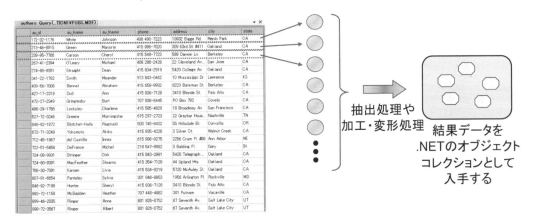

抽出処理や
加工・変形処理

結果データを
.NETのオブジェクト
コレクションとして
入手する

図6.17　LINQクエリの実行イメージ

6.4.3 変形・加工処理（射影処理）

EFとLINQを使ってデータを取得する際、データの形式を加工したり、限定したりすることがよくあります。select処理を使用することで、取得したエンティティオブジェクトを加工し、別のエンティティオブジェクトにコピーすることができます。

図6.18は、射影処理の概念的なイメージを示しています。射影とは、あるデータから（影を映すように）別のデータを作るという意味です。これにより、データベース上のデータから、変形加工された別のデータを作り出します。

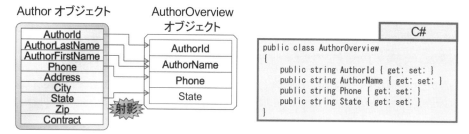

図6.18　射影処理のイメージ

　リスト6.8は、図6.19に示すような射影処理を行なう具体例です。この例では、where句を使って Stateが CAである行をフィルタリングし、select句で AuthorId、AuthorName、Phoneおよび State列を含む新しいオブジェクトを作成しています。また、AuthorNameとして、AuthorFirstNameと AuthorLastNameをスペースで結合した、新しいプロパティを作成しています。

リスト6.8　射影処理の実装例

```
using (PubsDbContext pubs = new PubsDbContext())
{
    var query = from a in pubs.Authors
                where a.State == "CA"
                select new AuthorOverview() {
                    AuthorId = a.AuthorId,
                    AuthorName = a.AuthorFirstName + " " + a.AuthorLastName,
                    Phone = a.Phone, State = a.State
                };
    List<AuthorOverview> result1 = query.ToList(); // クエリを実行し、結果を List コレクションで取得

    // 結果表示
    foreach (AuthorOverview a in result1)
                    Console.WriteLine("{0}: {1} {2}", a.AuthorId, a.AuthorName, a.State);
}
```

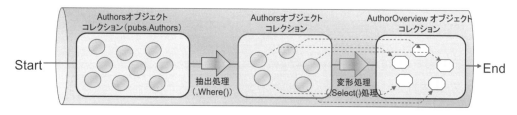

図6.19　抽出・変形処理のイメージ

　このように、where句と select句を組み合わせることで、新しいエンティティオブジェクトのコレクションを容易に作成することができます。

　ここで重要なのは、where句や select句が内部的にどのように実行されるのかです。これらの句を使って書いた LINQクエリは内部的に最適化動作が行なわれ、データベースから必要な列・行のみを取得するように SQL文を組み立てて実行されます。DB上のすべてのデータを取得してから C#のコード

としての抽出・変形処理が動作するのではなく、これらが**SQL文に変換されて実行される**、というのがポイントです。特に大量のデータを扱う場合やネットワーク越しにデータを取得する場合に、パフォーマンスの低下を防ぐことができます。

6.4.4 LINQクエリの記述方法

LINQクエリには、2種類の記述方法があります。

①**埋め込みクエリ方式**（Language Integrated Query）：SQLライクな記述方法
②**拡張メソッド方式**（Extension Methods）：チェーン形式の記述方法

たとえば、**リスト6.9**の2つのクエリは同じ結果を返しますが、異なる構文を使用しています。

リスト6.9　埋め込みクエリ方式／拡張メソッド方式の実装例

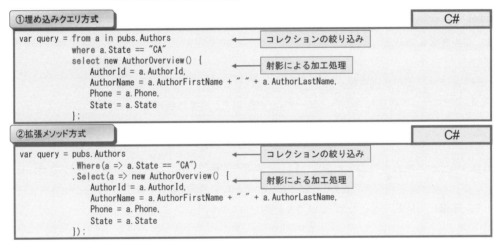

基本的には、**拡張メソッド方式で記述することを推奨**します。これには以下の理由があります。

① **パイプライン的な表現**：LINQは**オブジェクトコレクションに対するパイプライン的処理を記述する**というコンセプトで設計されており、拡張メソッド方式はそのコンセプトをそのまま記述するものになっている。一方、埋め込みクエリ方式はRDBMSのSQLクエリに似せた記述を可能にするものだが、RDBMSのSQL文とはSELECT、FROM、WHEREなどの並び順が異なる。これは、もともとRDBMSのSQL文が「テーブルに対して一括で処理をする」というセット指向の処理言語として開発された経緯があり、C#などのように「事前に変数や型を宣言してから処理を書く」という概念で作られたものではないため。埋め込みクエリ方式は、そうしたギャップを埋めるための折衷案として作られたが、内部的にはコンパイル時に拡張メソッド方式に変換されて処理されている。こうした背景から、LINQ処理として考えた場合には、拡張メソッド方式で記述したほうが素直に記述できる

② **全機能の利用**：たとえば、埋め込みクエリ方式では Count() や Average() といった処理を記述することができないが、拡張メソッド方式を使用すると LINQ の全機能を活用することができる。また、複雑な処理は、拡張メソッド方式で記述したほうが直感的でわかりやすいことが多い

③ **可読性**：拡張メソッド方式は、パイプラインとしての処理の流れを上から下へと直感的に読むことができ、特に複雑なクエリの場合、可読性が高まる

　拡張メソッド方式で表現される**パイプライン処理**の考え方は、次に述べるリレーションシップが関わるデータ取得処理において本領を発揮します。引き続き、リレーションシップの手繰り方について説明します。

🏢 6.4.5　リレーションシップの手繰り方

　EF Core は、多対1や1対多のリレーションシップを自在に操作することができます。この機能を活用すると、データの関連性を保持しながら、複雑なクエリを簡潔に表現することが可能です。

　例として、店舗ごとの売上集計を行なうケースを考えます。この例では、以下の3つのテーブルを取り扱います（**図6.20**）。

- stores テーブル：店舗情報
- sales テーブル：各店舗での売上データ（どの店舗でどの書籍が何冊売れたか）
- titles テーブル：各書籍のデータ（書籍の価格データなど）

　これらのテーブルの各行のデータは、EF Core では3種類のオブジェクトにマッピングされ、そのリレーションシップはプロパティにより手繰ることができます。EF Core ではこのリレーションシップを手繰って、簡単に集計処理を行なうことができます。

stor_id	stor_name	totalSale
6380	Eric the Read Books	132.8000
7066	Barnum's	1821.2500
7067	News & Brews	1486.3000
7131	Doc-U-Mat	1400.1500
7896	Fricative Bookshop	604.4000
8042	Bookbeat	1232.0000

集計処理

図6.20　集計処理の例

　従来のSQL文のような考え方をする場合には、**図6.21**のように JOIN を繰り返すことによって集計データを取得します。

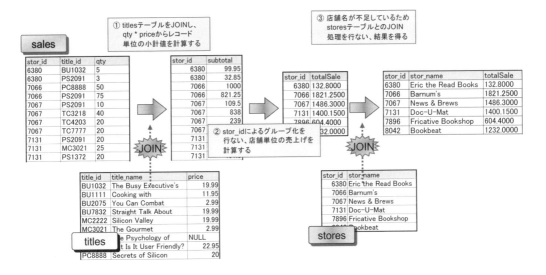

① titlesテーブルをJOINし、
qty * priceからレコード
単位の小計値を計算する

③ 店舗名が不足しているため
storesテーブルとのJOIN
処理を行ない、結果を得る

② stor_idによるグループ化を
行ない、店舗単位の売上げを
計算する

sales

stor_id	title_id	qty
6380	BU1032	5
6380	PS2091	3
7066	PC8888	50
7066	PS2091	75
7067	PS2091	10
7067	TC3218	40
7067	TC4203	20
7067	TC7777	20
7131	PS2091	20
7131	MC3021	25
7131	PS1372	20

JOIN

stor_id	subtotal
6380	99.95
6380	32.85
7066	1000
7066	821.25
7067	109.5
7067	838
7067	239
7067	
7131	
7131	
7131	

stor_id	totalSale
6380	132.8000
7066	1821.2500
7067	1486.3000
7131	1400.1500
7896	604.4000
	32.0000

JOIN

stor_id	stor_name	totalSale
6380	Eric the Read Books	132.8000
7066	Barnum's	1821.2500
7067	News & Brews	1486.3000
7131	Doc-U-Mat	1400.1500
7896	Fricative Bookshop	604.4000
8042	Bookbeat	1232.0000

titles

title_id	title_name	price
BU1032	The Busy Executive's	19.99
BU1111	Cooking with	11.95
BU2075	You Can Combat	2.99
BU7832	Straight Talk About	19.99
MC2222	Silicon Valley	19.99
MC3021	The Gourmet	2.99
	e Psychology of	NULL
	t Is It User Friendly?	22.95
PC8888	Secrets of Silicon	20

stores

stor_id	stor_name
6380	Eric the Read Books
7066	Barnum's
7067	News & Brews
7131	Doc-U-Mat
7896	Fricative Bookshop
	ookbeat

図6.21　JOINを繰り返し、集計データを取得する例

EF Coreでは、**図6.20**のようにプロパティを利用することで、JOINを明示的に記述することなく、関連するデータにアクセスして集計を行なうことができます。ポイントは、**最終的に作成するのは店舗に関する一覧データ**であり、**店舗に関連する売上情報や書籍価格の情報は、プロパティを使って手繰ることができる**という考え方です（**図6.22**）。この考え方を使うと、**リスト6.10**に示すように、Storesコレクション内の各Storeデータに対して、変形加工処理（select処理）としての集計処理を書くことで、容易に店舗別売上を算出することができます（**図6.23**）。

　拡張メソッド方式で書かれたこのLINQクエリは、最終的にはJOIN処理に変換されて実行されるため、SQL文でJOIN処理を頑張って記述した場合に比べて性能的なメリットがあるわけではありません。しかし業務の観点で何をやっているのかが一目瞭然のため、保守性の高いコードの作成が可能になります。

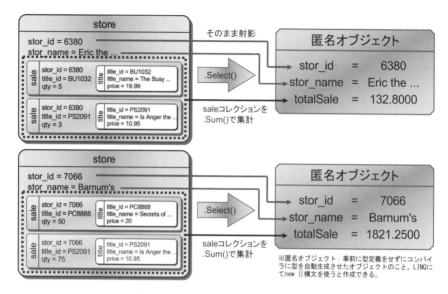

図6.22　LINQクエリで集計データを取得する例

リスト6.10　LINQクエリで集計データを取得する実装例

```C#
using (PubsDbContext pubs = new PubsDbContext())
{
    var query = pubs.Stores.Select(st => new
    {
        st.StoreId,
        st.StoreName,
        TotalSales = st.Sales.Sum(sl => sl.Title.Price * sl.Quantity)
    });
    foreach (var s in query.ToList()) Console.WriteLine(s);
}
```

```
C:\WINDOWS\system32\cmd.exe                                          —   □   ×
{ StoreId = 6380, StoreName = Eric the Read Books, TotalSales = 132.8000 }
{ StoreId = 7066, StoreName = Barnum's, TotalSales = 1821.2500 }
{ StoreId = 7067, StoreName = News & Brews, TotalSales = 1486.3000 }
{ StoreId = 7131, StoreName = Doc-U-Mat: Quality Laundry and Books, TotalSales = 1400.1500 }
{ StoreId = 7896, StoreName = Fricative Bookshop, TotalSales = 604.4000 }
{ StoreId = 8042, StoreName = Bookbeat, TotalSales = 1232.0000 }
続行するには何かキーを押してください . . .
```

図6.23　LINQクエリで集計データを取得する実装例の実行結果

このように、リレーションシップ経由でデータを手繰る機能は、直感的かつ保守性の高いコードを書くうえで極めて強力な武器となります。ただし注意点として、この手法ではクエリ実行後にデータを手繰ることはできません。LINQクエリはToList()が実行されたタイミングで評価・実行され、メモリにデータが取り込まれます。たとえば**リスト6.11**の場合、ToList()命令により、titlesテーブルのデータのみがメモリに取り込まれます。他のテーブルのデータは取り込まれていないため、その後のforeach文の中で、publisherテーブルやauthorテーブルの各行の値を参照することはできません。

リスト6.11　クエリに含まれておらず、データを参照できない例

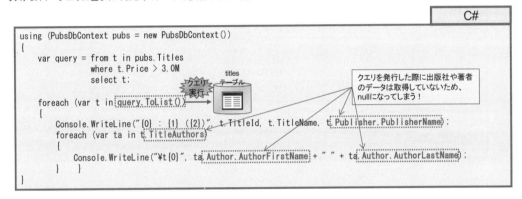

これを回避するために、以下の機能が使用できます。

① **一括読み込み**（Eager Loading）
② **明示的な読み込み**（Explicit Loading）

　一括読み込み機能を使うと、クエリが実行される際に、リレーションシップ先のデータも一緒に読み込むことができます。具体的には`Include()`や`ThenInclude()`メソッドを利用します（**リスト6.12**）。

リスト6.12　一括読み込み機能の実装例

```
C#
using (PubsDbContext pubs = new PubsDbContext()){
    var query = from t in pubs.Titles.Include(t => t.Publisher)
                    .Include(t => t.TitleAuthors).ThenInclude(ta => ta.Author)
                where t.Price > 3.0M
                select t;
    foreach (var t in query.ToList())
    {
        Console.WriteLine("{0} : {1} ({2})", t.TitleId, t.TitleName, t.Publisher.PublisherName);
        foreach (var ta in t.TitleAuthors){
            Console.WriteLine("\t{0}", ta.Author.AuthorFirstName + " " + ta.Author.AuthorLastName);
        }
    }
}
```
※using Microsoft.EntityFrameworkCore;が必要

一方で、明示的な読み込み機能を使うと、データを取得したあと、必要に応じて関連データを追加して個別に読み込ませることができます。これは**Entry()**メソッドとともに**Reference()**または**Collection()**メソッドを使用して実現します（**リスト6.13**）。Collection()メソッドは、手繰りたいデータがエンティティではなく複数エンティティのコレクションの場合に使用します。

リスト6.13　明示的読み込み機能の実装例

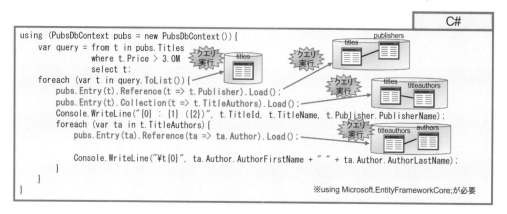

　一括読み込みと明示的な読み込みのどちらを利用すべきかは状況によって変わります。以下のように使い分けるとよいでしょう。

- クエリで取得されるデータ件数が少なく、関連するデータを一括読み込みしてもデータ量が膨大にならない場合は、一括読み込みを利用する
- クエリ実行後に必ず利用することがわかっているリレーションシップがある場合も、一括読み込みを利用する
- 上記のいずれにも当てはまらない場合には、明示的な読み込みを利用する

　データ読み込みの性能は、クエリ発行回数とデータ転送量に左右されます。同じ量のデータを読み取るのであれば、クエリ回数は少ないほうが性能がよく、リレーションシップを読み込むたびにSQLクエリが発行される明示的な読み込みは性能に不利です。しかし、ユーザーの操作に応じてデータを読み込む場合など、あとから必要になるリレーションシップだけを取得する場合には、明示的な読み込みのほうが性能的に有利になる場合もあります。

基本的なデータ更新の書き方

6.5.1 データの更新方法

前節では、データの参照を扱いました。本節では、コードからデータベースを更新する方法について解説します。また、更新時の注意事項についても取り扱います。

EF Coreでは、データベースから取り寄せたエンティティオブジェクトを更新し、これを書き戻すことができます。詳細は後述しますが、書き戻しの際には、他のユーザーによる更新衝突の有無の確認もできるようになっています（これは**楽観同時実行制御**と呼ばれます）。具体的には、他のユーザーがすでにデータを更新していた場合には上書きせず、例外が発生するため、これをtry-catchにより後処理することができます。

リスト6.14は、データ更新の書き方の例です。**SaveChanges()**メソッドを実行することで、データベースへの書き戻しが行なわれます。この際、UPDATEクエリが更新する件数分、発行されます。サンプルコードでは、更新処理をtry-catchで囲んで他のユーザーによる更新衝突を確認していますが、この詳細は本章後半で解説します。

リスト6.14　基本的なデータ更新の書き方例

```
using (PubsDbContext pubs = new PubsDbContext())
{
    var authorsInCA = pubs.Authors.Where(a => a.State == "CA");
    foreach (var a in authorsInCA) a.Contract = !a.Contract;
    try
    {
        pubs.SaveChanges();
    }
    catch (Microsoft.EntityFrameworkCore.DbUpdateConcurrencyException)
    {
        Console.WriteLine("楽観同時実行制御違反発生");
    }
}
```

C#

楽観同時実行制御機能つき
UPDATEクエリ×更新行数

authors

■ 発行されるT-SQLクエリ（※1件ごとに発行される）
UPDATE dbo.authors SET contract = 0 FROM dbo.authors WHERE
(au_lname = 'McBadden') AND (au_fname = 'Heather') AND (phone =
'707 448-4982') AND (address = '301 Putnam') AND (city =
'Vacaville') AND (state = 'CA') AND (zip = '95688') AND (contract = 1)
AND (au_id = '893-72-1158')

データの更新の他、削除、追加も行なうことができます。それぞれの実装例は、**リスト6.15**のようになります。更新（UPDATE）は、取り出したデータをそのまま更新します。削除（DELETE）は**Remove()**メソッドの引数に、削除したいデータを渡します。追加（INSERT）は**Add()**メソッドの引数に、追加したいデータを渡します。その後、SaveChanges()を実行すると、ローカルでため込まれた更新・削除・追加が、まとめてDBに反映されます。

リスト6.15　データの更新・削除・追加をまとめて実行する例

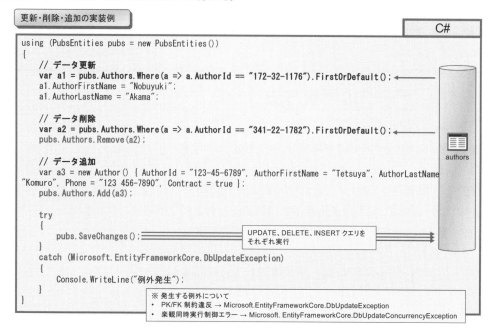

更新・削除・追加の実装例　　　　　　　　　　　　　　　　　　　　　　　　C#

```csharp
using (PubsEntities pubs = new PubsEntities())
{
    // データ更新
    var a1 = pubs.Authors.Where(a => a.AuthorId == "172-32-1176").FirstOrDefault();
    a1.AuthorFirstName = "Nobuyuki";
    a1.AuthorLastName = "Akama";

    // データ削除
    var a2 = pubs.Authors.Where(a => a.AuthorId == "341-22-1782").FirstOrDefault();
    pubs.Authors.Remove(a2);

    // データ追加
    var a3 = new Author() { AuthorId = "123-45-6789", AuthorFirstName = "Tetsuya", AuthorLastName =
"Komuro", Phone = "123 456-7890", Contract = true };
    pubs.Authors.Add(a3);

    try
    {
        pubs.SaveChanges();
    }
    catch (Microsoft.EntityFrameworkCore.DbUpdateException)
    {
        Console.WriteLine("例外発生");
    }
}
```

UPDATE、DELETE、INSERT クエリを
それぞれ実行

authors

※ 発生する例外について
・　PK/FK 制約違反 → Microsoft.EntityFrameworkCore.DbUpdateException
・　楽観同時実行制御エラー → Microsoft.EntityFrameworkCore.DbUpdateConcurrencyException

6.5.2　更新処理の内部動作 （コンテキストオブジェクトによる変更追跡）

　まず、データベースからデータを取得した際、EF Coreのコンテキストオブジェクトは、そのデータの バックアップコピーを保持します（**図6.24**）。これはオリジナルの状態を覚えておくためで、あとで変更 を追跡する際に使用されます。

　SaveChanges()が呼ばれると、コンテキストオブジェクトは保持しているエンティティのバックアップコ ピーと現在の状態を比較します。これにより、どのエンティティが変更されたのかを特定することができ ます。変更が検出されたエンティティについて、EF Coreは適切なSQLクエリ（INSERT、UPDATE、また はDELETE）を作成します。そして、これらのクエリをデータベースに送信して、変更を反映します。

　このように、EF Coreは変更されたオブジェクトについてだけSQL文を発行するため、効率的にデー タを書き戻すことができます。

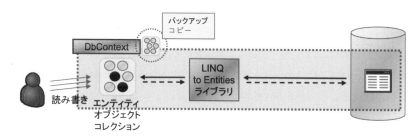

図6.24　データ更新の仕組み

6.5.3　異なるコンテキストへのエンティティのアタッチ

EF Coreによるデータ書き戻しは、読み出しと書き戻しが同一のコンテキスト内で行なわれることを想定しています。しかし、時として別のコンテキストを利用しなければならない場合があり、その際はエンティティの**アタッチ処理**が必要になります。これは特に、対話型のWebアプリでよく発生します。**図6.25**と**図6.26**を見てください。

図6.25　対話型Webアプリの画面例

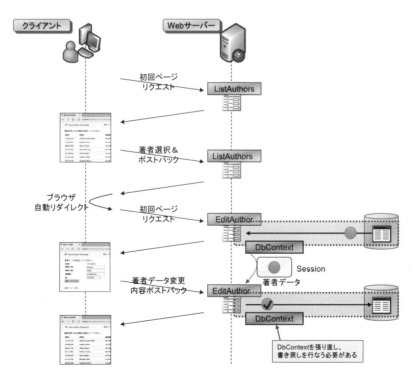

図6.26　対話型Webアプリのデータ取得・更新例

一般的なWebアプリでは、サーバーへの通信ごとにページインスタンスを作成・動作させることが多く、またBlazorアプリでも、データの読み取りから書き込みまでの間にユーザー操作を挟む場合には、コンテキスト（＝DB接続）をいったん閉じなければならない場合がよくあります。そのような場合には、データ取得時とデータ更新時とで、異なるコンテキストを利用しなければなりません。しかし、コンテキストを新規生成すると、エンティティオブジェクトの状態が追跡できなくなってしまうため、SaveChanges()メソッドを発行しても、INSERT／UPDATE／DELETEいずれの処理を行なうべきかが判定できません。そのため、手作業で、コンテキストオブジェクトに対して、エンティティオブジェクトの状態を教える必要があります。具体的には、ctx.**Entry<T>(obj)**.Stateを使用し、エンティティの状態を明示的に指定します（**リスト6.16**）。

リスト6.16　別コンテキスト内でのアタッチ処理の例

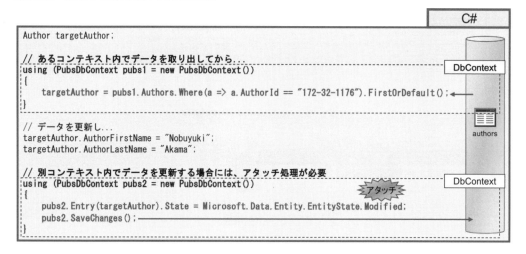

```csharp
Author targetAuthor;

// あるコンテキスト内でデータを取り出してから...
using (PubsDbContext pubs1 = new PubsDbContext())
{
    targetAuthor = pubs1.Authors.Where(a => a.AuthorId == "172-32-1176").FirstOrDefault();
}

// データを更新し...
targetAuthor.AuthorFirstName = "Nobuyuki";
targetAuthor.AuthorLastName = "Akama";

// 別コンテキスト内でデータを更新する場合には、アタッチ処理が必要
using (PubsDbContext pubs2 = new PubsDbContext())
{
    pubs2.Entry(targetAuthor).State = Microsoft.Data.Entity.EntityState.Modified;
    pubs2.SaveChanges();
}
```

　この例では、あるコンテキスト内でデータを取り出してから、コンテキストの外で更新し、別のコンテキストにアタッチしてデータベースに書き戻しています。アタッチ処理でEntityState.Modifiedを指定すると、コンテキストオブジェクトがUPDATE命令を発行する必要があると判断できるようになります。

　アタッチされているオブジェクトの状態と、状態の強制的な設定・変更方法、発行するSQL文の対応は、**表6.2**の通りです。

表6.2　アタッチの状態と発行するSQL文の対応

状態	方式①	方式②	発行SQL文
Add	pubs.Authors.Add(target)	pubs.Entry(target).State = EntityState.Added	INSERT
Unchanged	pubs.Authors.Attach(target)	pubs.Entry(target).State = EntityState.Unchanged	なし
Modified	対応メソッドなし	pubs.Entry(target).State = EntityState.Modified	UPDATE
Deleted	pubs.Authors.Remove(target)	pubs.Entry(target).State = EntityState.Deleted	DELETE
Detached	対応メソッドなし	pubs.Entry(target).State = EntityState.Detached	なし

※ コンテキストオブジェクト = pubs、変更するオブジェクト = Author クラスの target オブジェクト、とした場合の例

なお、StateにAddedやModifiedを指定している状態でSaveChanges()メソッドの処理に成功すると、Stateは**Unchanged**になります。また、Deletedを指定している状態でSaveChanges()メソッドの処理に成功すると、変更を追跡するデータがなくなるため、Stateは**Detached**になります。Detached状態のエンティティは変更追跡の対象外となるため、データを更新してSaveChanges()メソッドを実行しても、データベースに書き戻されません。

6.5.4 楽観同時実行制御による更新衝突制御

EF Coreでは、データの書き戻しの際にUPDATE文を生成しますが、そのままこれが実行されると、データ読み取りからデータ書き込みまでの間に他者が行なったデータ更新を上書きしてしまう可能性があります。EF Coreは、この問題を防ぐために**楽観同時実行制御**機能を持っています。

楽観同時実行制御は、テーブルに**Timestamp列**を追加して、他のユーザーによるデータ更新の有無を確認することで行ないます。この方法は、ユーザーが同時に編集することが少ないシステム（たとえばマスターデータの編集など）で更新衝突を検知するためによく使われます。

実際に楽観時実行制御を実装する手順について説明します。

1 対象となるテーブルに、rowversion列を追加します（図6.27左）。列名は任意ですが、ここでは"rowversion"という名前を使用します。

2 対象のエンティティに、[Timestamp]属性を持つフィールドを追加します（図6.27右）。

3 SaveChanges()メソッドを呼び出す際に、try-catchブロックを使用して**DbUpdateConcurrencyException**例外を処理します（リスト6.17）。この例外処理で、ユーザーに操作のやり直しなどを促す実装を行ないます。

rowversion列とは、対象行のどこか1列でも更新された場合に、SQL Serverによって自動的に更新される列です。更新時にrowversion列が読み込み時と変わっていないかを確認することにより、他のユーザーによる更新の有無を検出することができます。

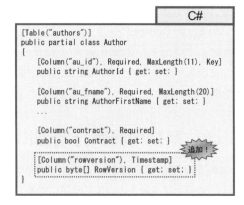

図6.27　rowversion列の追加

リスト6.17　楽観同時実行制御の実装例

```csharp
Author targetAuthor;

using (PubsDbContext pubs1 = new PubsDbContext()) {
    targetAuthor = pubs1.Authors.Where(a => a.AuthorId == "172-32-1176").FirstOrDefault();
}

targetAuthor.AuthorFirstName = "Nobuyuki";
targetAuthor.AuthorLastName = "Akama";

using (PubsDbContext pubs2 = new PubsDbContext()) {
    pubs2.Entry(targetAuthor).State = Microsoft.Data.Entity.EntityState.Modified;
    try {
        pubs2.SaveChanges();
    } catch (DbUpdateConcurrencyException) {
        Console.WriteLine("他のユーザにより更新されています。最初からやり直してください。");
    }
}
```

　なお、楽観同時実行制御の内部的な動作についても簡単に説明しておきます。楽観同時実行制御は、EF Coreが生成するUPDATE文のWHERE句に、rowversion列を追加することで実現しています。

　前述の更新の例では、以下の例のようなクエリが発行されます。

```
UPDATE authors SET au_fname='Nobuyuki', au_lname='Akama', ... WHERE au_id='172-32-1176' AND
rowversion='最初に読み込んだときの値'
```

　rowversion列は、当該行が変更されると自動更新されます。このため、他のユーザーによる更新があるとこのUPDATE文により更新される行数は0行になります。一方、他のユーザーによる更新がなければ、このUPDATE文により対象行がヒットして更新される（影響を受ける行数が1行になる）、ということになります。EF Coreは更新結果行数を確認し、0行だった場合にはDbUpdateConcurrencyException例外を発生させることにより、更新衝突があったことをユーザーアプリに対して通知します。

このように、rowversion列をテーブルに追加しておくと、楽観同時実行制御を利用したデータ整合性確保を容易に行なうことができます。

Tips & Tricks

最後に、EF Coreを扱ううえで知っておくとよいTipsについて紹介します。

🏢 6.6.1　接続文字列の管理方法

EF Coreでの接続文字列の指定方法は複数あります。本書ではここまで、**リスト6.18**の例のように、DbContextクラス内のOnConfiguring()メソッド内で、利用するDBプロバイダーと接続文字列を直接記述する方法を使用しています。この方法は簡単ですが、アプリのコンパイル後に接続文字列を変更できなくなることや、アプリ開発者に接続文字列が丸見えになってしまうことから推奨されません。このため、サンプルコード以外では利用されない方法です。

リスト6.18　DbContextクラス内部に接続文字列を記述する場合の実装例

DbContextクラス

```
public partial class PubsDbContext : DbContext
{
    protected override void OnConfiguring(DbContextOptionsBuilder options)
    {
        options.UseSqlServer("接続文字列を記述");
    }
    ...
}
```

アプリコード

```
using (PubsDbContext pubs = new PubsDbContext())
{
    var query = from a in pubs.Authors select a;
}
```

これに対し、実際の開発現場では、DIコンテナとアプリ構成（構成設定値）を組み合わせて利用する方法が使われます。この方法では、appsettings.jsonに記載した接続文字列を読み取り、DIコンテナの初期化時に設定します。これにより、アプリのコード（ページなど）のどこからでも、構成設定に記載された接続文字列が設定されたDbContextインスタンスを受け取ることができます。

具体的な実装方法は次の通りです（**リスト6.19**）。

① DbContextクラスのコンストラクタで、引数としてDbContextOptionsを受け取るようにします。

2 Program.cs ファイルで AddDbContext メソッドを使用して、DI コンテナを構成します。

3 appsettings.json に接続文字列を記述し、GetConnectionString() メソッドで値を取得し、AddDbContext メソッドのオプションに設定します。

4 各アプリコード（ページなど）では、DI コンテナからインスタンスを受け取り、データの参照、更新を行ないます。

リスト6.19　コンテナと組み合わせて利用する場合の実装例

```
                                                          DbContextクラス
public partial class PubsDbContext : DbContext
{
    public PubsDbContext(DbContextOptions<PubsDbContext> options) : base(options)
    {
    }                              ※この方法の場合には、OnConfiguring()の
    ...                            実装は不要
}
                                                          DIコンテナ初期化
builder.Services.AddDbContext<PubsDbContext>(opt =>
{
    opt.UseSqlServer(builder.Configuration.GetConnectionString("PubsDbContext"));
});
                                                          MVC/WebAPI
public PubsDbContext pubs { get; set; } // コンストラクタインジェクションによりインスタンスを受け取り

var query = from a in pubs.Authors select a;     ※ ASP.NET Core MVC/WebAPIではこのコードは正しいが
                                                   Blazor Serverの場合はこのコードは NG
```

　上記の実装であれば、アプリのコンパイル後でも、appsettings.json を書き変えることで、接続文字列を変更することができます。

　また、接続文字列は、appsettings.json ファイルの ConnectionStrings セクション下に記述してください（**リスト6.20**）。これにより、IConfiguration.GetConnectionString() で値を取り出すことができます。

リスト6.20　appsettings.json構成例

```
                                                          appsettings.json
{
  "Logging": {
    "LogLevel": {
      "Default": "Information",
      "Microsoft.AspNetCore": "Warning"
    }
  },                                           アプリコード
  "AllowedHosts": "*",
  "ConnectionStrings": {              @inject IConfiguration config
    "PubsDbContext": "Server=..."     ↓
  }                                   config.GetConnectionString("PubsDbContext")
}
```

　なお、実際のアプリ開発では、接続文字列についてはセキュリティの観点から適切な管理が必要とな

ります[4]。

6.6.2　DbContextの取り扱い方

　Blazor Serverアプリでは、AddDbContext<T>()メソッドを使用してDbContextをDIコンテナに登録することは推奨されません。このメソッドを使用した場合、DbContextインスタンスがScopedオブジェクトとして作成される、すなわち同一セッションの期間中、同一のオブジェクトが使いまわされる形で作成されます。このため、DbContextインスタンスの生存期間が不必要に長期化し、リソースをムダ遣いする可能性があります。

　代わりに、**AddDbContextFactory()**を使用します（**リスト6.21**）。このメソッドを使用することで、IDbContextFactory<TContext>インスタンスがDIコンテナに登録されます。それぞれのページやコンポーネントでは、このDbContextFactoryを利用して必要なタイミングでDbContextを生成し、操作後には明示的に破棄します。

　この実装パターンは、Blazor Serverだけでなく、ASP.NET Core MVCなどでも推奨される利用方式です。この実装パターンを基本形として覚えておくとよいでしょう。

リスト6.21　Blazor ServerにおけるEF Coreの基本実装パターン

Blazor ServerにおけるEF Coreの基本実装パターン　　※ ASP.NET Core MVC/Web APIでも利用可

DbContextクラス

```
public partial class PubsDbContext : DbContext
{
    public PubsDbContext(DbContextOptions<PubsDbContext> options) : base(options)
    {
    }
    ...
}
```

OnConfiguring()の実装は不要
コンストラクタのみ実装する

.AddDbContextではなく
.AddDbContextFactoryを利用

DI コンテナ初期化

```
builder.Services.AddDbContextFactory<PubsDbContext>(opt => {
    if (builder.Environment.IsDevelopment()) {
        opt = opt.EnableSensitiveDataLogging().EnableDetailedErrors();
    }
    opt.UseSqlServer(
        builder.Configuration.GetConnectionString("PubsDbContext"),
        providerOptions =>
        {
            providerOptions.EnableRetryOnFailure();
        });
});
```

接続文字列はアプリケーション
設定ファイルに切り出しておく

appsettings.json

```
{
    "ConnectionStrings": {
        "PubsDbContext": "Server=..."
    }
}
```

DbContextの初期化方法を指定
※接続文字列の設定以外については後述

Blazor Serverページ

```
@code {
    [Inject]
    public IDbContextFactory<PubsDbContext> dbFactory { get; set; }

    protected override async Task OnInitializedAsync()
    {
        using (var pubs = dbFactory.CreateDbContext())
        {
            var query = ...
        }
    }
}
```

DbContextそのものではなく、ファクトリを
受け取る

※null許容型の警告を防ぐためには= null!;で初期化

DbContextオブジェクトはそのつど作成して
そのつど破棄する (usingブロックを利用)

※4　詳細は5.4節（p.94）の構成設定のセクションで解説していますので、そちらを参照してください。

また、DbContextの初期化の際には、**表6.3**のようなオプションを指定できます。

表6.3　DbContext初期化時のオプション例

DbContextOptionsBuilder のメソッド	実行内容
UseQueryTrackingBehavior	クエリの既定の追跡動作が設定される
LogTo	EF Coreログを取得するシンプルな方法　（EF Core 5.0以降）
UseLoggerFactory	Microsoft.Extensions.Loggingファクトリが登録される
EnableSensitiveDataLogging	例外とログにアプリケーション データが含められる
EnableDetailedErrors	より詳細なクエリ エラー　（パフォーマンスの低下と引き換え）
ConfigureWarnings	警告やその他のイベントが無視またはスローされる
AddInterceptors	EF Coreインターセプターが登録される
UseLazyLoadingProxies	遅延読み込みのために動的プロキシが使用される
UseChangeTrackingProxies	変更追跡のために動的プロキシが使用される

ログ出力機能に関しては、セキュリティや性能に対するケアが必要です。このため、EnableSensitiveDataLogging や EnableDetailedErrors などは開発環境のみで有効化することを推奨します。具体例を**リスト6.22**に示します。

リスト6.22　開発環境のみで詳細なログ出力機能を有効にする例

```csharp
builder.Services.AddDbContextFactory<PubsDbContext>(opt => {
    if (builder.Environment.IsDevelopment()) {
        opt = opt.EnableSensitiveDataLogging().EnableDetailedErrors();
    }
    opt.UseSqlServer(
        builder.Configuration.GetConnectionString("PubsDbContext"),
        providerOptions => {}
    );
});
```

6.6.3　EF Coreの実行性能に関する注意 （n件一括更新とネイティブクエリの直接実行）

EF Coreは通常、1件ごとに更新用SQL文を発行します。このため、EF Coreで大量のデータを一度に更新する場合、発行する更新用SQL文が膨大な量になること、またDBとのやり取りの回数も増えることから、性能の低下が懸念されます。

性能の低下を防ぎつつ大量のデータを更新するために、一括更新を使用することができます。**リスト6.23**は、**ExecuteUpdate()** メソッドと **ExecuteDelete()** メソッドを使用して、一括更新、一括削除を行なう例です。

リスト6.23　一括更新／一括削除の実装例

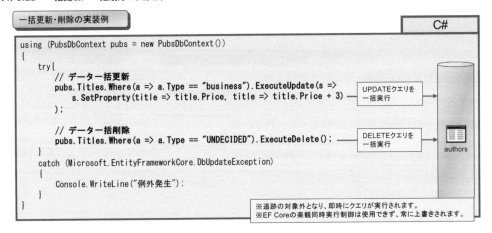

ExecuteUpdate()メソッド、ExecuteDelete()メソッドを使用することで、複数件の更新用SQL文を1つにまとめ、処理を高速化することができます。

なお、一括更新では変更の追跡の対象とならず、即時にクエリが実行される他、常に上書きで実行されますので、取り扱いには注意が必要です。

その他、大量のデータを一度に更新する場合、SQL文を直接実行することが1つの解決策になります。これにより、データベースとのラウンドトリップが1回で済むため、処理が高速化します。ただし、この方法を用いると、LINQと異なりネイティブなSQL文を直接指定する必要があり、LINQの特性の1つであるデータベース抽象化が失われます（すなわち当該SQL文に対応できる特定のデータベースでしか動作しなくなります）。このため、必要な場所に限って利用するようにすべきです。

更新系のSQL文を直接実行するには、**リスト6.24**のように、**ExecuteSqlCommand()**メソッドを使用します。

リスト6.24　EF CoreにおけるSQLクエリのイメージ

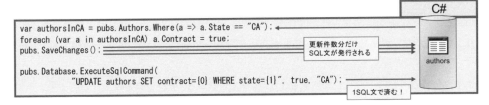

また、LINQクエリを使用すれば、データ参照の多くのケースに十分対応できますが、特殊なネイティブSQLクエリを実行しなければならない場合もあるでしょう。このような場合には、**FromSql()**、**FromSqlRaw()**メソッドを使用することができます。ただし、先にも述べたように、SQLクエリを直接実行すると、データベース抽象化が失われるため、必要な場所に限って利用するようにすべきです。

具体例を**リスト6.25**に示します。このサンプルコードは、わかりやすさからシンプルなSQL文をFromSql()、FromSqlRaw()で実行していますが、同じ処理を通常のLINQで書けるため、この例では

FromSql()、FromSqlRaw()を利用するメリットはありません。FromSql()、FromSqlRaw()を利用する
べきケースは、以下のような場合です。

① データベース固有の機能や関数を利用したい場合

② UPDLOCK などのロックヒントを明示的に指定してクエリを実行したい場合

③ （極めて稀ですが）背後で生成・実行される SQL 文が性能などの観点で不適切な場合

リスト6.25　FromSql()／FromSqlRaw()メソッドを使用し、ネイティブクエリを直接実行する例

FromSqlの実装例　　　　　　　　　　　　　　　　　　　　　　　　　　　　C#

```csharp
using (PubsDbContext pubs = new PubsDbContext())
{
    var state = "CA";
    var contract = true;
    var query = pubs.Authors
        .FromSql<Author>($"SELECT * FROM authors WHERE state={state} AND contract={contract}");
    List<Author> result1 = query.ToList(); // クエリを実行し、結果を List コレクションで取得

    foreach (var a in result1) Console.WriteLine(a.AuthorId);
}
```

FromSqlRawの実装例　　　　　　　　　　　　　　　　　　　　　　　　　　C#

```csharp
using (PubsDbContext pubs = new PubsDbContext())
{
    var query = pubs.Authors
        .FromSqlRaw<Author>("SELECT * FROM authors WHERE state={0} AND contract={1}", "CA", true);
    List<Author> result1 = query.ToList(); // クエリを実行し、結果を List コレクションで取得

    foreach (var a in result1) Console.WriteLine(a.AuthorId);
}
```

　FromSql() メソッドでは、文字列補間でパラメータを指定します。FromSqlRaw() メソッドでは、文字
列補間でパラメータを指定するか、パラメータのプレースホルダーを {xx} 形式で指定し、引数にパラ
メータを指定します。これは通常の T-SQL の @xx とは異なるフォーマットであるため注意が必要です。

　FromSql() メソッドでは、渡された文字列は DbParameter クラスにラップされ、検証されます。これ
により、不正なクエリの実行を防止できるため、可能な限り FromSql() メソッドを使用することが推奨さ
れます。

　ただし、FromSql() メソッドでは列名などを動的に変更することはできません。このようなシナリオで
は、代わりに FromSqlRaw() メソッドを使用します。

　FromSqlRaw() メソッドは渡された文字列をそのまま SQL クエリとして実行するため、ユーザーの入力
値をそのまま文字列連結させてクエリを組み立てることは避けましょう。不適切な文字列をユーザーから
入力された場合、データベースが不正に操作されたり情報が漏えいしたりする可能性があります（これ
は **SQL インジェクション** と呼ばれます）。ユーザーの入力値を利用してクエリを実行する場合には、入力
値を検証するとともに、必ず **パラメタライズドクエリ** を利用してクエリを実行するようにしてください。

🏛 6.6.4　EF Coreにおけるトランザクション制御の考え方

　EF Core の SaveChanges() メソッドは、データベーストランザクションを使用して更新処理を実行します（**リスト6.26**）。これにより、SaveChanges() メソッド内で行なわれる複数の INSERT、UPDATE、および DELETE 操作が、1つの短時間トランザクションとして処理されます。

　トランザクションにより、どれか1つでも INSERT／UPDATE／DELETE 処理が失敗した場合にはすべての更新がロールバックされます。

リスト6.26　トランザクションの処理イメージ

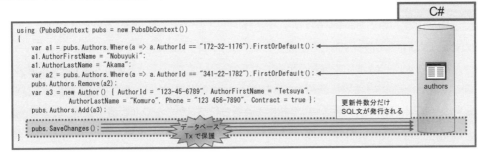

　なお、EF Core は**エンティティ単位にデータを出し入れする**という考え方で設計されています。一般的なアプリでは、エンティティ＝データベースの各テーブルの1行に相当するデータ、という形で設計されていることが多いですが、本来のエンティティとは**業務としてのデータの塊**に相当する概念です。特に、エンティティを業務的なアクティビティや意思決定の単位に合わせてシステムを設計した場合、1つのエンティティを複数のユーザーが操作することはごく稀となるため、基本的にはトランザクション処理は不要で、稀に発生する更新衝突を楽観同時実行制御により検知して対処する、という考え方になります[5]。

　しかし前述したように、実際にはエンティティ＝データベースの各テーブルの1行に相当するデータという形で設計されることが多く、またそのような場合には従来の業務システムで行なわれていたような短時間トランザクション制御（データベースのトランザクション制御）が必要になることもあります。この場合には、**リスト6.27**に示すように、**BaginTransaction()** メソッドを使用します。

※5　NoSQL型 DB でよく利用される CQRS パターンなどは基本的にこの考え方に従っていますが、本書の範囲を超えるためここでは深掘りしません。

6.6　Tips & Tricks　155

```csharp
                                                                              C#
using (PubsDbContext pubs = new PubsDbContext())
{
    using (var tx = pubs.Database.BeginTransaction(System.Data.IsolationLevel.Serializable))
    {
        Title t = pubs.Titles.FromSql("SELECT * FROM titles WITH (UPDLOCK) WHERE title_id={0}", "BU1032")
                    .FirstOrDefault();
        t.Price = t.Price + 1;
        pubs.SaveChanges();
        tx.Commit();
    }
}
```

　なお、ユーザーが自力でトランザクション制御を行なう際には、**デッドロック**などの問題が生じやすくなるため、よく注意して設計することが必要です。デッドロックには主に2種類あり、複数のトランザクションが複数のリソースに対して異なる順番でロックを要求することにより発生する**サイクルデッドロック**と、同一レコードを操作する際に最初から最も強いロックを獲得しないことが原因で発生する**変換デッドロック**があります。このうち、EF Coreを利用する場合にやっかいなのが後者の変換デッドロックです。たとえば**リスト6.28**では、あるデータを読み取ったあと、アプリ内で更新してデータを書き戻す、という処理を、1つのトランザクション処理として記述しています。しかし、この処理を複数のユーザーが同時に行なうと、変換デッドロックと呼ばれるデッドロックが発生します。

リスト6.28　デッドロックが発生する可能性があるトランザクション制御の実装例

```csharp
                                                                              C#
using (PubsDbContext pubs = new PubsDbContext())
{
    using (var tx = pubs.Database.BeginTransaction(System.Data.IsolationLevel.Serializable))
    {
        var a1 = pubs.Authors.Where(a => a.AuthorId == "172-32-1176").FirstOrDefault();
        a1.AuthorFirstName = "Nobuyuki";
        a1.AuthorLastName = "Akama";
        pubs.SaveChanges();
        tx.Commit();
    }
}
```

　変換デッドロックを防ぐためには、読み取り時に更新ロックを取得する必要があります。しかし、**EF CoreではWITH（UPDLOCK）を簡単に指定する方法がないため、FromSqlRaw()メソッドを使用して直接SQLクエリを記述し、更新ロックを取得する必要があります。**

　先の**リスト6.28**の例では、**リスト6.29**のように書き変えることでデッドロックを防ぐことができます。

リスト6.29　UPDLOCKによりデッドロックを防止するトランザクション制御の実装例

```
using (PubsDbContext pubs = new PubsDbContext())
{
    using (var tx = pubs.Database.BeginTransaction(System.Data.IsolationLevel.Serializable))
    {
        var a1 = pubs.Authors
            .FromSqlRaw("SELECT * FROM authors WITH (UPDLOCK) WHERE au_id={0}", "172-32-1176")
            .FirstOrDefault();
        a1.AuthorFirstName = "Nobuyuki";
        a1.AuthorLastName = "Akama";
        pubs.SaveChanges();
        tx.Commit();
    }
}
```

このように、変換デッドロックを抑止するにはUPDLOCKロックヒントを付与すればよいですが、そのためにはSQL文を生で記述する必要があり、EF Coreの**クエリを抽象化して記述するというメリットを失わせてしまう**ことになります。これは、本質的にEF Coreがエンティティ単位のデータの出し入れを念頭に置いており、このようなユースケースを対象としていないためです。

このような処理は、典型的には採番処理で発生します。解決策としては以下のいずれかが採られることが多いので、必要に応じて調べてみてください。

① （多くの業務アプリではこのようなUPDLOCKロックヒントを必要とする処理は限定的であるため）UPDLOCKロックヒントを必要とする処理に限って、ストアドプロシージャを使ってDB内に実装してしまう

② 発行されるSQL文に対して、自動的にWITH（UPDLOCK）を付与してくれるような拡張メソッドを開発して利用する

6.6.5　自動クエリリトライ機能とトランザクション制御

Azure SQL Databaseのようなクラウド上のリソース共有型データベースでは、他のクラウド利用者に迷惑がかからないよう、リソースにリミッター（**クォータ**）がかけられています。このため、ある利用者が大量の接続を行なおうとしたり、大規模で負荷のかかるクエリを大量実行しようとしたりすると、リミッターが発動し、リソース枯渇を理由としたエラーが返されるようになっています。

このようなエラーは、一時的なリクエスト集中による過負荷によるものである場合が多く、時間をおいてリトライすれば何事もなかったかのように進むことが多いです。しかしこのようなリトライ処理をいちいち作り込むのは面倒です。これを簡易化するため、EF Coreには自動リトライ機能が備えられています。

自動リトライ機能を有効にするには、**リスト6.30**の例のように、providerOptionsに**EnableRetryOnFailure**を設定します。

```csharp
builder.Services.AddDbContextFactory<PubsDbContext>(opt => {
    opt.UseSqlServer(
        builder.Configuration.GetConnectionString("PubsDbContext"),
        providerOptions => {
            providerOptions.EnableRetryOnFailure();
        });
});
```

エラーごとのリトライ条件や最適なリトライのルールについては、各プロバイダーが既定の設定を持っているため、ユーザーが設定する必要はありません。要件に合わない場合は、変更することもできます。

なお、自動リトライ機能を利用する場合には、当該クエリが**冪等**[6]であることが必要です。参照系クエリについては基本的に冪等なため問題ありませんが、更新系の処理については冪等にならないことがあります。EFでは**エンティティ単位のCRUD処理でアプリを設計する**という考え方があり、この考え方に沿ってアプリ全体を設計すると、冪等性を確保しやすくなります。興味がある人は、CQRSパターンなどについて調べてみてください。

自動リトライ機能では、フレームワークが実行クエリの単位にリトライ処理を行ないます。しかし、更新処理などを含む場合、リトライの単位をクエリの単位ではなくトランザクションの単位としたい場合があります。このような場合には、**リスト6.31**のような書き方をしてください。

リスト6.31　自動リトライ機能とトランザクション制御を併用する例

```csharp
using (PubsDbContext pubs = new PubsDbContext())
{
    var strategy = pubs.Database.CreateExecutionStrategy();
    strategy.Execute(() =>
    {
        using (var tx = pubs.Database.BeginTransaction(System.Data.IsolationLevel.Serializable))
        {
            var a1 = pubs.Authors
                .FromSqlRaw("SELECT * FROM authors WITH (UPDLOCK) WHERE au_id={0}", "172-32-1176")
                .FirstOrDefault();
            a1.AuthorFirstName = "Nobuyuki";
            a1.AuthorLastName = "Akama";
            pubs.SaveChanges();
            tx.Commit();
        }
    });
}
```

この変更により、再実行すべき一連の操作を明示的に記述することができ、全操作が再試行されるようになります。

※6　複数回繰り返しても同じ結果が得られること。

6.6.6 EF Coreにおける非同期処理（async／await）

EF Coreはタスクベース非同期処理をサポートしているため、リソース利用率やレイテンシの改善のために積極的に利用しましょう。**async／await処理**が使用できるので、非同期処理を簡単に記述することができます（**リスト6.32**）。

リスト6.32　非同期処理でクエリを実行する例

```
                                                                                    C#
await using (PubsDbContext pubs = new PubsDbContext())
{
    var query1 = from a in pubs.Authors where a.State == "CA" select a;
    List<Author> result1 = await query1.ToListAsync();

    var query2 = from a in pubs.Authors where a.AuthorId == "172-32-1176" select a;
    Author result2 = await query2.FirstOrDefaultAsync();

    result2.AuthorFirstName = "Nobuyuki";
    result2.AuthorLastName = "Akama";

    await pubs.SaveChangesAsync();
}
```

なぜ、非同期処理によって動作を効率化することができるのでしょうか。通常、Webアプリは、同時に多数のユーザーが利用します。一方で、サーバー側での動作スレッド数には制限がかかっています。この際、データアクセスのように時間のかかるI/O処理を行なうと、当該スレッドは待機状態となり、CPUは何も処理しない状態となります。前述の非同期処理機能を使うと、awaitしている間に当該スレッドが他の処理を実行できるようになり、CPUの利用効率を高めることができます。

図6.28はASP.NET Coreにおける非同期処理のイメージとなりますが、Blazor Serverにおいてもおおよそ同じ内部動作となります。

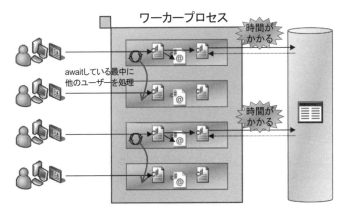

図6.28　非同期処理のイメージ

なお、EF Coreに限らず、.NETでは多くのライブラリがasync／await型の非同期処理に対応しています。たとえば、HttpClientやI/O処理ライブラリなども、非同期処理を容易に実装できるように作られています。

非同期処理の実装は、次の手順で行ないます。

1 メソッドの戻り値を**Task<T>**に変更し、**async**キーワードを付与します。時間のかかる処理を非同期処理に切り替えます。EF Coreのデータアクセス処理やHttpClientによるWeb APIアクセスのように、○○Async()メソッドが用意されている場合には、それに切り替えます。

あわせて、具体的な実装例を**リスト6.33**に示します。

リスト6.33　一般的な非同期処理の実装例

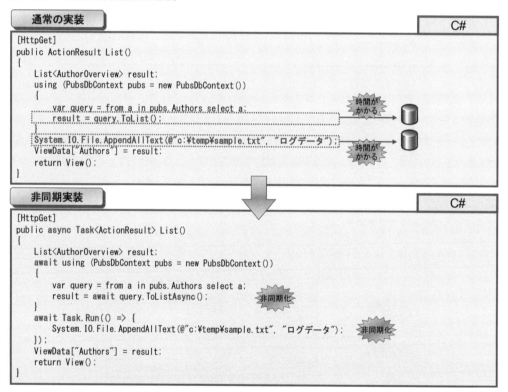

以上のような簡単な変更により、時間のかかる処理を非同期化することができ、効率的に処理されるようになります。

データアクセスやWeb APIへのアクセスのような待機状態が発生する処理では、積極的に非同期処理を使って実装することを推奨します。

6.6.7 Microsoft.Data.SqlClient の利用

EF Core を利用せず、シンプルにデータアクセスコードを記述したい場合には、**Microsoft.Data. SqlClient ライブラリ**を利用することもできます。

Microsoft.Data.SqlClient を使用することで、以下のパターンのコードが記述できます。

- 接続型データアクセス、非接続型データアクセス
- DataSet によるデータ操作
- TransactionScope によるトランザクション制御

6.7 まとめ

最後に、本章で説明した内容を簡単におさらいします。

EF Core を利用することで、LINQ クエリを利用してデータアクセスを行なうことができるようになります。

読み出しから書き戻しまでは、次の手順で行ないます。

- データモデルを作成（コンテキストオブジェクト、POCO）
- LINQ クエリを記述
- ToList() または FirstOrDefault() でクエリを実行し、データを入手
- データ更新後、SaveChanges() でデータベースに書き戻す

データ取得に用いたコンテキストが更新時には利用できなくなっている場合、ctx.Entry<T>(obj). State を使ってエンティティの状態を明示的に制御することで、正しく更新処理が行なえるようになります。

EF Core の楽観同時実行制御を使用することで、更新時に他者の更新を上書きしないようにすることができます。この機能を使用するには、rowversion 列を追加します。

第 7 章

Blazor Server による
データ参照アプリ

本章では、Blazor Server 型アプリの実例として、データグリッドを使用した 2 層型データ参照アプリを作成する方法について解説します。演習方式で解説しますので、ぜひ手を動かしながら理解を深めてください。

サンプルアプリ

本章と次章では、Blazor Server型アプリの実例として、2層型[※1]のデータアクセスアプリを作成する方法について解説します。本章では「データ参照」、次章では「データ更新」の機能を持つアプリを作成します。また、業務システム開発では、グリッド、すなわち表形式の部品を使って画面を作成する場面が多いため、Blazorが提供するQuickGridを使ってアプリのデータ表示画面を実装してみましょう。

なお、本章と次章は**演習方式**で解説していきます。実機があれば、ぜひ実際に手を動かしながら、サンプルに触りながら理解を深めてください。作成するアプリの完成版は、本書情報ページ（p.v）からダウンロードできますので、適宜参考にしてください。

7.1.1 開発手順と完成イメージ

本章では、作成するアプリの開発手順を、次の順で説明していきます

①**データの一覧表示** ： データベースのデータを一覧表示する
②**描画のカスタマイズ** ： 描画方法をカスタマイズする
③**ソート** ： データをソートする
④**ページング** ： 1ページに収まらないデータをページングする
⑤**フィルタリング** ： データをフィルタして表示する
⑥**スタイリング** ： 描画の見栄えを変える
⑦**行選択＋関連情報の表示** ： 行を選択して関連情報を表示する
⑧**ページ遷移** ： 次のページに遷移する
⑨**コンポーネント化** ： 作成したページをコンポーネント化して再利用できるようにする

アプリの完成イメージ（一部画面）は**図7.1**です。

※1　データベースに直接アクセスが可能なクライアント／サーバー型。

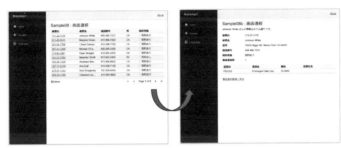

図7.1　完成形イメージ（一部）

7.2　事前準備

　最初に、アプリが利用するデータベースと、ソリューション（プロジェクト）を準備します。以降の説明に従って準備を進めてください。

🏢 7.2.1　データベースの準備

　ここで利用するデータベース（DB）は、前章と同じくSQL Server 2000に添付されていたpubs DBをカスタマイズしたものを利用します。前章ですでに作成したDBがあればそのまま利用します。なお、データベースへの接続文字列を、あとで使用しますので、どこかに控えておいてください。

🏢 7.2.2　プロジェクトの新規作成

　まずは、Visual Studioを使用して、以下の手順でBlazor Server型のアプリのプロジェクトを新規作成しましょう。

❶ Visual Studioを起動し、「Blazor Web App」を新規作成します（図7.2上）。

2 プロジェクト名は任意ですが、ここでは既定のまま変更せずに作成します（図7.2左下）。

3 追加情報は以下のように設定します（図7.2右下）。

- フレームワーク：.NET 8.0
- 認証の種類：なし
- HTTPS用の構成：チェックあり
- Interactive render mode：Server
- Interactivity location：Global
- Include sample pages：チェックあり
- Do not use top-level statements：チェックなし（どちらでもよい）

図7.2　プロジェクトの作成

🏢 7.2.3　NuGet パッケージの追加

プロジェクトを作成後、以下の手順で、アプリで使用するNuGet パッケージを追加します。

1 ソリューションエクスプローラーからプロジェクトを右クリックして、[NuGetパッケージの管理] を選択します（図7.3）。

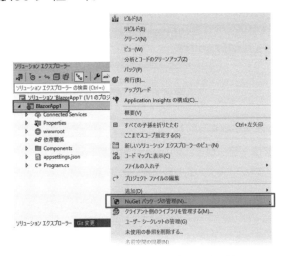

図7.3　NuGetパッケージの追加

2 パッケージマネージャーが開いたら、検索窓から次の3つのパッケージを探して、それぞれインストールしてください（図7.4）。

- Microsoft.EntityFrameworkCore
- Microsoft.EntityFrameworkCore.SqlServer
- Microsoft.AspNetCore.Components.QuickGrid

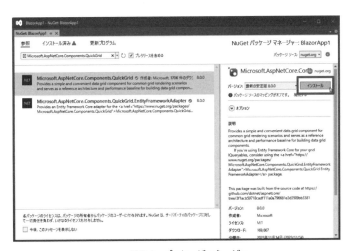

図7.4　パッケージマネージャー

　なお、各パッケージのバージョンは、.NETのバージョンと合わせる必要があります。今回はすべて「8.0」でそろえてください。

🏢 7.2.4 O/Rマッパーの実装

次にO/Rマッパーを用意します。スキャフォールディングを使用してDBからリバースエンジニアリングすることもできますが、ここでは手作業で作成します。DBのフィールド名をそのまま利用するのではなく、アプリで使用するプロパティ名を変えるためです。

それでは、以下の手順でO/Rマッパーを実装してみましょう。その際、適宜サンプルコードも参照してください。

1 ソリューションエクスプローラーから、プロジェクトの直下にDataフォルダを作成し、その下に「Pubs.cs」という名前のクラスファイルを作成します（図7.5）。

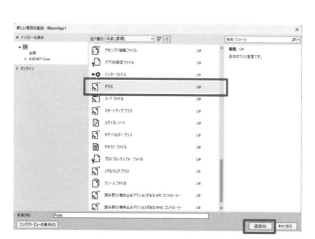

図7.5　クラスファイルの追加

2 続けてPubs.csを編集して、DBのテーブルの構造に合わせてO/Rマッパーを記述します。行数が多いため**リスト7.1**のコードは一部のみの掲載としています。実際に手を動かして作成する際は、サンプルコードをコピーして利用してください。なお、namespaceは適宜書き換えて利用します。

リスト7.1　O/Rマッパーの追加

```
using Microsoft.EntityFrameworkCore;
using System.ComponentModel.DataAnnotations;
using System.ComponentModel.DataAnnotations.Schema;

namespace BlazorApp1.Data
{
    public partial class PubsDbContext : DbContext
    {
        public PubsDbContext(DbContextOptions<PubsDbContext> options) : base(options)
        {
        }
        public DbSet<Author> Authors { get; set; }
    }
    [Table("authors")]
    public partial class Author
    {
        [Column("au_id"), Required, MaxLength(11), Key]
        public string AuthorId { get; set; }

        [Column("au_fname"), Required, MaxLength(20)]
        public string AuthorFirstName { get; set; }

        [Column("au_lname"), Required, MaxLength(40)]
        public string AuthorLastName { get; set; }

        [Column("phone"), Required, MaxLength(12)]
        public string Phone { get; set; }

        [Column("address"), MaxLength(40)]
        public string Address { get; set; }

        [Column("city"), MaxLength(20)]
        public string City { get; set; }

        [Column("state"), MaxLength(2)]
        public string State { get; set; }

        [Column("zip"), MaxLength(5)]
        public string Zip { get; set; }

        [Column("contract"), Required]
        public bool Contract { get; set; }

        [Column("rowversion"), Timestamp, ConcurrencyCheck]
        public byte[] RowVersion { get; set; }
    }
}
```

※このコードは一部分です。実際の実装時は
サンプルコードをコピーして利用してください。

7.2.5　接続文字列の設定

　データベースへの接続文字列をプロジェクトに設定します。接続文字列には、パスワードなどのセンシティブな情報を含むため、プログラム中にハードコードしないようにします。ここでは、シークレットマネージャーを利用して接続文字列をプロジェクトに設定します。

1　ソリューションエクスプローラーからプロジェクトを右クリックして、[ユーザーシークレットの管理]を選択します（図7.6）。

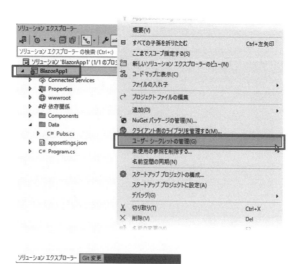

図7.6　ユーザーシークレットの追加

2 開いた secrets.json ファイルを編集して、ConnectionStrings:PubsDbContext セクション
に接続文字列を記述します（**リスト7.2**）。接続文字列の部分（"Server= 〜 ;"）は事前に控え
ていたものに置換してください。

リスト7.2　接続文字列の設定

secrets.json

```
{
  "ConnectionStrings": {
    "PubsDbContext": "Server=tcp:xxxxxxxx.database.windows.net,1433;Initial Catalog=pubs;Persist Security
Info=False;User ID=xxxxxxxx;Password=xxxxxxxx;MultipleActiveResultSets=False;Encrypt=True;TrustServerCertificate=
False;Connection Timeout=30;"
  }
}
```

🏛 7.2.6　IDbContextFactory サービスの準備

各ページからデータベース接続を利用できるように、IDbContextFactory サービスを設定します。

1 ソリューションエクスプローラーから Program.cs を開き、既存のコードに**リスト7.3**のコードを
追加します。

リスト7.3　IDbContextFactoryサービスの準備

Program.cs

```
builder.Services.AddDbContextFactory<PubsDbContext>(opt => {
    if (builder.Environment.IsDevelopment()) {
        opt = opt.EnableSensitiveDataLogging().EnableDetailedErrors();
    }
    opt.UseSqlServer(
        builder.Configuration.GetConnectionString("PubsDbContext"),
        providerOptions =>
        {
            providerOptions.EnableRetryOnFailure();
        });
});
```

7.2.7　Index.razorの作成

これは必須の作業ではありませんが、Index.razorを編集して、後続の演習で作成するページを簡単に呼び出せるようにしておきましょう。

1 プロジェクトのComponents/Pagesフォルダ下に「Index.razor」というファイルがあります。このファイルを開いて、**リスト7.4**のコードを末尾に追加してください。

リスト7.4　Index.razorファイルの編集

Index.razor

```
<h3>Blazor 本のサンプルアプリ</h3>
<ul>
    <li><a href="/Sample01">① 一覧表示</a></li>
    <li><a href="/Sample02">② 列カスタマイズ（列連結、テンプレート描画）</a></li>
    <li><a href="/Sample03">③ ソート</a></li>
    <li><a href="/Sample04">④ ページング</a>（<a href="/Sample04b">（参考）大量ページング（仮想化）</a>）</li>
    <li><a href="/Sample05">⑤ フィルタリング</a></li>
    <li><a href="/Sample06">⑥ スタイリング</a></li>
    <li><a href="/Sample07">⑦ 行選択＋著者一覧表示</a></li>
    <li><a href="/Sample08">⑧ 画面遷移</a></li>
    <li><a href="/Sample09">⑨ コンポーネント化</a></li>
    <li><a href="/Sample10">⑩ データ入力検証</a></li>
    <li><a href="/Sample11">⑪ 楽観同時実行制御機能つきデータ更新</a></li>
</ul>
```

以上で、準備は終わりです。次のステップに進む前に、一度ビルドしてみてコンパイルエラーがないことを確認しましょう（**図7.7**）。

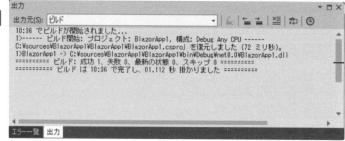

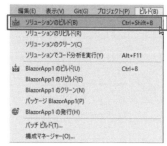

図7.7　ビルドしてエラーがないことを確認

①データの一覧表示

データベースの内容をQuickGridに一覧表示するアプリを作成します。最初にVisual Studioから Razorコンポーネントを追加して、そのファイルを編集します。

7.3.1　Razorファイルの追加

Razorコンポーネントクラスは、拡張子 .razorのファイルで、C#とHTMLマークアップの組み合わせを使用して実装します。Visual Studioから以下の手順でコンポーネントファイルを追加してください。

1 プロジェクト配下のComponents/Pagesフォルダを右クリックして、[追加] → [Razorコンポーネント] を選択します（**図7.8**）。

2 ここでは「Sample01.razor」という名前でファイルを追加します。

図7.8　一覧表示用のRazorコンポーネントを追加

7.3.2　Razorファイルの実装

まずRazorコンポーネントファイルの構造を見てみましょう。Razorファイルは基本的に**リスト7.5**の構造をしています。

リスト7.5　Razorファイルの構造

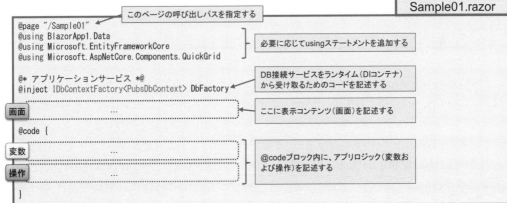

ファイルの先頭部分では、ページディレクティブや@using／@injectステートメントを指定します。ページディレクティブは、@pageから始まる行で、実行時にこのページを開くときのパスになります。この例では、/Sample01という名前で、このページを開くことができます。名前空間は@usingステートメントを使用して指定します。また、@injectステートメントを使用して、Blazorランタイムからデータベース接続サービスを受け取るためのコードを記述します。このコードを記述しておけば、実行時にBlazorラ

ンタイムがこの変数を自動的に初期化してくれるため、アプリはこの変数を利用することでデータベースへアクセスすることができます。

　ページディレクティブや@injectステートメントに続けて、画面の表示コンテンツ部分を記述します。また、コードブロック（@codeブロック）にアプリのコード（変数や操作）を記述します。

　それでは、以下の手順でRazorファイルを実装してみましょう。その際、適宜サンプルコードも参照してください。

① Sample01.razorファイルを編集して、**リスト7.5**のコードを追加してください。［画面］、［変数］、［操作］の内容については、後続の作業手順で追加していくため、いったん空のままでかまいません。

7.3.3　コードブロックの実装（変数および操作）

　コードブロックの内側には、**リスト7.6**のようなロジックを記述します。

リスト7.6　コードブロックの実装

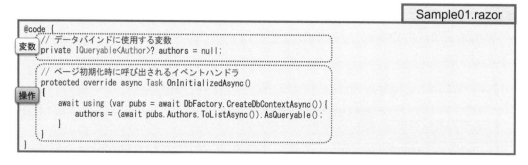

OnInitializedAsync() メソッドは、このページが表示されるときに呼び出されるイベントハンドラです。このイベントハンドラの中で、データベースからデータを読み出して、authors変数に結果を代入しています。authors変数は、あとで画面コンポーネント（QuickGrid）と紐づけます。この変数にデータベースから取得したデータを格納すると、そのデータをもとに画面を更新することができます。

　ここでauthors変数がnullable型で定義されていること、および、OnIntializedAsync()メソッドが非同期呼び出しになっていることには理由があります。もし、OnIntializedAsync()メソッドが同期呼び出しであった場合、データベースからのデータ読み出しが完了するまで、このメソッドはブロックする（待たされる）ことになります。仮に、データベースからのデータの読み出しに何秒もかかってしまった場合は、その間、画面が更新されない（返ってこない）ことになり、ユーザビリティが悪くなってしまいます。しかしOnIntializedAsync()メソッドが非同期で実装されていることにより、データベースからの読み出しに時間がかかってしまっても、それを待たずに画面を更新することが可能になります。もちろん、データベースからの読み出しが完了していない場合は表示するデータはありませんが、代わりに

「データロード中…」のようなメッセージを画面に表示することができるため、ユーザビリティを改善することができます。

なお、**OnIntializedAsync()メソッドの戻り値がTaskになっている**ことにも注意してください。Blazorランタイムは、OnIntializedAsync()メソッドの完了をTaskオブジェクトを待機することで検知して画面の再表示を行ないます。このため、戻り値をvoidにしてしまうと、OnIntializedAsync()メソッドの完了を検知できず、画面の更新がうまく行なえません。

それでは、以下の手順でコードブロックを実装してみましょう。その際、適宜サンプルコードも参照してください。

1 Sample01.razorファイルを編集して、リスト7.6のコードをコードブロック内に追加してください。

7.3.4　QuickGridによる表示コンテンツの実装

表示部分は、ここでは**QuickGrid**を使用して**リスト7.7**のように実装しています。

リスト7.7　表示コンテンツの実装

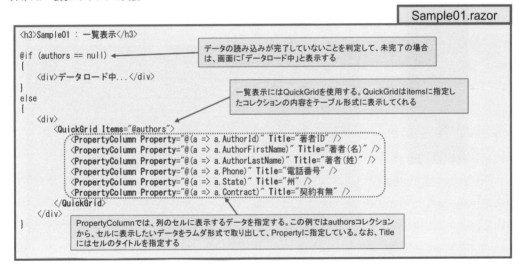

このプログラムでは、authors変数がnullの場合は、データベースからの読み出しがまだ完了していないとみなして、画面に「データロード中」と表示しています。データベースからの読み出しが非同期で完了してOnIntializedAsync()メソッドが終了すると、自動的に画面が再表示されます。そのタイミングではauthors変数にデータベースから読み出したデータが入っているため、画面に読み出したデータを表示します。

QuickGridのItemsプロパティには、画面上のテーブルに表示するデータコレクションを指定します。

この例では、データベースから読み出したデータが含まれるauthors変数を指定しています。QuickGridの子要素である**PropertyColumn**を使用して列のセルに表示するデータを指定します。この例では、authors変数の各要素からセルに表示するデータを取り出すラムダ式をPropertyプロパティに指定しています。

　それでは、以下の手順で、QuickGridを使用した表示コンテンツを実装してみましょう。その際、適宜サンプルコードも参照してください。

1 Sample01.razorファイルを編集して、リスト7.7のコードを追加してください。

7.3.5　データの一覧表示を実行

　ここまで実装できたら、アプリを実行します。 F5 または Ctrl + F5 キーを押してVisual Studioでアプリを実行し、ブラウザのアドレスバーから/Sample01ページに移動して動作を確認します（**図7.9**）。

図7.9　プログラムを実行する（一覧表示）

　図7.9左上のように、データベースから取得した値が一覧表示されていれば成功です。また、Visual Studioから実行すると、コンソールウィンドウ（**図7.9**右下）が同時に起動します。このコンソールウィンドウで、Blazor Serverアプリが組み込まれたWebサーバーであるKestrelが起動します。コンソールには実行中のアプリのログも出力されるため、デバッグなどの目的でアプリの動作を確認することができます。この例では、Entity FrameworkによりクエリがT-SQLに変換されてデータベースからデータを読み出している様子を確認できます。

なお、このBlazorアプリを動かしているWebサーバーを終了させたい場合は、コンソールウィンドウを選択した状態で Ctrl + C キーを押してください。

②描画のカスタマイズ
（列連結、テンプレート描画）

先ほど作成した一覧表示をカスタマイズして、もう少し見やすい画面にしてみます。具体的には、前節で作成したSample01.razorに対して以下の2つの修正を行ないます。

- ［著者名］のセルで姓と名が別のセルに分かれているので、これを同一のセルに表示する
- ［契約有無］のセルがTrue／Falseを直接表示していて見栄えが悪いので、これをチェックボックスに変更する

変更後の画面のイメージは、**図7.10** の通りです。具体的なカスタマイズ方法を解説していきましょう。

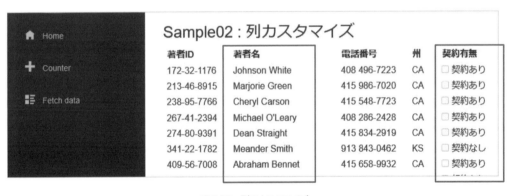

図7.10　列のカスタマイズ

🏢 7.4.1 TemplateColumnの利用

セルに表示する内容カスタマイズするには、**TemplateColumn**を使用します（**リスト7.8**）。

リスト7.8 TemplateColumnの利用

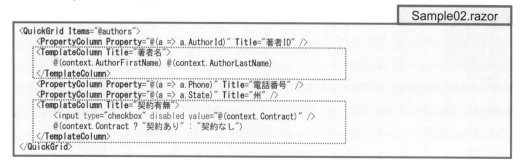

```
                                                              Sample02.razor
<QuickGrid Items="@authors">
    <PropertyColumn Property="@(a => a.AuthorId)" Title="著者ID" />
    <TemplateColumn Title="著者名">
        @(context.AuthorFirstName) @(context.AuthorLastName)
    </TemplateColumn>
    <PropertyColumn Property="@(a => a.Phone)" Title="電話番号" />
    <PropertyColumn Property="@(a => a.State)" Title="州" />
    <TemplateColumn Title="契約有無">
        <input type="checkbox" disabled value="@(context.Contract)" />
        @(context.Contract ? "契約あり" : "契約なし")
    </TemplateColumn>
</QuickGrid>
```

　この例では、［著者名］の列にTemplateColumnを使用して、姓と名の両方を同じセルに表示するようにしています。contextは暗黙的に定義される特殊な変数で、現在レンダリング中の行のデータが入っています。この変数を用いて、姓と名の値を取得して空白で区切って表示しています。

　TemplateColumnには、文字列だけでなく、チェックボックスなどのUIコンポーネントを指定することもできます。この例では、Contractの値に合わせて、チェックボックスを表示し、かつ、文字で「契約あり」「契約なし」を表示しています。

　それでは、以下の手順で一覧表示をカスタマイズしてみましょう。その際、適宜サンプルコードも参照してください。

1 Sample01.razorファイルをコピーして、名前をSample02.razorに変更します。

2 あわせて、@pageディレクティブや、画面のタイトル表示の名称を、Sample01からSample02に変更します。

3 QuickGridの内容をリスト7.8のコードに書き換えます。

4 書き換えたら、Visual Studioから実行し、ブラウザのアドレスバーから/Sample02ページに移動して、表示を確認します。

7.5 ③ソート

次に、QuickGridのタイトルの部分をクリックすると、その列の値に基づいてソートする機能を追加します（図7.11）。

列ヘッダーが押されたら
DBから取得しているauthorsデータを
ソートしてデータバインドしなおす

DBからデータを再取得せず
メモリ内で再ソートする

Sample03：ソート				
著者ID	著者名 ∨	電話番号	州	契約有無
409-56-7008	Abraham Bennet	415 658-9932	CA	☐ 契約あり
672-71-3249	Akiko Yokomoto	415 935-4228	CA	☐ 契約あり
998-72-3567	Albert Ringer	801 826-0752	UT	☐ 契約あり

authors データ取得

図7.11　ソート機能

なお、ここでは、メモリ内でデータをソートして表示する方法を説明します。ソートの際にデータベースからデータの再取得は行なわれません。

7.5.1　列のヘッダーのソートボタン化

PropertyColumnに対してソートを有効にするには、**Sortableプロパティ**を設定するだけです（**リスト7.9**）。また、TemplateColumnに対してソートを有効にするには、Sortableプロパティに加えて、SortByプロパティにソートの条件を指定します。これらの指定を行なうと、QuickGridが内部で適切な処理を行ない、列のヘッダーが、ソートボタンとして動作するようになります。

リスト7.9　SortableとSortByの指定

TemplateColumnについては、Sortable=trueに加えて、
SortByプロパティにソート条件を設定する

PropertyColumnについては
Sortable=trueを指定するだけ

Sample03.razor

```
<QuickGrid Items="@authors">
    <PropertyColumn Property="@(a => a.AuthorId)" Title="著者ID" Sortable="true" />
    <TemplateColumn Title="著者名"
        Sortable="true"
        SortBy="@(GridSort<Author>.ByAscending(a => a.AuthorFirstName).ThenAscending(a => a.AuthorLastName))">
        @(context.AuthorFirstName) @(context.AuthorLastName)
    </TemplateColumn>
    <PropertyColumn Property="@(a => a.Phone)" Title="電話番号" Sortable="true" />
    <PropertyColumn Property="@(a => a.State)" Title="州" Sortable="true" />
    <TemplateColumn Title="契約有無" Sortable="true" SortBy="@(GridSort<Author>.ByAscending(a => a.Contract))">
        <input type="checkbox" disabled value="@(context.Contract)" />
        @(context.Contract ? "契約あり" : "契約なし")
    </TemplateColumn>
</QuickGrid>
```

TemplateColumnに指定するSortByプロパティには、ソート条件をGridSort<T>クラスの ByAscending()メソッドやThenAscending()メソッドを使用して指定します。この例の［著者名］では、FirstNameでソートしてから、LastNameでソートするように指定しています。

それでは、以下の手順で列のヘッダーのソートボタンを実装してみましょう。その際、適宜サンプルコードも参照してください。

1 Sample02.razorファイルをコピーして、名前をSample03.razorに変更します。

2 あわせて、@pageディレクティブや、画面のタイトル表示の名称を、Sample02からSample03に変更します。

3 QuickGridの内容を**リスト7.9**のコードに書き換えます。

4 書き換えたら、Visual Studioから実行し、ブラウザのアドレスバーから/Sample03ページに移動して、動作を確認します（**図7.12**）。

図7.12　ソート機能の動作確認

④ページング

表示するデータの件数が多い場合、一画面に表示しようとすると縦長になってユーザビリティが悪くなります。そのような場合、ページングの機能で、一度に表示する行数を制限して、改ページしながらデータを一覧できるようにすると便利です。ここでは、ページングの実装方法について説明します（**図7.13**）。

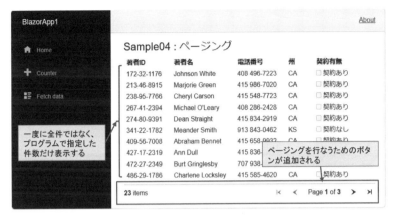

図7.13　ページング

このアプリでは画面の下方にページを切り替えるボタンを追加しており、次ページや前ページに改ページすることができます。

🏢 7.6.1　ページングの有効化

ページングを有効にするには、まずはコードブロック内に、ページングのステータスを管理する**PaginationState**変数を用意します（**リスト7.10**）。この変数は、1ページに表示する行数や、現在が何ページ目なのかなどを管理するために、QuickGridや**Paginator**コンポーネントを使用します。

リスト7.10　PaginationState変数を追加

Sample04.razor

```
@code {
private IQueryable<Author>? authors = null;

    private readonly PaginationState paginationState = new() { ItemsPerPage = 10 };

    protected override async Task OnInitializedAsync()
    {
        await using (var pubs = await DbFactory.CreateDbContextAsync()){
            authors = (await pubs.Authors.ToListAsync()).AsQueryable();
        }
    }
}
```

> ページングのステータスを管理するための PaginationState 変数を用意する

PaginationState変数を用意したら、続いて、QuickGridのPaginationプロパティに、PaginationState変数を指定します（**リスト7.11**）。さらに、ユーザーにページング（改ページ）操作を行なわせるコンポーネントであるPaginatorコンポーネントを画面に追加します。

リスト7.11　Pagenatorコンポーネントの追加

> QuickGridのPaginationプロパティに
> paginationStateを指定する

Sample04.razor

```
<QuickGrid Items="@authors" Pagination="@paginationState">

    <PropertyColumn Property="@(a => a.AuthorId)" Title="著者ID" Sortable="true" />
    <TemplateColumn Title="著者名" Sortable="true"
        SortBy="@(GridSort<Author>.ByAscending(a => a.AuthorFirstName).ThenAscending(a => a.AuthorLastName))">
        @(context.AuthorFirstName) @(context.AuthorLastName)
    </TemplateColumn>
    <PropertyColumn Property="@(a => a.Phone)" Title="電話番号" Sortable="true" />
    <PropertyColumn Property="@(a => a.State)" Title="州" Sortable="true" />
    <TemplateColumn Title="契約有無" Sortable="true" SortBy="@(GridSort<Author>.ByAscending(a => a.Contract))">
        <input type="checkbox" disabled value="@(context.Contract)" />
        @(context.Contract ? "契約あり" : "契約なし")
    </TemplateColumn>
</QuickGrid>

<Paginator State="@paginationState" />
```

> Paginatorコンポーネントを追加し、
> StateにpaginationState を指定する

　ここまでの作業を実施すると、PaginatorState変数を介してPaginatorコンポーネントと
QuickGridが連携して、ページングを行なえるようになります。

　それでは、以下の手順でページングを実装してみましょう。その際、適宜サンプルコードも参照してく
ださい。

1 Sample03.razorファイルをコピーして、名前をSample04.razorに変更します。

2 あわせて、@pageディレクティブや、画面のタイトル表示の名称を、Sample03からSample04
に変更します。

3 リスト7.10、リスト7.11のコードを参考にして、QuickGridの内容を実装します。

4 リスト7.11のコードを参考にして、Paginatorコンポーネントを追加します。

5 書き換えたら、Visual Studioから実行し、ブラウザのアドレスバーから/Sample04ページに
移動して、動作を確認します。

🏢 7.6.2　仮想化によるページングの有効化

　たとえばDB上にある100万件を超えるデータを表示する場合、データのレンダリングだけでなく、
データの読み込み自体がとても大変（時間がかかる処理）になります。そもそも画面に一度に表示でき
るデータは画面の広さに制限されるため、最初から全件を読み出す必要はありません。表示する分だけ
をデータベースから取得すればよいのです。自前でこの制御をすべて実装するのは大変ですが、Blazor
では**仮想化**と呼ばれる機能を使うと比較的簡単に実装することができます（**図7.14**）。

図7.14 仮想化によるスクロール

　Blazorの仮想化を使用すると、QuickGridはデータソースに対して、どの範囲（何行目から何行目）のデータを読み出すべきかを指示するようになります。データソース側では、指定された範囲のデータを読み出すように実装しておきます。このようにしておくと、利用者が画面をスクロールして表示すべきデータが変わると、そのつどデータベースから指定された範囲のデータを取得して画面の表示が更新されるようになります（**図7.15**）。

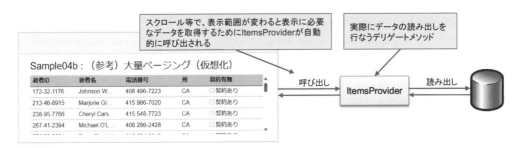

図7.15 仮想化の動作原理

　実際のソースコードを見てみましょう。**リスト7.12**はコードブロックの内容です。

```
                                                                    Sample04b.razor
@code {
    private GridItemsProvider<Author>? ItemsProvider { get; set; }

    private string? LogMessage { get; set; } // デバッグ用メッセージ

    protected override void OnInitialized()
    {
        ItemsProvider = async request =>

            // ここはデバッグ用のコード
            LogMessage += "(" + request.StartIndex + " " + request.Count + ") ";
            StateHasChanged();

            // 指定された位置のデータを指定行だけ取得して返す
            await using (var pubs = await DbFactory.CreateDbContextAsync()) {
                var data = await pubs.Authors.Skip(request.StartIndex).Take(request.Count ?? 0).ToListAsync()
                var totalCount = await pubs.Authors.CountAsync();
                return GridItemsProviderResult.From(data, totalCount);
            }
        };
    }
}
```

> GridItemProviderは QuickGridとDBから取得したレコード情報をやり取りする。実態は、QuickGridから都度、非同期で呼び出されるデリゲートメソッド

> データベースの指定された位置から指定された行数だけ取得し、取得したデータと全件の行数をGridItemsProviderResultに包んで復帰する

　これまでは、最初に、データベースから全件を読み出してauthorsコレクションに格納していましたが、仮想化の機能を使った場合には、改ページまたはスクロールした際に、描画に必要な部分のデータだけをDBから読み出せばよいようになります。

　これには、まず、データを読み出す処理を実装したデリゲートメソッド（関数オブジェクト）を用意して、これをQuickGridに紐づけることで実現します。デリゲートメソッドになじみのない方も多いかもしれませんが、これは**処理**を変数に格納する手法です。

　具体的には、GridItemsProvider型の変数ItemsProviderを用意します。続いて、ページの初期化処理の中で、データベースから必要なデータだけを非同期で取り出す処理をラムダ式で作り、格納します。この変数をQuickGridと紐づけると、QuickGridが、このデリゲートメソッドを自動的に呼び出して描画に必要な部分のデータだけを読み出します。この処理は、画面をフリーズさせないように非同期処理として書く必要があります。このため、ラムダ式の前にasyncというキーワードをつけています。なお、デリゲートメソッドについて少し難しいと感じた方は、とりあえずページの初期化処理として、ItemsProvider変数に、描画に必要なデータを取り出すための非同期処理を格納しているとだけ理解しておけば十分です。

　一方で、ItemsProvider変数への処理の代入は一瞬であり、非同期の必要はないため、OnInitialized()メソッドはasyncがつかないバージョンを使っています。

　次に、QuickGridを見てみましょう（**リスト7.13**）。

リスト7.13　QuickGridの仮想化

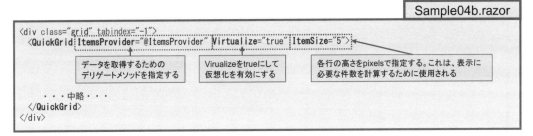

```
<div class="grid" tabindex="-1">
    <QuickGrid ItemsProvider="@ItemsProvider" Virtualize="true" ItemSize="5">
```

データを取得するための
デリゲートメソッドを指定する

Virualizeをtrueにして
仮想化を有効にする

各行の高さをpixelsで指定する。これは、表示に
必要な件数を計算するために使用される

```
    ・・・中略・・・
    </QuickGrid>
</div>
```

まず、Virtualizeプロパティにtrueを指定して、仮想化を有効にします。ItemsProviderには、表示に必要なデータを取得するときに呼び出すデリゲートメソッドを指定（紐づけ）します。また、ItemSizeには、表示に必要なデータ件数を自動計算する際には、各行の高さが必要となります。このため、ItemSizeには各行の高さをpixelsで指定します。

ここで、QuickGridが<div>タグで囲まれているのは、表示域（高さ）を固定して、スクロールバーをつけるためです。高さ指定やスクロールバーの表示はスタイルシート（CSS）側で実施しています。

それでは、以下の手順で、仮想化を使ったページングを実装してみましょう。その際、適宜サンプルコードも参照してください。

1 プロジェクト配下のComponents/Pagesフォルダを右クリックして、[追加] → [Razorコンポーネント] を選択し、Sample04b.razorという名前でRazorコンポーネントファイルを追加します。

2 リスト7.12、リスト7.13のコードを参考にして、Sample04b.razorを実装します。

3 プロジェクト配下のComponents/Pagesフォルダを右クリックして、[追加] → [新しい項目] を選択します。テンプレートから「スタイルシート」を選択し、Sample04b.razor.cssという名前でスタイルシートを追加し、リスト7.14のコードを参考にして実装してください。このスタイルシートでは、QuickGridの色やグリッド線などの他、1ページに表示する行数を制限するために高さを指定しています。

Blazor Serverによるデータ参照アプリ

リスト7.14　スタイルシート（CSS）の内容

```
/* Fix height and enable scrolling */
.grid {
    height: 10rem;
    overflow-y: auto;
}
.grid ::deep table {
    min-width: 100%;
}
/* Sticky header while scrolling */
::deep thead {
    position: sticky;
    top: 0;
    background-color: #d8d8d8;
    outline: 1px solid gray;
    z-index: 1;
}
/* For virtualized grids, it's essential that all rows have the same known height */
::deep tr {
    height: 30px;
    border-bottom: 0.5px solid silver;
}
::deep tbody td {
    white-space: nowrap;
    overflow: hidden;
    max-width: 0;
    text-overflow: ellipsis;
}
```

4 Visual Studioから実行し、ブラウザのアドレスバーから/Sample04bページに移動して、動作を確認します。

　デバッグ用に、`ItemsProvider`が呼び出されたときの表示行と表示件数を画面に出力するコードを追加しています。このコードを追加したことによって、データベースへのクエリが走ったタイミングがわかるようになっています。ここで作成したプログラムの動作を確認するときの参考にしてください。

7.7　⑤フィルタリング

　表示するデータの中から自分が見たいデータだけを探すとき、特定の値でフィルタリングできると便利です。ここでは、フィルタリングの機能を実装します。フィルタリングとは、**図7.16**のように、列の値でデータを絞り込む方法です。今回は、州の値でデータをフィルタできるようにします。

図7.16　フィルタリング

業務アプリでフィルタリング処理を実装する場合、テキストボックスなどから入力されたフィルタリング条件に対して、入力検証が必要になることがあります。入力検証については次章で説明しますが、ここではいったん、ドロップダウンリストを使って、フィルタリングロジックをコードブロックで実装する方法を紹介します。

🏢 7.7.1　フィルタリングの実装：コードブロック

リスト7.15は、コードブロックの内容（前半部分）です。順番に見ていきましょう。

リスト7.15　フィルタリング処理の実装

Sample05.razor

```
@code {
    private List<string?> states = new();                    ← ドロップダウンリストの選択候
                                                                補コレクションを格納する
    private IQueryable<Author>? authors = null;
    private readonly PaginationState paginationState = new() { ItemsPerPage = 10 };

    public class ViewModel { public string SelectedState { get; set; } = "";   ← ViewModelクラスを定義し、
    private ViewModel vm { get; } = new();                                        インスタンスを生成する

    private IQueryable<Author>? FilteredAuthors
    {
        get
        {                                                                      ← フィルタした結果データを返す
            if (string.IsNullOrEmpty(vm.SelectedState) == true) return authors;   プロパティ
            return authors?.Where(a => a.State == vm.SelectedState);
        }
    }
・・・以下略・・・
}
```

まずは、ViewModelクラスを定義して、そのインスタンスをプロパティvmとして用意します。あとの手順で、このViewModelのインスタンスを画面とデータバインドします。ViewModelクラスのメンバーには、文字列型のSelectedStateのみを定義しています。ここには、ユーザーがドロップダウンリストから選

択した州が設定されます。

FilteredAuthorsは、選択した州と一致するレコードだけを返すプロパティです。選択された州は、ViewModelクラスのSelectedState変数に設定されるため、この値を用いてauthorsコレクションを検索して返しています。

次は、コードブロックの後半部分です（**リスト7.16**）。

リスト7.16　フィルタリング、ドロップダウンリストの候補の用意

```
                                                          Sample05.razor

@code {
・・・省略・・・

    protected override async Task OnInitializedAsync()
    {
        await using (var pubs = await DbFactory.CreateDbContextAsync()) {    ドロップダウンリストの選択
            authors = (await pubs.Authors.ToListAsync()).AsQueryable();       候補を収集する
            states = await pubs.Authors.Select(a => a.State).Distinct().ToListAsync();
        }
    }
}
```

今回は、フィルタの条件（州）をドロップダウンリストから選択させるので、ドロップダウンリストに表示する候補リストをあらかじめstates変数に格納しています。この変数は、OnInitializedAsync()メソッドの中で初期化します。

それでは、以下の手順で、フィルタリング処理を実装してみましょう。その際、適宜サンプルコードも参照してください。

1 Sample04.razorファイルをコピーして、名前をSample05.razorに変更します。

2 あわせて、@pageディレクティブや、画面のタイトル表示の名称を、Sample04からSample05に変更します。

3 コードブロックの内容を、**リスト7.15**、**リスト7.16**のコードを参考に修正します。

7.7.2　フィルタリングの実装：表示コンテンツ

次に、ドロップダウンリストを画面にレイアウトし、ドロップダウンリストで選択した州のレコードのみQuickGridに表示するようにしてみます（**リスト7.17**）。

リスト7.17　フィルタリング、UI

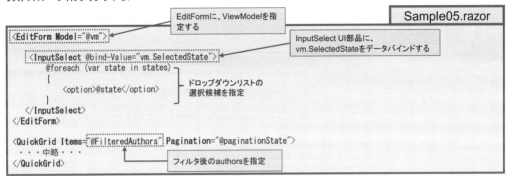

まず、データ入力のためのフォームを作成するため、**EditForm**コンポーネントを配置し、その中に
InputSelectコンポーネント（ドロップダウンリスト）を配置します。

　データ入力フォームを利用する場合には、データ入力フォーム全体とViewModelをデータバインドす
る必要があります。そのため、EditFormをViewModelのインスタンスにバインドし、その中のドロップ
ダウンに対しては、ViewModelインスタンスのプロパティ（vm.SelectedState）をバインドする、とい
う方式でデータバインドを行ないます。

　ドロップダウンリストで州を選択すると、自動的にvm.SelectedStateに選択した結果が格納され
て、画面が再表示されます。QuickGridのItemsプロパティには、FilteredAuthorsプロパティが指
定されており、表示のタイミングで、FilteredAuthorsが呼び出されます。このプロパティのgetterメ
ソッドは、authorsコレクションの内容から、選択した州に一致するレコードのみフィルタリングして返す
ように作られているため、画面にはフィルタした結果が表示されます。

　それでは、以下の手順で、フィルタリングのUIを実装し完成させましょう。その際、適宜サンプルコー
ドも参照してください。

① EditFormおよびInputSelectコンポーネントを追加します。**リスト7.16、リスト7.17のコー
ド**を参考にしてください。

② QuickGridのItemsプロパティにFilteredAuthorsを指定します

③ Visual Studioから実行し、ブラウザのアドレスバーから/Sample05ページに移動して、動作
を確認します。

7.8 ⑥スタイリング

ここまで作成してきたプログラムは、グリッド線もなく単に項目が並んでいるだけで、あまり見やすいとは言えません。本節では、グリッドに色をつけるなどして、見やすくカスタマイズする方法を学びます（図7.17）。

図7.17　スタイリング

7.8.1　CSSの分離

Blazorには、Razorコンポーネント（.razorファイル）の単位で、そのコンポーネント固有のスタイルシート（CSS）を作成する機能があります。この機能を**CSSの分離**と呼びます。

CSSの作成方法は簡単で、Razorコンポーネントのファイル名と同じ名前で、拡張子を.razor.cssにしたファイルを用意するだけです。そのファイルにスタイルを定義すれば、同じ名前のコンポーネントにだけスタイルを適用することができます。

具体的には、Sample06.razorというRazorコンポーネントに対してSample06.razor.cssという名前のCSSファイルを用意することで、Sample06.razorコンポーネント固有のスタイルを定義することができます（**図7.18**）。

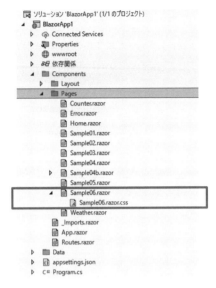

図7.18　CSSの分離

　図7.18のように、Visual Studioのソリューションエクスプローラー上では、CSSファイルとRazorファイルはグルーピングされた形で表示されます。

　なお、CSSファイルの中身は次項で実装しますが、サンプルアプリではQuickGridの色やグリッド線などをカスタマイズします[2]。

　それでは、以下の手順でサンプルアプリに「CSSの分離」を適用してみましょう。その際、適宜サンプルコードも参照してください。

1　Sample04.razorファイルをコピーして、名前をSample06.razorに変更します。

2　あわせて、@pageディレクティブや、画面のタイトル表示の名称を、Sample04からSample06に変更します。

3　プロジェクト配下のComponents/Pagesフォルダを右クリックして、［追加］→［新しい項目］を選択します。テンプレートから「スタイルシート」を選択し、Sample06.razor.cssという名前のCSSファイルを追加します（中身は次項で実装します）。

※2　本書では CSS（スタイルシート）の書き方・文法については解説しません。それらを知りたい方は、以下のドキュメントなどを参照してください。
　・CSS：カスケーディングスタイルシート
　　https://developer.mozilla.org/ja/docs/Web/CSS
　・ASP.NET Core Blazor の CSS の分離
　　https://learn.microsoft.com/ja-jp/aspnet/core/blazor/components/css-isolation?view=aspnetcore-8.0

7.8.2　子コンポーネントへのスタイルの適用

　さて、先ほどはSample06.razorファイルに対するCSSの指定方法を学びましたが、通常、このCSSはそのファイルに対してのみ作用し、当該ページ内に配置された子コンポーネントに対しては適用されません。たとえば**リスト7.18**を見てください。この例では、Sample06.razorファイルの中にQuickGridというコンポーネントを配置していますが、Sample06.razor.cssに（普通に）書いたスタイルはQuickGridには適用されません。CSSの適用分離という観点からは適切な挙動ですが、QuickGridのような、他の場所で作られたコンポーネントに対してスタイル指定したい場合には不便です。このような場合には、以下で述べる方法により、子コンポーネント（ここではQuickGrid）のスタイルを親コンポーネント（ここではSample06）で指定することができます。

リスト7.18　CSSのスタイルを継承するには<div>タグで囲む

　これには、まず、スタイルを継承させたい子コンポーネントを<div>タグで囲む必要があります。この例では、QuickGridコンポーネントを<div>タグで囲っています。<div>タグを使用しない場合はCSSのスタイルを継承できないため注意してください。

　次に、CSS側で、::deep疑似要素を使うと、子コンポーネントに継承させるスタイルを指定することができます（**リスト7.19**）。

```
                                                        ┌─────────────────────┐
                                                        │ Sample06.razor.css  │
                                                        └─────────────────────┘
h3 {
    font-size: 30pt;
    color: red;
    background: #eeeeee;            ┌──────────────────────────┐
}                                   │ ::deep疑似要素は子コンポーネン │
::deep table {                      │ トにスタイルを継承させる指定   │
    min-width: 100%;                └──────────────────────────┘
}
::deep thead {
    background-color: #DDFFDD;
}
::deep tr {
    border-bottom: 0.5px solid silver;
}
::deep tbody td {
    white-space: nowrap;
    overflow: hidden;
    max-width: 0;
    text-overflow: ellipsis;
}
::deep tbody tr {
    background-color: rgba(0, 0, 0, 0.04);
}
::deep tbody tr:nth-child(odd) {
    background: rgba(255, 255, 255, 0.4);
}
```

QuickGridは最終的に`<table>`に展開されるため、CSSでは`<table>`や`<thead>`、`<tbody>`タグなどにスタイルを、`::deep`疑似要素とともに指定しています。

それでは、以下の手順で、子コンポーネントにスタイルを継承してみましょう。その際、適宜サンプルコードも参照してください。

❶ Sample06.razorを開いて、QuickGridの前後に、`<div>`タグがあるかどうか確認してください（**リスト7.18**）。もし、ない場合は、QuickGridを`<div>`タグで囲みます。

❷ Sample06.razor.cssファイルを開き、**リスト7.19**のコードを参考にしてCSSを完成させます。

❸ CSSを作成したらVisual Studioから実行し、ブラウザのアドレスバーから/Sample06ページに移動して、動作を確認します。

⑦行選択＋関連情報の表示

7.9

これまでQuickGridを使用してauthorsテーブルの内容を一覧表示するアプリを作成しました。次は、一覧表示したデータの中から1つの行が選択された際に、著者に関連する情報を画面に表示するようにします（図7.19）。

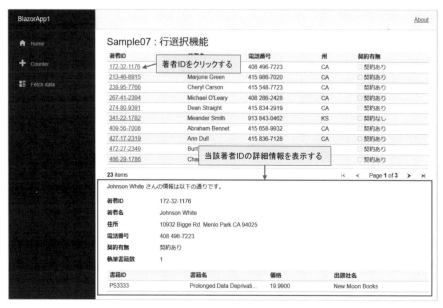

図7.19　行選択+関連情報表示

7.9.1　選択ボタンの追加

最初に、行を選択したときに、イベントハンドラをトリガーできるようにします。ここでは、ハイパーリンク（<a>タグ）を使います。**リスト7.20**は、前節で作成したプログラムからQuickGridコンポーネントの変更点のみを抜き出したものです。

リスト7.20　行の選択（ハイパーリンク）

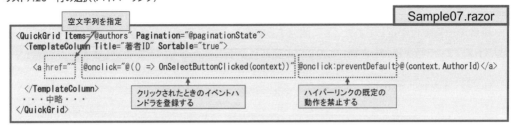

まず、著者IDカラムをTemplateColumnにして、ハイパーリンクで著者IDを表示します。このハイパーリンクは画面遷移をさせるものではないため、ハイパーリングの既定の動作を@onclick:preventDefault属性により抑止するとともに、href属性を空文字にしておきます。ハイパーリングが押下された場合には@onclick属性によりイベントハンドラが呼び出されるようにしますが、イベントハンドラ側ではどの行が押されたのかを把握する必要があります。押された行は、context変数で把握することができるため、これを引数として渡すイベントハンドラ呼び出しを@onclick属性に記述します。

なお、ハイパーリンクの代わりにボタンを使用する場合は、**リスト7.21**のように記述します。

リスト7.21　行の選択（ボタン）

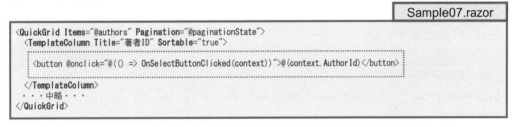

それでは、以下の手順で行の選択機能を追加してみましょう。その際、適宜サンプルコードも参照してください。

1 Sample06.razorファイルをコピーして、名前をSample07.razorに変更します。

2 あわせて@pageディレクティブや、画面のタイトル表示の名称を、Sample06からSample07に変更します。

3 Sample07.razorを開き、著者IDのカラムをTemplateColumnにするなどQuickGridを修正し、**リスト7.20**の通りに実装します。ハイパーリンクではなく、ボタン（**リスト7.21**）にしてもかまいません。

🏛 7.9.2 関連レコードの表示

著者の一覧で行が選択されたときに関連する書籍の一覧を画面に表示するために、コードブロックに**リスト7.22**の3行を追加します。この3つの変数は画面に表示する内容を格納します。

リスト7.22 関連情報の表示（コードブロック側）

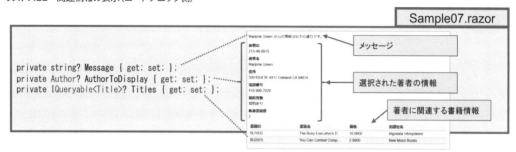

Message変数は画面に表示するメッセージを格納します。AuthorToDisplay変数には選択された著者の情報を格納する目的で使用します。Titles変数にはその著者に関連する書籍の一覧を格納します。

次に、表示コンテンツ（画面）を見てみます（**リスト7.23**）。

リスト7.23 関連情報の表示（表示コンテンツ）

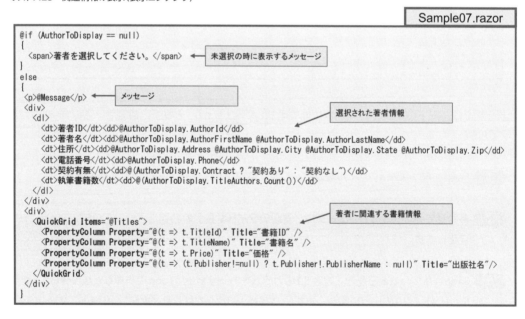

`AuthorToDisplay`が`null`の場合は、行選択がされていないケースなので、画面には「著者を選択してください」とメッセージを表示します。一方で、`AuthorToDisplay`に値が入っている場合は、その内容を`<dl>`／`<dt>`タグで表示しています。また、著者に関連する書籍一覧を、`QuickGrid`を使用して表示します。

　それでは、以下の手順で関連レコードの表示処理を実装してみましょう。その際、適宜サンプルコードも参照してください。

❶ `Sample07.razor`ファイルを開き、コードブロックで**リスト7.22**のコードを参考にして3つの変数を実装します。

❷ 次に、関連情報を表示する表示コンテンツ部分を実装します。**リスト7.23**のコードを参考にしてください。

🏢 7.9.3　イベントハンドラの実装

　著者の一覧で行が選択されたときに呼び出されるイベントハンドラを実装します（**リスト7.24**）。行が選択され、イベントハンドラが呼び出されたら、DBから著者データの詳細を読み出し、先ほど追加した変数に値を設定します。

リスト7.24　イベントハンドラの実装

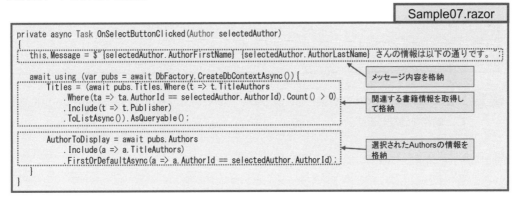

```
                                                          Sample07.razor
private async Task OnSelectButtonClicked(Author selectedAuthor)
{
  this.Message = $"{selectedAuthor.AuthorFirstName} {selectedAuthor.AuthorLastName} さんの情報は以下の通りです。"   ← メッセージ内容を格納

  await using (var pubs = await DbFactory.CreateDbContextAsync()) {
    Titles = (await pubs.Titles.Where(t => t.TitleAuthors
      .Where(ta => ta.AuthorId == selectedAuthor.AuthorId).Count() > 0)   ← 関連する書籍情報を取得して格納
      .Include(t => t.Publisher)
      .ToListAsync()).AsQueryable();

    AuthorToDisplay = await pubs.Authors
      .Include(a => a.TitleAuthors)                                        ← 選択されたAuthorsの情報を格納
      .FirstOrDefaultAsync(a => a.AuthorId == selectedAuthor.AuthorId);
  }
}
```

　このイベントハンドラには、`<a>`タグの`@onclick`に指定したラムダ式により、クリックされた行のデータが引数として渡されてきます。この情報をもとに、データベースからデータを読み込み、`Titles`変数や`AuthorToDisplay`変数に格納します。

　それでは、以下の手順でイベントハンドラを実装してみましょう。その際、適宜サンプルコードも参照してください。

1 Sample07.razorファイルを開き、コードブロックに、行が選択されたときのイベントハンドラ
をリスト7.24のコードを参考にして実装します。

2 Sample07.razor.cssファイルをプロジェクトに追加して、リスト7.25のコードを参考にして
CSSを完成させてください。

リスト7.25　CSS（スタイルシート）の内容

```
                                                          Sample07.razor.css
dl {
}
dl dt {
    float: left;
}
dl dd {
    margin-left: 150px;
}
::deep table {
    min-width: 100%;
}
::deep thead {
    background-color: #DDFFDD;
}
::deep tr {
    border-bottom: 0.5px solid silver;
}
::deep tbody td {
    white-space: nowrap;
    overflow: hidden;
    max-width: 0;
    text-overflow: ellipsis;
}
::deep tbody tr {
    background-color: rgba(0, 0, 0, 0.04);
}
::deep tbody tr:nth-child(odd) {
    background: rgba(255, 255, 255, 0.4);
}
```

3 最後にVisual Studioから実行し、ブラウザのアドレスバーから/Sample07ページに移動し
て、動作を確認します。

7.10 ⑧ページ遷移

前節では、著者の行を選択すると、同じ画面の下側に関連情報を表示しました。続いて、ページ遷移を行ない、別のページで関連情報を表示するようにしてみます（**図7.20**）。

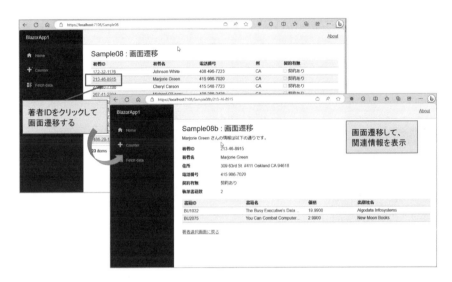

図7.20　ページ遷移

7.10.1　遷移元ページの実装

Sample08では、ページ遷移を行なう必要があるため、**NavigationManager** DIサービスをランタイムから受け取って利用します。具体的には、ヘッダー部分で@injectステートメントを利用します（**リスト7.26**）。

リスト7.26　ページ遷移：遷移元のページのヘッダー部分

Sample08.razor

```
@* アプリケーションサービス *@
@inject IDbContextFactory<PubsDbContext> DbFactory
@inject NavigationManager NavigationManager    ← 画面遷移を行なうためのナビゲーション
                                                 サービスを受け取る指定
```

次に、コードブロックで、イベントハンドラを実装します（**リスト7.27**）。

リスト7.27　ページ遷移：関連情報表示ページに遷移する

Sample08.razor

```
private void OnSelectButtonClicked(Author selectedAuthor)
{
    NavigationManager.NavigateTo("Sample08b/" + selectedAuthor.AuthorId);
}
```

遷移先のURIの末尾に、AuthorsIdを加えて、NavigateToを呼び出す

　このイベントハンドラには、選択した著者に関する情報が、引数 selectedAuthor として渡されてきています。この引数から AuthorId プロパティを取り出して、遷移先の URL（Sample08b）の末尾に加えて、NavigationManager.NavigateTo() メソッドによりページ遷移を行ないます。後述するように、@page ディレクティブの記述を工夫することにより、パスの一部として加えた AuthorId は遷移先のページでパラメータとして受け取ることができます（**図7.21**）。

図7.21　URLの一部として著者IDを渡す

　なお、Sample07 のときと違い、このイベントハンドラは非同期処理になっていない（async がついていない）ことに注意してください。ここでは、データベースからのデータの読み出しを待っているわけではなく、ページを遷移するだけなので同期呼び出しにしています。

　続けて、Sample07 と同じく、著者一覧の行が選択されたとき、このイベントハンドラをトリガーできるようにします（**リスト7.28**）。

リスト7.28　ページ遷移：遷移元の表示コンテンツ

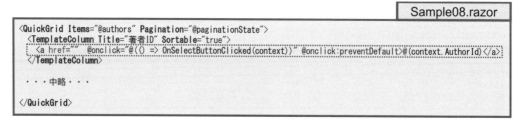

Sample08.razor

```
<QuickGrid Items="@authors" Pagination="@paginationState">
    <TemplateColumn Title="著者ID" Sortable="true">
        <a href="" @onclick="@(() => OnSelectButtonClicked(context))" @onclick:preventDefault>@(context.AuthorId)</a>
    </TemplateColumn>

    ・・・中略・・・

</QuickGrid>
```

　それでは、以下の手順でページ遷移の処理を実装してみましょう。その際、適宜サンプルコードも参照してください。

1 Sample06.razor ファイルをコピーして、名前を Sample08.razor に変更します。

2 あわせて @page ディレクティブや、画面のタイトル表示の名称を、Sample06からSample08 に変更します。

3 Sample08.razor を開き、リスト7.26 ～ 28のコードを参考に修正します。
- @inject ステートメントで NavigationManager を指定します（リスト7.26）。
- OnSelectButtonClicked() メソッドを実装します（リスト7.27）。
- QuickGrid を修正して、著者IDのカラムを、ハイパーリンクで選択できるように実装します （リスト7.28）。

4 Sample07.razor.css ファイルをコピーして、名前を Sample08.razor.css に変更します。

7.10.2 遷移先ページのヘッダーの実装

次に、遷移先のページを実装します。**リスト7.29**は、遷移先のページ（Sample08b）のヘッダー部分です。

リスト7.29 ページ遷移：遷移先のページのヘッダー部分

一番先頭の @page ディレクティブでは、このページへのパスと、パスの一部としてページに引き渡すパラメータ {AuthorsId} を指定しています。

なお、URLの一部としてパラメータを渡すこの方法は、利用者にとってはブラウザでブックマークできるなど利便性がよいものの、悪意を持ったユーザーが自由に値を設定してページを呼び出すことも可能なので注意が必要です。不適切な値が設定される可能性も考慮して、利用前には必ず、後述の OnParametersSet() メソッドを使用して値の検証を行ないます。

こちらのページでも、@inject ステートメントで、NavigationManager を指定しています。これは、遷移元のページに戻るために、ページ遷移を行なうためです。

それでは、以下の手順で遷移先ページのヘッダーを実装してみましょう。その際、適宜サンプルコードも参照してください。

1 プロジェクト配下のComponents/Pagesフォルダを右クリックして、[追加] → [Razorコンポーネント] を選択し、Sample08b.razorという名前でRazorコンポーネントファイルを追加します。

2 リスト7.29のコードを参考にして、ヘッダー部分を実装します。

🏢 7.10.3　遷移先ページの表示コンテンツの実装

関連情報を表示する画面は、Sample07で実装した画面下半分の内容をそのまま流用します（**リスト7.30**）。

リスト7.30　ページ遷移：関連情報の表示（表示コンテンツ）

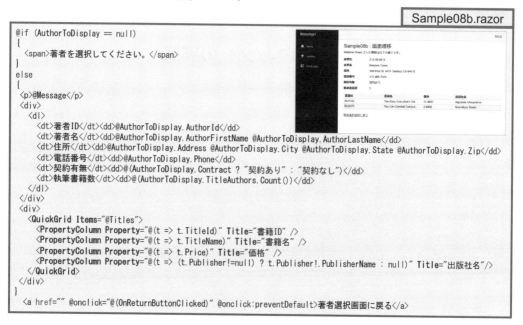

```
@if (AuthorToDisplay == null)
{
    <span>著者を選択してください。</span>
}
else
{
    <p>@Message</p>
    <div>
        <dl>
            <dt>著者ID</dt><dd>@AuthorToDisplay.AuthorId</dd>
            <dt>著者名</dt><dd>@AuthorToDisplay.AuthorFirstName @AuthorToDisplay.AuthorLastName</dd>
            <dt>住所</dt><dd>@AuthorToDisplay.Address @AuthorToDisplay.City @AuthorToDisplay.State @AuthorToDisplay.Zip</dd>
            <dt>電話番号</dt><dd>@AuthorToDisplay.Phone</dd>
            <dt>契約有無</dt><dd>@(AuthorToDisplay.Contract ? "契約あり" : "契約なし")</dd>
            <dt>執筆書籍数</dt><dd>@(AuthorToDisplay.TitleAuthors.Count())</dd>
        </dl>
    </div>
    <div>
        <QuickGrid Items="@Titles">
            <PropertyColumn Property="@(t => t.TitleId)" Title="書籍ID" />
            <PropertyColumn Property="@(t => t.TitleName)" Title="書籍名" />
            <PropertyColumn Property="@(t => t.Price)" Title="価格" />
            <PropertyColumn Property="@(t => (t.Publisher!=null) ? t.Publisher!.PublisherName : null)" Title="出版社名"/>
        </QuickGrid>
    </div>
}
    <a href="" @onclick="@(OnReturnButtonClicked)" @onclick:preventDefault>著者選択画面に戻る</a>
```

基本的にほぼ同じコードですが、末尾に前のページに戻るためハイパーリンクを追加しています。ハイパーリンクがクリックされたときに呼び出されるイベントハンドラとして`OnReturnButtonClicked()`メソッドを指定しています。

それでは、以下の手順で遷移先ページの表示コンテンツを実装してみましょう。その際、適宜サンプルコードも参照してください。

1 Sample08b.razorを開き、**リスト7.30**のコードを参考にして、表示コンテンツを実装します。

7.10.4 遷移先ページのコードブロックの実装

コードブロック部分には、データバインドに利用する変数宣言に加えて、手前のページからのパラメータ受け取り、データの取得処理、元画面へ戻る処理をそれぞれ実装していきます。順に見ていきましょう。

まず、表示するデータはSample07と同じため、同様にデータバインド用の変数を用意しておきます（**リスト7.31**）。

リスト7.31　ページ遷移：関連情報の表示（コードブロック側）

Sample08b.razor

```
private string? Message { get; set; };
private Author? AuthorToDisplay { get; set; };
private IQueryable<Title>? Titles { get; set; };
```

次に、@pageディレクティブにより切り出されたパラメータAuthorIdを受け取るためのプロパティを、[Parameter]属性をつけて用意します（**リスト7.32**）。これにより、Blazorランタイムは、URLの一部として外部から渡されてくるパラメータを、自動的にこのプロパティに格納します。

リスト7.32　ページ遷移：パラメータの受け取りと検証

Sample08b.razor

```
[Parameter]
public required string AuthorId { get; init; }

protected override void OnParametersSet()
{
  // セキュリティ対策
  if (String.IsNullOrEmpty(AuthorId)) throw new ArgumentNullException("AuthorId");
  if (System.Text.RegularExpressions.Regex.IsMatch(AuthorId, @"^\d{3}-\d{2}-\d{4}$") == false)
    throw new ArgumentException("AuthorId");
}
```

OnParametersSet() メソッドは、渡されてきたパラメータがプロパティに設定されたときに呼び出されるイベントハンドラです。このイベントハンドラでは、パラメータとして渡される値が不適切なものでないか確認しています。このコードでは、値がnullではないことを検証し、続けて、数字がxxx-xx-xxxxの形式で構成されていることを、正規表現を使って検証しています。もし、それ以外の値が渡されてきた場合には、正しい画面遷移の手順に従わず、不適切なURLを捏造してアクセスを試みたということになります。このため、例外を送出してアプリを停止します。

OnParametersSet() メソッドの処理後、OnInitializedAsync() メソッドが呼び出されます（**リスト7.33**）。ここでデータベースからデータを読み取り、データバインド用の変数に値をセットすると、画面が表示されます。

リスト7.33　ページ遷移：初期化処理

Sample08b.razor

```
protected override async Task OnInitializedAsync()
{
    await using (var pubs = await DbFactory.CreateDbContextAsync()){
        Titles = (await pubs.Titles.Where(t => t.TitleAuthors
            .Where(ta => ta.AuthorId == this.AuthorId).Count() > 0)
            .Include(t => t.Publisher)
            .ToListAsync()).AsQueryable();

        AuthorToDisplay = await pubs.Authors
            .Include(a => a.TitleAuthors)
            .FirstOrDefaultAsync(a => a.AuthorId == this.AuthorId);
    }

    Message = AuthorToDisplay is null ?
        null :
        $"{AuthorToDisplay.AuthorFirstName} {AuthorToDisplay.AuthorLastName} さんの情報は以下の通りです。";
}
```

　画面の末尾に置いたハイパーリンクがクリックされたら、元画面に戻るようにイベントハンドラを実装します（**リスト7.34**）。

リスト7.34　ページ遷移：著者一覧の画面に戻る

Sample08b.razor

```
private void OnReturnButtonClicked()
{
    NavigationManager.NavigateTo("Sample08");
}
```

　それでは、以下の手順で遷移先ページのコードブロックを実装してみましょう。その際、適宜サンプルコードも参照してください。

1　Sample08b.razorを開き、**リスト7.31～34**のコードを参考にして、コードブロック部を実装します。
- ViewModelを追加します。
- パラメータを受け取るためのAuthorIdプロパティと、プロパティに値が設定されたときに呼び出されるOnParametersSet()メソッドを追加します（**リスト7.32**）。
- ページが表示されるときに呼び出されるOnInitializedAsync()メソッドを追加します（**リスト7.33**）。
- ハイパーリンクがクリックされたときに呼び出されるOnReturnButtonClicked()メソッドを追加します（**リスト7.34**）。

2　Sample07.razor.cssファイルをコピーして、名前をSample08b.razor.cssに変更します。

3　最後にVisual Studioから実行し、ブラウザのアドレスバーから/Sample08ページに移動して、動作を確認します。

⑨コンポーネント化

7.11

C# users

最後に、これまで作成してきた著者一覧を表示する「ページング機能付き著者データ表示用 QuickGrid」をコンポーネント化（部品化）して、別のページからも再利用できるようにします（**図7.22**）。

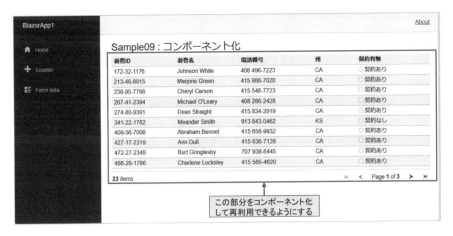

図7.22　コンポーネント化

7.11.1　AuthorsGridコンポーネントの実装

ここでは、Sample06をもとにして、再利用可能なコンポーネントを切り出してみましょう。Sample06で作成したソースコードから、著者一覧を表示しているQuickGrid＋PagenatorのUI部品を抽出してAuthorsGridという名前のコンポーネントを作ると、**リスト7.35**のようになります。

リスト7.35　AuthorsGrid.razorの実装

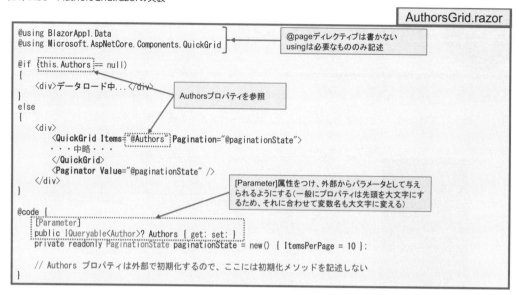

ページを作成するときと違い、コンポーネント化する場合は、@pageディレクティブは不要です。

コンポーネント化するにあたり、表示するために必要なデータ（IQueryable<Author>コレクション）は、外部からパラメータとして渡せるようにしておきます。具体的には、これまでメンバー変数で定義していたauthors変数の代わりに、[Parameter]属性を付与したAuthorsプロパティをpublicキーワードで実装します。なお、プロパティの名称は先頭を大文字にするのが通例なので、Authorsとしています。一方、paginationStateについては、外部に公開する必要はない（パラメータ化しない）ため、メンバー変数として実装します。

表示コンテンツ部分は、QuickGrid+Pagenatorをほぼそのまま流用します。ただし、参照するデータは、Authorsプロパティ（大文字から始まるAuthors）を参照するように書き換えます。

以上の作業を図示すると、図7.23のようになります。

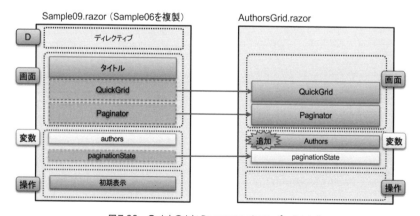

図7.23　QuickGrid+Pagenatorをコンポーネント化

それでは、以下の手順でSample06のQuickGridをコンポーネント化してみましょう。その際、適宜サンプルコードも参照してください。

1 Sample06.razorファイルをコピーして、名前をSample09.razorに変更します。

2 あわせて、@pageディレクティブや、画面のタイトル表示の名称を、Sample06からSample09に変更します。

3 プロジェクト配下のComponents/Pagesフォルダを右クリックして、[追加] → [Razorコンポーネント] を選択して、AuthorsGrid.razorを追加します。

4 AuthorsGrid.razorを開き、**リスト7.35**のコードを参考にしながら実装します。
- ヘッダー部で必要な@usingを追加します。
- コードブロックで、AuthorsプロパティとpaginationStateメンバー変数を実装します。
- 表示コンテンツは、Sample09.razorからQuickGrid+Paginatorをコピーして実装します。このとき、authorsコレクションをAuthorsプロパティを参照するように書き換えます。

🏢7.11.2 AuthorsGridコンポーネントの利用

次に、作成したAuthorsGridコンポーネントを呼び出す側のコードは、**リスト7.36**のようになります。

リスト7.36 AuthorsGrid.razorを利用

```
・・・略・・・
<h3>Sample09 : コンポーネント化</h3>

<AuthorsGrid Authors="@authors" />          authors変数をAuthorsGrid
                                            コンポーネントへデータバインド
                                            する
@code {
    private IQueryable<Author>? authors = null;
    protected override async Task OnInitializedAsync()
    {
        await using (var pubs = await DbFactory.CreateDbContextAsync()){
            authors = (await pubs.Authors.ToListAsync()).AsQueryable();
        }
    }
}
```

Sample09.razor

AuthorsGridコンポーネントを利用するには、Razorページで<AuthorsGrid>というタグを書きます。Blazorランタイムは、ここで指定した名前と同じ名前のRazorコンポーネントを探してきて、ページ上にレイアウトしてくれます。さらにここでは、著者一覧データ（authors）を、AuthorsGridコンポーネントのAuthorsプロパティにパラメータとして渡しています。

それでは、以下の手順でAuthorsGridコンポーネントを利用するコードを記述してみましょう。その際、適宜サンプルコードも参照してください。

1 Sample09.razorファイルを開き、表示コンテンツ（View）の部分を**リスト7.36**のコードを参考に書き換えます。

2 AuthorsGrid.razor.cssファイルをプロジェクトに追加して、**リスト7.37**のコードを参考にCSSを完成させます。

リスト7.37　CSS（スタイルシート）の内容

```
                                                    AuthorsGrid.razor.css
h3 {
    font-size: 30pt;
    color: red;
    background: #eeeeee;
}
::deep table {
    min-width: 100%;
}
::deep thead {
    background-color: #DDFFDD;
}
::deep tr {
    border-bottom: 0.5px solid silver;
}
::deep tbody td {
    white-space: nowrap;
    overflow: hidden;
    max-width: 0;
    text-overflow: ellipsis;
}
::deep tbody tr {
    background-color: rgba(0,0,0,0.04);
}
::deep tbody tr:nth-child(odd) {
    background: rgba(255,255,255,0.4);
}
```

3 最後にVisual Studioから実行し、ブラウザのアドレスバーから/Sample09ページに移動して、動作を確認します。

7.12 まとめ

本章では、Blazor Server型の2層型データアクセスアプリを作成しました。業務システム開発では、グリッド（表形式）の部品を使うことが多いため、ここではBlazorのQuickGridを使用して、以下の基本的な機能を実装する方法を学びました。

- QuickGridの使い方
- データの一覧表示
- 表示列のカスタマイズ
- ソート
- フィルタリング
- 行選択とイベントハンドリング
- ページ遷移との組み合わせ
- コンポーネント化

第 **8** 章

Blazor Server による
データ更新アプリ

本章では、更新系のアプリで必要となる入力検証の方法と、楽観同時
実行制御付きのデータ更新アプリを作成する方法について解説しま
す。前章に引き続き、演習方式で解説しますので、ぜひ手を動かしな
がら理解を深めてください。

サンプルアプリ

本章では、最初に、更新系のアプリで必要となる入力データ検証について学習します。その後、前章で作成したデータ参照アプリを拡張して、楽観同時実行制御付きのデータ更新アプリを作成します。第8章では大きく以下の2つの話題について説明します。

①DataAnnotationsを使ったモデル検証（入力データの検証）を行なう方法
②楽観同時実行制御付きでデータを更新する方法

入力データの検証

更新系のアプリでは、ユーザーが入力したデータに基づいてデータを更新します。入力したデータが不適切な場合はデータの汚損や破壊につながることがあるため、ユーザーが入力したデータをそのまま使ってはいけません。必ず入力データの検証を行なったうえで利用します。

また、入力データの検証は、更新系アプリだけでなく、参照系アプリでも必要になります。たとえば、**図8.1**に示すような、検索条件を指定させるようなアプリでも、ユーザーから入力された値はそのまま利用せず、必ず検証を行なう必要があります。本格的な更新系アプリの開発の前に、まずはこのシンプルなケースを例にとって、入力データの検証方法を解説します。

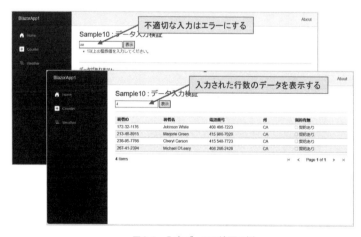

図8.1　入力データの検証の例

🏢 8.2.1 コードブロックの実装

この例の場合、コードブロックの実装は**リスト8.1**のようになります。

リスト8.1 コードブロックの実装

```
                                                          Sample10.razor
@code {
    private IQueryable<Author> authors = new List<Author>().AsQueryable();
    private ViewModel vm { get; } = new();
    private bool isProcessing = false;  // 処理中かどうかを判定するフラグ

    private async Task OnEditFormSubmitted() { /* …後述… */ }
    public class ViewModel { /* …後述… */ }
}
```

テキストボックスからの入力値を受け取る際、入力データの検証が必要になります。このため、第4章で解説したように、テキストボックスからの入力値はstring型にそのまま双方向データバインドするのではなく、モデル検証機能を使ったViewModelクラスを介して双方向データバインドします（詳細は順を追って解説します）。また、ボタンを押下したときにデータ読み出し処理を行なうイベントハンドラとして、OnEditFormSubmitted()メソッドを用意しておきます[1]。

それでは、以下の手順で実装してみましょう。その際、適宜サンプルコードも参照してください。

1 新規にRazorコンポーネント（ページ）を追加し、名前をSample10.razorに変更します。

2 @pageディレクティブや画面のタイトル表示の名称を、Sample10に変更します。

3 リスト8.1のコードを参考にしてコードブロック内を実装します。OnEditFormSubmitted()メソッドと、ViewModelクラスは、いったん空のままでかまいません。

🏢 8.2.2 DataAnnotationsによるモデル検証（入力データの検証）

では、第4章で解説した**DataAnnotations**を使った**モデル検証機能**を使って、入力データの検証をしていきましょう。DataAnnotationsを使ったモデル検証機能を利用するには、まず、ヘッダー部で、System.ComponentModel.DataAnnotations名前空間をusingにより参照します（**リスト8.2**）。

※1　isProcessingは二重処理防止用のフラグです（詳細は後述）。

リスト8.2　データアノテーションの追加

```
                                                          Sample10.razor

@page "/Sample10"
@using BlazorApp1.Data
@using Microsoft.EntityFrameworkCore
@using Microsoft.AspNetCore.Components.QuickGrid
@using System.ComponentModel.DataAnnotations;

@* アプリケーションサービス *@
@inject IDbContextFactory<PubsDbContext> DbFactory
```

続いて、**ViewModelクラス**を実装します（**リスト8.3**）。

リスト8.3　ViewModelクラスの実装

```
                                                          Sample10.razor

public class ViewModel
{                                            データに注釈（アノテーション）を指定する
    [Required(ErrorMessage = "件数を入力してください。")]
    [RegularExpression(@"^[1-9]¥d*$", ErrorMessage = "1以上の整数値を入力してください。")]
    public string Count { get; set; } = "";
}
        画面上のデータに対応                                      1         表示
```

　モデル検証機能を利用するViewModelクラスは、画面上の入力部品に双方向データバインドする値を格納する単純なクラス（構造体クラス：POCO）です。今回のアプリでは画面上にはテキストボックスだけが配置されているため、このテキストボックスに対応するCountというプロパティを用意します。実装に関する注意点として、以下に気をつけてください。

- **int型ではなくstring型で定義する**。最終的に入力される値は数値だが、途中では英文字や記号など不適切な文字が入力される可能性があり、このような値も受け取って検証する必要があるため
- **null不許可の参照型として定義**（**?をつけない**）**し、空文字で初期化する**。これはテキストボックスにnull値が設定されることはないため
- **属性を使ったアノテーション（注釈）によりデータ検証の条件を指定する**。この例だと、Required属性によって、このCountが必須入力であることが明示される。また、RegularExpression属性によって、正規表現にマッチしない入力の場合に検証エラーにすることができる

　なお、実際のデータ検証やエラー表示はViewModelクラス自身が行なうわけではなく、Blazorランタイムが（属性として付与されている情報を用いて）データ検証を実施し、HTML部分で指定された場所にエラーメッセージを表示します。

　それでは、以下の手順で実装してみましょう。その際、適宜サンプルコードも参照してください。

1　リスト8.2、リスト8.3のコードを参考にしてViewModelクラスを実装してください。

8.2.3 表示コンテンツの実装

次に画面をレイアウトします。まずは、画面上にデータ入力のためのフォームを配置します（**リスト8.4**）。

リスト8.4　入力フォームの配置

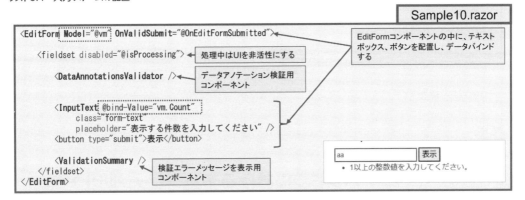

ボタン押下時にテキストボックスに対してデータ入力検証を行なうため、以下の作業を行なっています。

- データ入力フォーム全体を`EditForm`コンポーネントで囲むとともに、**submit**タイプのボタンが押下された際のイベントハンドラを指定する（ここでは`OnEditFormSubmitted()`メソッドを指定している）。この例の場合、`EditForm`の内部にはテキストボックスとボタンを配置することになる。`EditForm`は`vm`プロパティと紐づけを行なっており、また、テキストから入力された値が`vm.Count`と紐づくように双方向データバインドを行なっている

- `EditForm`内に`DataAnnotationsValidator`を配置する。`DataAnnotationsValidator`は、データアノテーション検証を行なうためのコンポーネント。`EditForm`の内部に配置する

- 検証失敗時にエラーメッセージをまとめて表示するために、`ValidationSummary`コンポーネントを配置する

また、データ入力フォーム（ボタンとテキストボックス）は`fieldset`でくくったうえで、`disabled`プロパティに`isProcessing`をバインドしています。これはボタンの多重クリックによる多重処理を防止するためのものです（詳細は後述）。

次に、データの一覧を表示するコンポーネントを配置しておきます。そのまま実装してもかまいませんが、ここでは第7章の`Sample09`で作成した`AuthorsGrid`コンポーネントを再利用しています（**リスト8.5**）。

リスト8.5　データ表示部分の配置

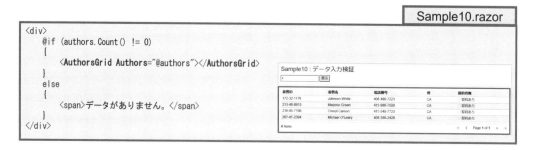

```
<div>
    @if (authors.Count() != 0)
    {
        <AuthorsGrid Authors="@authors"></AuthorsGrid>
    }
    else
    {
        <span>データがありません。</span>
    }
</div>
```

それでは、以下の手順で実装してみましょう。その際、適宜サンプルコードも参照してください。

1 リスト8.4、リスト8.5のコードを参考にして表示コンテンツを実装します。

8.2.4　イベントハンドラにおける多重クリック防止対策

次に、ボタンがクリックされたときに呼び出されるイベントハンドラを実装しましょう。**リスト8.6**の`OnEditFormSubmitted()`メソッドはデータの読み出し部分のみ抜粋したものです（完全版のソースコードは後述）。

リスト8.6　イベントハンドラの実装（抜粋）

Sample10.razor

```
private async Task OnEditFormSubmitted()
{
    // …省略…

    // 入力された件数を整数に変換。このパース処理が失敗することはないので TryParse() は不要
    int count = int.Parse(vm.Count);

    // データベースから count 数だけデータを取得
    await using (var pubs = await DbFactory.CreateDbContextAsync()){
        authors = (await pubs.Authors.OrderBy(a => a.AuthorId).Take(count).ToListAsync()).AsQueryable();
    }

    // …省略…
}
```

先の`EditForm`の実装により、このイベントハンドラは、モデル検証機能によるデータ検証が成功した場合に限り呼び出されます。このため、画面から入力された件数（`vm.Count`）を整数に変換する際、`TryParse`での検証は不要で、直接`Parse`を呼び出して変換することができます。

また、データベースからのデータ読み出しでは、ソートしたうえで指定された件数だけ読み出す必要がありますが、これを`Take()`処理によって実施しています。データベースからの読み出しは、ある程度時間がかかる処理なので、非同期メソッドとして実装します。このため、イベントハンドラの戻り値が`Task`として定義されていることにも注意してください。

ボタンの多重クリック対策

さて、ここまでの解説ではあまり触れてきませんでしたが、ここで、ボタンの多重クリック対策について解説します。このページはデータ参照を行なうものであるため、ボタンが連打されたとしても実害は発生しませんが、本章後半で解説するようなデータ更新を伴うアプリの場合、ボタンの多重クリックによって致命的な問題（たとえばショッピングサイトで間違って二重に商品を購入してしまうなど）が発生する可能性があります。このため、ボタンを連打させないようにする、あるいは連打されても二重処理が発生しないようにする工夫が必要になります。具体的な実装方法を**リスト8.7**に示します。この**リスト8.7**は、先ほどの`OnEditFormSubmitted()`メソッドの完全版です。

リスト8.7　イベントハンドラの実装（完全版）

Sample10.razor

```
private async Task OnEditFormSubmitted()
{
    if (isProcessing) return; // 処理中の場合はなにもせず復帰
    try
    {
        isProcessing = true; // 処理中フラグを立てる

        // 入力された件数を整数に変換。このパース処理が失敗することはないので TryParse() は不要
        int count = int.Parse(vm.Count);

        // データベースから count 数だけデータを取得
        await using (var pubs = await DbFactory.CreateDbContextAsync()){
            authors = (await pubs.Authors.OrderBy(a => a.AuthorId).Take(count).ToListAsync()).AsQueryable();
        }
    }
    finally
    {
        isProcessing = false; // 処理中フラグを下ろす
    }
}
```

二重処理の抑止のためには、**ボタンを二重押しさせないことと二重押しされたとしても複数回の処理が行なわれないようにすること**が必要です。これらの制御を行なうために、`isProcessing`フラグを用意して利用します。具体的には、処理が始まったら`isProcessing`フラグを`true`にし、終わったら`false`に戻すことを前提として、以下の2つを行ないます。

- `isProcessing`フラグが`true`ならボタンを不活性化する（押せないようにする）
- `isProcessing`フラグが`true`の状態で処理が再度行なわれようとした場合には、これを無視する

まず、`isProcessing`フラグによる画面の不活性化に関しては、すでに先の`EditForm`の実装で示した通りです。`fieldset`の`disable`プロパティに`isProcessing`フラグを結び付けておくことにより、処理が開始されたら画面を不活性化することができます。

しかし、この**画面の不活性化による対策は完全なものではありません。**ボタンが押下されたあと、画面が最新化されて実際に`fieldset`が不活性化されるのは、イベントハンドラが走り出して最初の`await`処理が行なわれたあと、すなわち`DbFactory.CreateDbContextAsync()`処理が行なわれたタイミン

グです。このため、ボタンが押下されてから不活性化されるまでには（ごくわずかではありますが）隙間時間があり、ユーザーがボタンを2回連打することが（原理的に）可能です。このため、OnEditFormSubmittedイベントハンドラの先頭でisProcessingフラグをチェックし、falseだったらそのまま処理を終了する、という実装を行なっています[※2]。

　この2つは、どちらの対策が本命であるかを間違えないようにしてください。**isProcessingフラグがtrueならボタンを不活性化する（押せないようにする）のは、ユーザビリティ向上を目的としたもので、システム的に二重処理を確実に防止することにはなりません。isProcessingフラグがtrueの状態で処理が再度行なわれようとした場合には、これを無視することによって、システム上の二重処理を確実に防止します。**

　なお、ここでは多重押し問題への簡単な解決方法を解説しましたが、実際のWebシステムでは、これ以外にもネットワークが切れた場合への対策（すなわちユーザー側で押下したボタンの処理状態がわからなくなってしまった場合への対処）も考慮しなければならない場合があります。このようなときには、ここで解説したようなUI部の実装の工夫による対策以外に、処理の冪等化やトランザクションIDの払い出しなどが行なわれることもよくあります[※3]。

　それでは、以下の手順で実装してみましょう。その際、適宜サンプルコードも参照してください。

1 のコードを参考にしてOnEditFormSubmittedイベントハンドラを実装します。

2 Sample08.razor.cssファイルをコピーして、名前をSample10.razor.cssに変更します。

3 最後に、Visual Studioから実行し、ブラウザのアドレスバーから/Sample10ページに移動して、動作を確認します。

　以上で、入力データの検証や多重クリック防止などの実装方法の説明は終了です。ここまでの知識を総動員して、いよいよ楽観同時実行制御付きのデータ更新アプリを作ってみましょう。

8.3 楽観同時実行制御付きデータ更新

　ここでは第7章で作成したサンプルアプリをベースに、**楽観同時実行制御**付き更新ページを実装します。画面イメージは、**図8.2**のようになります。

※2　ユーザーがボタンを2回連打したとしても、イベントハンドラ呼び出しは並列実行されず直列実行されるため、この実装で二重処理を抑止することができます。

※3　これらは一般的な設計論の話となるため本書では深入りしませんが、興味がある方は調べてみるとよいでしょう。

図8.2 楽観同時実行制御付き更新ページ

　著者一覧の画面で著者IDをクリックすると当該著者の編集ページに遷移し、編集ページでは著者に関するデータを書き換えて更新できるようにしてみます。

　さて、データ更新では、複数ユーザーによる同一データの同時更新についての配慮が必要となります。何も配慮されていないと、先行したユーザーによる変更を、他のユーザーが気づかずに上書き更新してしまう可能性があるからです。本章では、楽観同時実行制御と呼ばれる手法を用いて、この問題に対処していきます。では、順にアプリの実装を見ていきましょう。

8.3.1　著者一覧選択画面の実装

　まず、遷移元の著者の一覧を表示する画面を用意します（**図8.3**）。

図8.3 遷移元のページ

　遷移元の画面は、第7章で作成したソースコードを使いまわすので、Sample08をコピーして再利用してください。遷移先となる編集ページは、このあとに作成するページ（Sample11b）へ遷移するように変更してください（**リスト8.8**）。

リスト8.8　遷移先の変更

```
                                                              Sample11b.razor
private void OnSelectButtonClicked(Author selectedAuthor)
{
    NavigationManager.NavigateTo("Sample11b/" + selectedAuthor.AuthorId);
}
```

それでは、以下の手順で実装してみましょう。その際、適宜サンプルコードも参照してください。

1 Sample08.razorファイルをコピーして、名前をSample11.razorに変更します。

2 あわせて、@pageディレクティブや、画面のタイトル表示の名称をSample08からSample11に変更します。

3 リスト8.8のコードを参考にして、遷移先をSample11bに変更します。

4 Sample08.razor.cssファイルをコピーして、名前をSample11.razor.cssに変更します。

8.3.2　著者データ編集画面のヘッダーの実装

続いて、遷移先ページを実装していきます。Sample11b.razorページを追加し、ヘッダー部分に**リスト8.9**のように実装します。

リスト8.9　楽観同時実行制御付き更新ページ：ヘッダー部

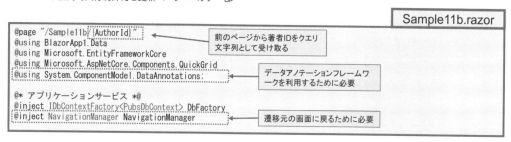

```
                                                              Sample11b.razor
@page "/Sample11b/{AuthorId}"  ←──  前のページから著者IDをクエリ
@using BlazorApp1.Data                   文字列として受け取る
@using Microsoft.EntityFrameworkCore
@using Microsoft.AspNetCore.Components.QuickGrid
@using System.ComponentModel.DataAnnotations;  ←── データアノテーションフレームワ
                                                    ークを利用するために必要
@* アプリケーションサービス *@
@inject IDbContextFactory<PubsDbContext> DbFactory
@inject NavigationManager NavigationManager  ←── 遷移元の画面に戻るために必要
```

特に目新しいものはありませんが、ポイントをおさらいしておきましょう。

- ページ遷移で著者IDを受け取れるように、URLパスを利用する。具体的には、@pageディレクティブに、このページへのパスと、パスの一部としてページに引き渡すパラメータ{AuthorId}を指定する
- DataAnnotationsを使ったモデル検証機能を利用するため、using句でSystem.ComponentModel.DataAnnotationsを指定する
- ページ遷移を行なうために、NavigationManagerを@injectする

それでは、以下の手順で実装してみましょう。その際、適宜サンプルコードも参照してください。

1 プロジェクト配下のComponents/Pagesフォルダを右クリックして、[追加] → [Razorコンポーネント] を選択し、Sample11b.razorという名前でRazorコンポーネントファイルを追加します。

2 リスト8.9のコードを参考にして、ヘッダー部分を実装してください。

8.3.3 著者データ編集画面のコードブロックの実装

引き続き、コードブロックを実装していきます（**リスト8.10**）。

リスト8.10 楽観同時実行制御付き更新ページ：コードブロック概観

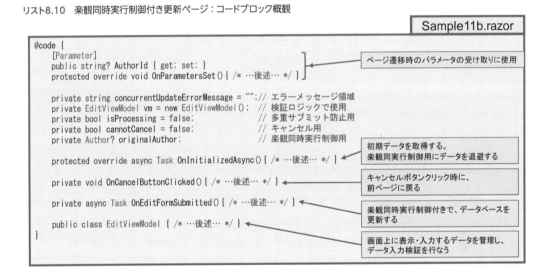

個々のメソッドやイベントハンドラの詳細は順を追って解説していきますが、まずは画面の主要なデータ変数について解説しておきましょう。

- AuthorIdは、当該画面で編集する著者ID。前ページからパラメータとして引き渡されるものであるため、[Parameter]属性を付与する
- concurrentUpdateErrorMessageは、DataAnnotationsを使ったモデル検証機能でカバーされない特殊なエラーメッセージの表示に利用する[4]
- EditViewModelは、DataAnnotationsを使ったモデル検証機能に利用する
- isProcessingおよびcannotCancelは、多重クリック防止の目的で利用するフラグ
- originalAuthorは、画面を表示した時点での著者データを保存しておく目的で利用する。これは

※4　このモデル検証機能は単体入力チェックに特化しており、第4章の分類でいうところの業務エラーに関しては、カバーされないためです。

楽観同時実行制御で必要となる（詳細は後述）

それでは、以下の手順で実装してみましょう。その際、適宜サンプルコードも参照してください。

1 Sample11b.razorを開き、**リスト8.10**のコードを参考にして、コードブロックを実装します。なお、各メソッドの中身については後続説明の中で実装するため、空のままでかまいません。

🏢 8.3.4　著者データ編集画面のパラメータの受け取りと検証

当該画面で編集する著者IDは、ページ遷移時にURLの一部として受け取ります。遷移時に受け取るURLパラメータは容易に変更が可能で、悪意のあるユーザーにより不正な値を入力される可能性があるため、OnParametersSet()メソッドを使って必ず検証を行なうようにします（**リスト8.11**）。なお、検証に失敗した場合には不正操作が疑われるため、丁寧なエラーメッセージを表示する必要はなく、例外を発生させてアプリを停止させるだけで十分です。

リスト8.11　楽観同時実行制御付き更新ページ：パラメータの受け取りと検証

Sample11b.razor

```
[Parameter]
public string? AuthorId { get; set; }

protected override void OnParametersSet()
{
    if (String.IsNullOrEmpty(AuthorId)) throw new ArgumentNullException("AuthorId");
    if (System.Text.RegularExpressions.Regex.IsMatch(AuthorId, @"^¥d{3}-¥d{2}-¥d{4}$") == false)
            throw new ArgumentException("AuthorId");
}
```

それでは、以下の手順で実装してみましょう。その際、適宜サンプルコードも参照してください。

1 Sample11b.razorを開き、**リスト8.11**のコードを参考にして、OnParametersSet()メソッドの中身を実装してください。

🏢 8.3.5　著者データ編集画面のキャンセル処理

続いて、更新画面をキャンセルする処理をOnCancelButtonClicked()メソッドに実装しておきましょう（**リスト8.12**）。NavigationManager.NavigateTo()メソッドによりページ遷移するだけですが、更新処理を行なっている最中に誤ってキャンセルボタンを押して、画面遷移してしまうことのないように、cannotCancelフラグをチェックするようにします。

Sample11b.razor

```
private void OnCancelButtonClicked()
{
    if(!cannotCancel) NavigationManager.NavigateTo("Sample11");
}
```

それでは、以下の手順で実装してみましょう。その際、適宜サンプルコードも参照してください。

1 Sample11b.razorを開き、**リスト8.12**のコードを参考にして、OnCancelButtonClicked()メソッドを実装してください。

8.3.6　著者データ編集画面のモデル検証（入力データの検証）

続いて、DataAnnotationsを使ったモデル検証（入力データの検証）を実装していきます。まずは、EditViewModelクラスを実装します（**リスト8.13**）。

EditViewModelクラスは、画面上の入力部品に対応させて作ります。ここでは、著者IDや著者の姓名および電話番号をプロパティとして用意します。著者ID以外は編集対象の項目になるため、データ検証条件を属性で指定しておきます。

リスト8.13　楽観同時実行制御付き更新ページ：入力検証

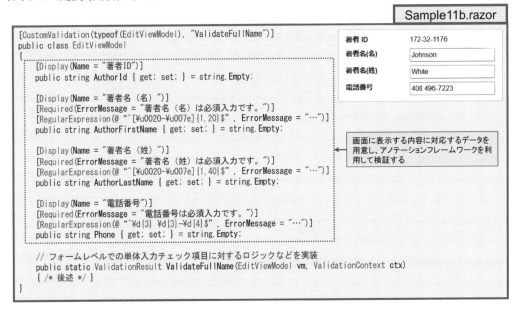

複数の項目にまたがる検証を行ないたい場合や、組み込みの検証属性（アノテーション）で適当なものがない場合は、CustomValidationを使用してカスタムの検証ロジックを実装することができます（**リスト8.14**）。

リスト8.14　楽観同時実行制御付き更新ページ：カスタム検証

```
                                                              Sample11b.razor
[CustomValidation(typeof(EditViewModel), "ValidateFullName")]
public class EditViewModel                          ┌──────────────────────┐
{                                                   │カスタムバリデーションを行なう指定│
    // …中略…                                        └──────────────────────┘
                                                    ┌──────────────────────┐
                                                    │カスタムバリデーションのロジック│
    public static ValidationResult ValidateFullName(EditViewModel vm, ValidationContext ctx)
    {                                               └──────────────────────┘
        if (vm.AuthorFirstName == "Nobuyuki" && vm.AuthorLastName == "Akama")
            return new ValidationResult("Nobuyuki Akama という名前は予約済みのため登録できません。",
                                    new List<string>() { "AuthorFirstName", "AuthorLastName" });
        return ValidationResult.Success!;
    }
}
```

CustomValidation属性は、個々のプロパティまたはクラス全体に付与して使います。引数として検証ロジックを実装するメソッドの名前を指定します（この例ではValidateFullName）。メソッド側では、検証が成功した場合にはValidationResult.Successを、検証が失敗した場合には失敗した理由を説明したValidationResultクラスのインスタンスを返すように実装します。これにより、組み込みの検証属性がない場合でも、任意の検証ロジックを実装することができます。

注意点として、カスタム検証属性を利用する場合、チェックはあくまで**入力項目から正誤判定できるものに限定**し、ここからDBアクセスやWeb APIアクセスを行なうなどの**外部データソースとの突き合わせチェックはしない**ようにしてください。これは、モデル検証機能が単体入力チェックに特化するように設計されている（言い換えれば一瞬で完了するような検証作業のみを想定して作られている）ためです。

それでは、以下の手順で実装してみましょう。その際、適宜サンプルコードも参照してください。

1 Sample11b.razorを開き、リスト8.13、リスト8.14のコードを参考にして、EditViewModelクラスを実装してください。

続いて、作成したEditViewModelクラスを利用して、データ入力フォームを作成します（**リスト8.15**）。

リスト8.15　楽観同時実行制御付き更新ページ：画面コンテンツ

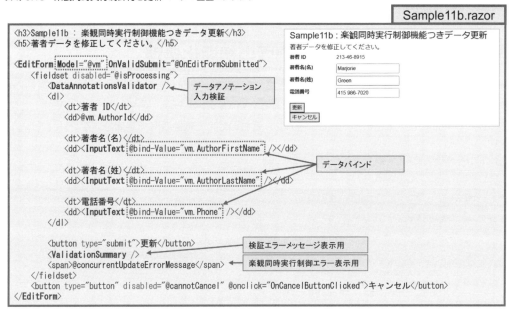

前項で説明したデータ入力フォームとほぼ同じ実装ですが、いくつか追加の注意点があるため補足します。

- 著者IDの項目は入力項目ではないため、そのまま描画している

- この業務では、更新ボタンの他にキャンセルボタンを配置している。更新ボタンとキャンセルボタンの判別はtype属性によって行なっており、フォームの更新ボタンにはフォームが反応するようにsubmitを、キャンセルボタンには一般的なボタンになるようbuttonを指定している。submitボタンはフォームが反応するため、押下時に（入力エラーがなければ）EditFormのイベントハンドラが呼び出される。一方、キャンセルボタンはただのボタンであるため、個別に@onclickでイベントハンドラを指定する

- ValidationSummaryは、DataAnnotationsを使ったモデル検証で、単体入力チェックのエラーを表示する目的で利用される。この画面では、データ更新時に「他のユーザーがデータをすでに更新してしまっていた」という楽観同時実行制御エラーが発生するケースがある。このエラーを表示する目的で、concurrentUpdateErrorMessageを別途利用している

それでは、以下の手順で実装してみましょう。その際、適宜サンプルコードも参照してください。

① Sample11b.razorを開き、**リスト8.15**のコードを参考にして、画面に表示する各コンポーネントを実装します。

② Sample08.razor.cssファイルをコピーして、名前をSample11b.razor.cssに変更します。

これで画面ができあがったので、引き続きロジックを実装していきましょう。

🏢 8.3.8 著者データ編集画面の初期化処理

まず、OnInitializedAsync()メソッドを使って、編集ページ（Sample11b.razor）に最初に表示するデータをデータベースから取得するようにします（**リスト8.16**）。データベースから取得した値は、EditViewModelに入れることで画面に表示し、著者の姓名と電話番号を更新できるようにします。

リスト8.16　楽観同時実行制御付き更新ページ：初期化処理

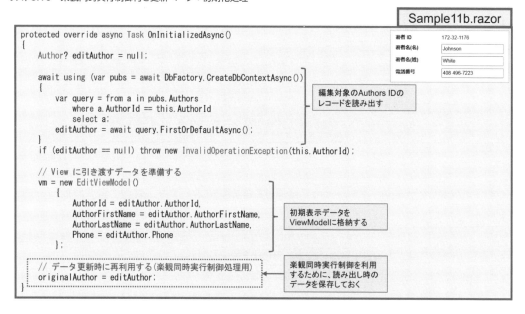

このコードでは、まず、パラメータとして渡されたAuthorsIdに紐づく最新のデータをデータベースから読み出します。読み出す際、1件だけデータを取り出すため、ToListAsync()ではなく、.FirstOrDefaultAsync()を利用している点に注意してください。通常の画面遷移に沿ってこのページに来ればデータが取り出せないというケースは想定されないため、データが取り出せなかった場合は不正操作が行なわれたと判断し、InvalidOperationException例外を発生してアプリを止めるようにしています。

また、取り出したデータはユーザーに編集させる必要があるため、読み出したデータをEditViewModelクラスに入れ直しています。これにより、ユーザーは画面上でデータを参照・編集できるようになります。

このメソッドの最後では、データベースから取得したデータを originalAuthor 変数に退避しています。これは、データ更新時に、他のユーザーからのデータ更新の有無を確認するために必要な処理です。詳細は、次項の楽観同時実行制御付きデータ更新で解説します。

それでは、以下の手順で実装してみましょう。その際、適宜サンプルコードも参照してください。

1 Sample11b.razor を開き、**リスト8.16** のコードを参考にして、OnInitializeAsync() メソッドを実装してください。

📖 8.3.9　著者データ編集画面の楽観同時実行制御

引き続き、OnEditFormSubmitted() メソッドでのデータ更新方法について解説します。このメソッドでは、画面から入力された項目に基づいて、データベースの更新処理を実施します（**リスト8.17**）。

リスト8.17　楽観同時実行制御付きのデータ更新処理

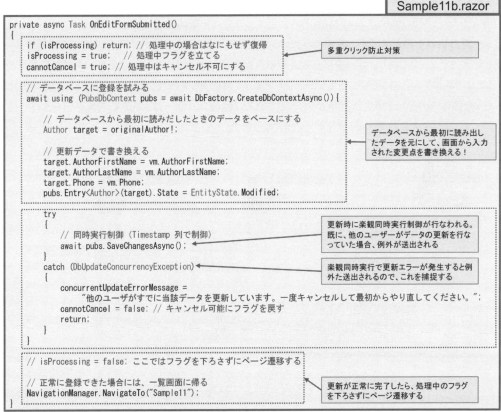

このイベントハンドラにおける最大の注意点は、他のユーザーからのデータ更新の有無を確認しながらデータ更新を行なう、すなわち楽観同時実行制御付きでデータ更新を行なう、という点です。まずこ

の点について解説します。

　楽観同時実行制御による排他制御は、画面を初期表示したときに取得したデータをもとにして行なう必要があります。このため、originalAuthor変数に退避していた値をベースにして、画面から入力されたデータで書き換えます。具体的には、ローカル変数targetをoriginalAuthorの値で初期化してから、画面から入力された値で書き換えます。

　データ書き戻しにはPubsDbContextを利用しますが、このPubsDbContextはデータ読み出しの際に利用していたものとは異なるものです。このため、PubsDbContextは、このtargetオブジェクトの状態を正しく認識できていません。よって、**pubs.Entry<Author>(target)**.State命令により、当該オブジェクトをコンテキストに認識させると同時に、そのオブジェクト状態が変更状態であること（すなわち書き戻しの際にUPDATE文を発行する必要があること）を認識させます。

　そして、コンテキストオブジェクトに対して**SaveChangesAsync()**メソッドを呼び出すと、楽観同時実行制御機能付きでデータベースへの更新が行なわれます。詳細は第6章で解説しましたが、他のユーザーによる更新有無はoriginalAuthorと当該テーブルに含まれているタイムスタンプ情報の比較により行なわれます。編集中に誰も同じレコードを更新していなければ処理は成功しますが、他のユーザーが同じレコードを編集していると対象となる行は更新されず、代わりに**DbUpdateConcurrencyException**例外が発生します（詳細は後述）。

　一連の流れを図示すると、**図8.4**のようになります。EditViewModelのモデル検証によるチェックは単体入力チェックであり、データベース上での更新衝突（他のユーザーによるデータ更新）を見つけることはできません。コンテキストオブジェクトを使って書き戻しを行なうと、タイムスタンプ情報の比較を使った他ユーザーによる更新有無がチェックされる（他のユーザーによる更新有無をデータベース上のデータにより突き合わせチェックする）ことになります。

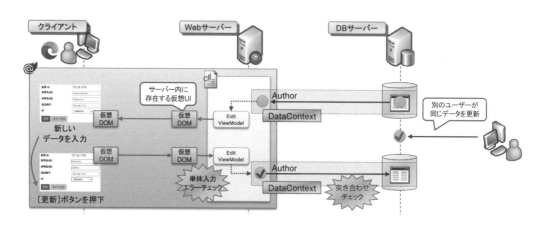

図8.4　楽観同時実行制御付き更新ページ：動作概要

　楽観同時実行制御（Optimistic Concurrency Control）という名前は、このような更新衝突がたまに

しか起こらない（＝ほとんど他ユーザーの処理とぶつからないと楽観的に考えていてよい）場合に利用できる方式であるところから来ています。実際のアプリ利用時にこの衝突が発生した場合（すなわちDbUpdateConcurrencyExceptionが発生した場合）、この例外をtry-catchにより捕捉し、ユーザーに対して他ユーザーがすでに更新している旨を伝え、キャンセルして最初からやり直してもらうようにします（実装方法はコード例を参照）。ユーザーから見ると、更新衝突が発生した場合にはわずらわしいやり直しを要求されることになりますが、**これが業務的に許容されるのは、更新衝突がめったに起こらない場合に限られます**。対象データが複数のユーザーから頻繁に更新され、結果として更新衝突が頻繁に起こるのであれば、楽観同時実行制御の方式は適していません。このような場合には、**業務排他制御方式**と呼ばれる**悲観同時実行制御**（Pessimistic Concurrency Control）を行ないます※5。

　なお、このページでは、状態に応じてボタンの非活性化や二重処理抑止を行なうように、isProcessingとcannotCancelの2つのフラグを利用しています。基本的な考え方は前項で解説しましたが、メソッドから復帰するときに、isProcessingの値をfalseに戻していない理由について補足しておきます。楽観同時実行制御エラーが発生した場合は、ユーザーは最初からやり直す必要があり、キャンセルすることしかできません。このため、cannotCancelはfalseに戻しますが、isProcessingは意図的にtrueのままにします。また、更新が成功した場合も同様で、一度更新処理が成功したら、再び更新できるようにする必要がありません。むしろ、isProcessingの値を戻さないほうが、想定していない理由でOnEditFormSubmitted()メソッドが動作してしまっても多重更新を回避できるので、より安全になります。

　それでは、以下の手順で実装してみましょう。その際、適宜サンプルコードも参照してください。

1 Sample11b.razorを開き、**リスト8.17**のコードを参考にして、OnEditFormSubmitted()メソッドを実装してください。

2 最後に、Visual Studioから実行し、ブラウザのアドレスバーから/Sample11ページに移動して、動作を確認します。

8.3.10　楽観同時実行制御の動作確認

　では最後に、実際に楽観同時実行制御の動作確認をしてみましょう。2人のユーザーが同時に更新しようとしている状況を想定してアプリを使ってみます。

　まず、2つのブラウザ（あるいはタブ）を使い、同じ著者IDの編集画面を同時に開きます。それぞれのブラウザ画面で、電話番号を編集して［更新］ボタンをクリックしてください（**図8.5**）。

※5　設計・実装方法は本書の範囲を超えるため扱いませんが、興味がある方は調べてみてください。

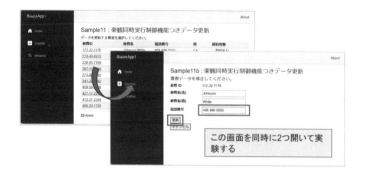

図8.5　楽観同時実行制御の動作確認

　先に［更新］ボタンを押したページは、更新処理が成功して一覧画面に戻りますが、あとに更新したページは**図8.6**のようなエラーメッセージが表示され、更新がブロックされます。いったんキャンセルして遷移元の画面に戻り、編集し直すと、最新のデータから改めて更新を行なうことができるようになります。

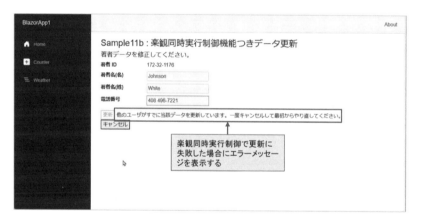

図8.6　楽観的同時実行制御でエラーが発生した様子

まとめ

8.4

本章では、Blazor Serverによるデータ更新アプリを作成しました。更新処理を実装するには、以下の
ポイントを押さえておく必要があります。

- 入力データは必ず検証を行なう。`DataAnnotations`を使ったモデル検証機能を利用することで、効
  率的にデータ検証を行なうことができる
- 複数ユーザーによる同一レコードの同時更新への対策には、楽観同実行制御を利用する。楽観同実
  行制御を利用すると、別のユーザーの更新をランタイムが自動的に検知してくれる。プログラマは
  `DbUpdateConcurrencyException`例外をハンドリングすることで、競合したデータの更新について
  の対策を実装することができる
- ボタンの多重クリックによる、意図しないデータ更新が行なわれないように、適宜、対策を実装する

Blazor WASMの概要

本章と次の第10章では、クライアント側レンダリングを利用する Blazor WASM（WebAssembly）による開発方法について解説します。

第1章で解説したように、現在のASP.NET Core Blazorでは複数の開発モデルの使い分けが可能であり、サーバー側レンダリング、ブラウザ側レンダリングのどちらでもほぼ同一の技術で開発できることが大きな特徴になっています。Part 2（第2章〜第8章）では、サーバー側レンダリングを利用するBlazor Serverに絞って解説してきましたが、Part 3（第9章・第10章）ではクライアント側レンダリングを利用するBlazor WASM（WebAssembly）による開発方法について解説します。UIの設計モデルなど多くの部分はBlazor Serverと共通のため、差分や違いにフォーカスを当てて解説を進めていくことにします。

9.1 Blazor WASM プロジェクトの作成方法

　本章と第10章では、以下の方法で作成したプロジェクトを利用して解説を進めます（**図9.1**）。実際に手を動かしながら動作確認する場合には、この方法で作成したプロジェクトをひな形として利用してください。

- 「**Blazor WebAssemblyアプリ**」プロジェクトテンプレートを利用
- 作成オプションとして以下を選択
  - フレームワーク：.NET 8.0
  - 認証の種類：なし
  - HTTPS用の構成：チェックあり
  - プログレッシブWebアプリケーション：チェックなし
  - Include sample pages（サンプルページを含める）：チェックあり
  - Do not use top-level statements（最上位レベルのステートメントを使用しない）：チェックあり（なしでもよい））

図9.1　Blazor WASM型アプリのひな形

上記のプロジェクト作成において重要なのが、『**Blazor Web App**』**プロジェクトテンプレートではな**
く『**Blazor WebAssembly アプリ**』**プロジェクトテンプレートを使う**という点です。「Blazor Web App」
プロジェクトテンプレートを利用しても Blazor WASM アプリを開発することは可能ですが、実行時の動
作モデルが大きく変わります（**図9.2**）。

- ① 「**Blazor WebAssembly アプリ**」**プロジェクトテンプレートを利用する方法**
  - WASM を開発するためのプロジェクトが作成される
  - 静的 Web サーバー上にアプリバイナリが配置されて実行される
- ② 「**Blazor Web App**」**プロジェクトテンプレートを利用する方法**
  - Web サーバーとして ASP.NET Core Web サーバー（Kestrel）を利用する方法
  - Kestrel サーバーのプロジェクトの横に、WASM 開発用プロジェクトが作成される

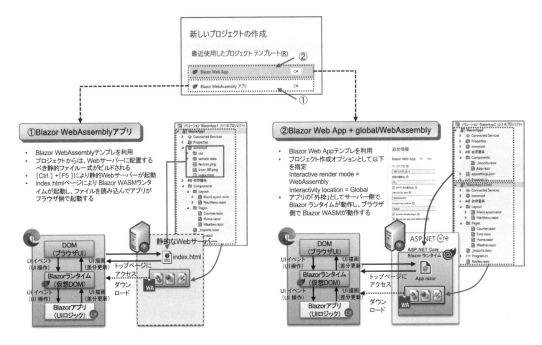

図9.2　2つの Blazor WASM アプリの開発方法

　この2つの方法は、開発するアプリの特性による使い分けが必要です。①の方法は、ブラウザで完
結するタイプのアプリや、呼び出す Web API が別に存在する場合に利用します（**図9.3**）。

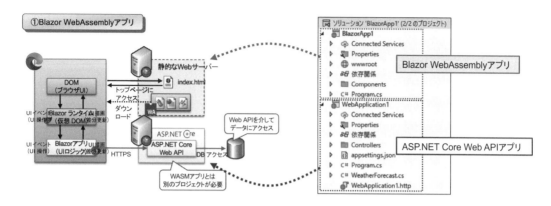

図9.3　呼び出すWeb APIが別に存在する場合のBlazor WASMアプリの開発方法

　一方、②の方法は、Part 4で解説するBlazor United（Server・WASM混在型）や、SEO対策のためにサーバー側プリレンダリングが必要になるBlazor WASMアプリで利用します。しかしこの方法は、サーバー側とクライアント側アプリが一部入り乱れる部分が生じるため、取り扱いがかなり複雑になります。こうした理由から、Part 3では①のパターンについてのみ解説し、②のパターンについてはPart 4で取り扱うものとします。

Blazor WASMアプリの基本的な作成方法と動作概要

　さて、Blazor WASMアプリのページ作成方法は、基本的にServerの場合とほとんど変わりありません。すなわち、データバインドを利用して.razorページを実装します（**リスト9.1**）。イベントハンドラなどにDBアクセスといったサーバー特有の処理が入っていなければ（＝ブラウザ内でも実行できる処理しか入っていなければ）、Blazor Serverと同じコードがBlazor WASMでも動作します。

リスト9.1　Blazor WASMアプリの基本的なページ作成方法

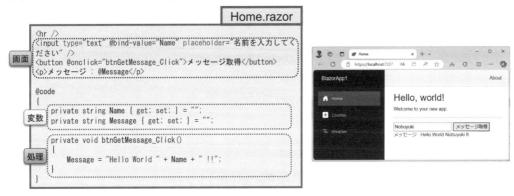

しかし、アプリの動作に関しては、Blazor Serverの場合とはいろいろ異なる点があります。Edgeブラウザなどのモダンブラウザに搭載されているF12開発者ツールを利用しながらBlazor WASMアプリの動作を、Visual Studioのソースコードと突き合わせながら確認すると、**図9.4**のようになります。

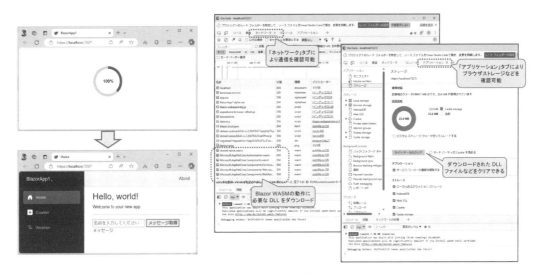

図9.4　Blazor WASMのアプリの内部動作

- 大まかな流れとしては、まずはindex.htmlページによりBlazorランタイム起動のためのJavaScriptが読み込まれる。そこからBlazor WASMアプリの起動に必要なバイナリファイル群（.wasmファイル、中身は.NETアセンブリ）一式がダウンロードされる。ダウンロードの進捗状況は画面に表示され、ロードが100%完了すると、Blazor WASMアプリが起動する
- 開発マシン上で実行していると気づきにくいが、Blazor WASMアプリを動作させるために最低限必要な.NETのライブラリは、少なくとも24MB程度ある。ダウンロードされたファイルはキャッシュされるため、2回目以降のアプリ呼び出しは高速に行なわれるが、**モバイル回線などネットワーク回線が**

非常に細い場合には、初回のダウンロード時間が問題になることがある

　特に後者のポイントは、Blazor WASMという技術の特性上、原理的に発生するもので、インターネット向けB2C Webサイトなどの開発でBlazor WASMを利用したい場合には問題になります。この問題を解消するには、第11章で解説するBlazor United型のInteractiveAutoレンダリングモードの利用が1つの解決策になります。しかし、いきなりこれを理解するのはハードルが高いため、まず本章ではBlazor WASMに絞って解説を進めていくことにします。

Blazor WASMを利用した 3階層型Webアプリの作成方法

9.3

　さて、Blazor WASMは、特に通信回線が安定しているイントラネットにおけるDBアプリの開発にはあまりおすすめできない技術です。これは、**Blazor WASMではブラウザ内からDBに対して直接アクセスができないためです**。DBが関与するようなアプリでは、別途Web APIを用意し、HttpClientを用いてWeb API経由でデータを入出力する必要があります（**図9.5**）。

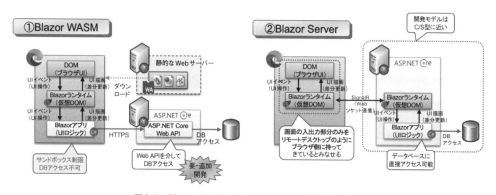

図9.5　Blazor WASM、Blazor Serverの開発モデルの違い

　この開発がどの程度面倒なのかを理解していただくため、ここでは第7章で解説したデータ参照アプリのうち、最も簡単なデータ一覧表示アプリを、Blazor WASMアプリとASP.NET Core Web APIアプリにより実装する方法を示します。なお、実装に興味がある方は演習がてら取り組んでみてください。そうでない場合はざっと流し読みしていただき、大まかなポイントだけをつかんでいただければ十分です。

- ASP.NET Core Web APIアプリの開発
- CORS（Cross Origin Resource Sharing）の設定
- OpenAPIサービス参照の追加

9.3.1 ASP.NET Core Web APIアプリの開発

まず、Blazor WASMアプリのプロジェクトを含んだソリューションファイルに、「ASP.NET Core Web APIアプリケーション」プロジェクトを追加します。Blazor WASMアプリ側から使いやすくするために、プロジェクト追加の際は「OpenAPIサポート（Swagger対応）」を有効化しておきます。また、プロジェクト作成後、「マルチスタートアッププロジェクト」を有効化し、アプリ開始時に、Blazor WASMアプリとWeb APIアプリの両方が起動するようにしておきます。

プロジェクトが用意できたら、Blazor WASMアプリとWeb APIアプリのそれぞれに、以下のNuGetパッケージを追加しておきます（**図9.6**）。

- **Blazor WebAssebmlyアプリ** ➡ QuickGrid と HttpClient（`Microsoft.Extensions.Http`と`Microsoft.Extensions.Http.Polly`）
- **ASP.NET Core Web APIアプリ** ➡ `EntityFrameworkCore.SqlClient`

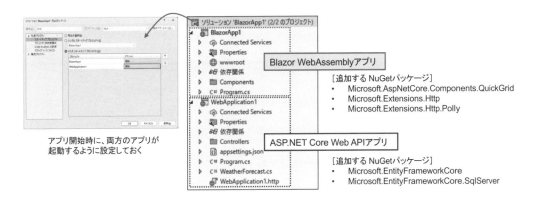

図9.6　Blazor WASMアプリとWeb APIアプリにNuGetパッケージを追加

続いて、Web APIの開発として以下の作業を行ないます（**図9.7**）。ASP.NET Core Web APIは、REST型Web APIを生産性よく開発できるフレームワークです[1]。

① Dataフォルダを作成して`Pubs.cs`ファイルを作成し、`PubsDbContext`クラスと`POCO`クラスを作成する（**リスト9.2**）
② `Program.cs`ファイルで、DIコンテナサービスへの`PubsDbContext`ファクトリと、CORSの設定（次項で解説）を追加する（**リスト9.3**）
③ ユーザーシークレットに接続文字列を設定する（第5章で解説した方法を利用）

※1　紙面の関係上、ここでは細かい設計・実装方法については解説しません。興味がある方は以下などネット上の情報を調べてみてください。

・チュートリアル：ASP.NET Core で Web API を作成する
https://learn.microsoft.com/ja-jp/aspnet/core/tutorials/first-web-api

④Controllersフォルダ下に、PubsControllerクラスを追加する（**リスト9.4**）

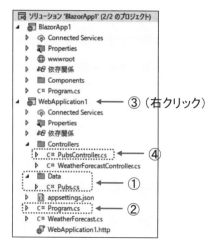

図9.7　Web APIの開発作業

リスト9.2　Pubs.csファイルでのPubsDbContext／POCOクラスの作成

Pubs.cs

```
using Microsoft.EntityFrameworkCore;
using System.ComponentModel.DataAnnotations;
using System.ComponentModel.DataAnnotations.Schema;

namespace WebApplication1.Data
{
    public partial class PubsDbContext : DbContext
    {
        public PubsDbContext(DbContextOptions<PubsDbContext> options) : base(options) { }
        public DbSet<Author> Authors { get; set; } = null!;
    }

    [Table("authors")]
    public partial class Author
    {
        [Column("au_id"), Required, MaxLength(11), Key]
        public string AuthorId { get; set; } = null!;

        [Column("au_fname"), Required, MaxLength(20)]
        public string AuthorFirstName { get; set; } = null!;

        [Column("au_lname"), Required, MaxLength(40)]
        public string AuthorLastName { get; set; } = null!;

        [Column("phone"), Required, MaxLength(12)]
        public string Phone { get; set; } = null!;

        [Column("address"), MaxLength(40)]
        public string? Address { get; set; }

        [Column("city"), MaxLength(20)]
        public string? City { get; set; }

        [Column("state"), MaxLength(2)]
        public string? State { get; set; }

        [Column("zip"), MaxLength(5)]
        public string? Zip { get; set; }

        [Column("contract"), Required]
        public bool Contract { get; set; }

        [Column("rowversion"), Timestamp, ConcurrencyCheck]
        public byte[]? RowVersion { get; set; }
    }
}
```

リスト9.3 Program.csファイルへのコード追加

```
                                                          ┌─────────────────┐
                                                          │  Program.cs     │
                                                          └─────────────────┘
using Microsoft.EntityFrameworkCore;
using WebApplication1.Data;

var builder = WebApplication.CreateBuilder(args);
builder.Services.AddControllers();
builder.Services.AddEndpointsApiExplorer();
builder.Services.AddSwaggerGen();

builder.Services.AddDbContextFactory<PubsDbContext>(opt =>
{
    if (builder.Environment.IsDevelopment())
    {
        opt = opt.EnableSensitiveDataLogging().EnableDetailedErrors();
    }
    opt.UseSqlServer(
        builder.Configuration.GetConnectionString("PubsDbContext"),
        providerOptions =>
        {
            providerOptions.EnableRetryOnFailure();
        });
});

var MyAllowSpecificOrigins = "_myAllowSpecificOrigins";
builder.Services.AddCors(options =>
{
    options.AddPolicy(name: MyAllowSpecificOrigins,
                      policy =>
                      {
                          policy.WithOrigins("https://localhost:7227")  // テストであれば .AllowAnyOrigin()
                          .AllowAnyHeader().AllowAnyMethod(); // これをしておかないと GET の CORS しか通らない
                      });
});

var app = builder.Build();
if (app.Environment.IsDevelopment())
{
    app.UseSwagger();
    app.UseSwaggerUI();
}
app.UseCors(MyAllowSpecificOrigins);

app.UseHttpsRedirection();
app.UseAuthorization();
app.MapControllers();
app.Run();
```

DbContext ファクトリの追加

CORS の追加

CORS の追加

リスト9.4　PubsController.csファイルの作成とWeb APIコントローラークラスの実装

PubsController.cs

```
using Microsoft.AspNetCore.Mvc;
using Microsoft.EntityFrameworkCore;
using WebApplication1.Data;

namespace WebApplication1.Controllers
{
    [ApiController]
    [Route("[controller]")]
    public class PubsController : ControllerBase
    {
        private IDbContextFactory<PubsDbContext> dbContextFactory { get; set; } = null!;

        public PubsController(IDbContextFactory<PubsDbContext> dbContextFactory)
        {
            this.dbContextFactory = dbContextFactory;
        }

        [HttpGet("Authors")]
        public async Task<List<Author>> GetAuthorsAsync()
        {
            using (var pubs = await dbContextFactory.CreateDbContextAsync())
            {
                return await pubs.Authors.ToListAsync();
            }
        }
    }
}
```

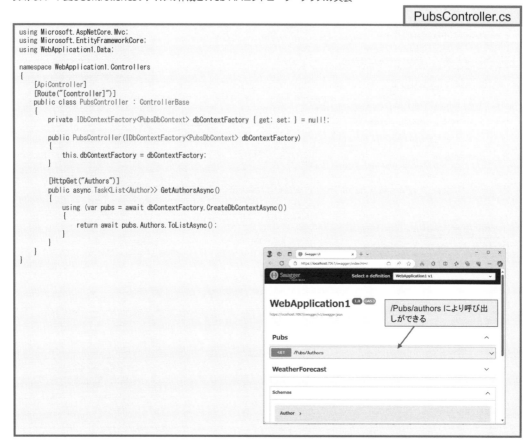

以上の作業が終了したら、Visual Studioから Ctrl + F5 キーでアプリを実行し、さらにブラウザから https://localhost:xxx/swagger/index.html にアクセスします※2。ASP.NET Core Web APIに組み込まれたSwaggerモジュールにより、Webページ（Swaggerのテストページ）から動作確認を行なうことができます（**図9.8**）。

図9.8　Web APIの動作確認

9.3.2　CORS (Cross Origin Resource Sharing) の設定

さて、先のWeb API開発の中に出てくるCORSについて少し補足しておきます。一般的に、Webアプリがダウンロード元以外のWebサーバーへアクセスする場合には、CORS（Cross Origin Resource Sharing）と呼ばれる設定を行なう必要があります。この設定が必要になるのは、Webアプリに不正コンテンツが挿入された場合へのセキュリティ対策の1つとして、ブラウザはダウンロード元（**同一オリジン**と呼ばれます）以外のWebサーバー（**クロスオリジン**と呼ばれます）へのアクセスを抑制するように作られているためです（**図9.9**）。

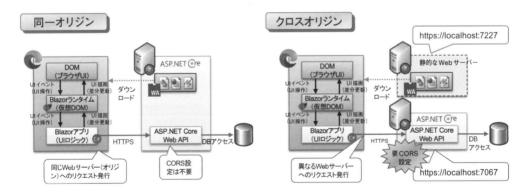

図9.9　同一オリジンとクロスオリジンの違い

もちろん今回のWebアプリのように、このようなクロスオリジンアクセスが正当である場合もあります。このような場合には、対象サーバー側で、どのサイトからのクロスオリジンアクセスを認めるのかを設定しておく必要があります。これを**CORS**（Cross Origin Resource Sharing）設定と呼びます。ASP.NET Core Web APIではこのようなCORS設定が、前述のようなミドルウェアコードの追加により簡単に行な

えるようになっています。

なお、CORS設定をしたからといってWeb APIへの不正アクセスを完全に抑止できるわけではないという点には注意が必要です。Web API側ではブラウザから自己申告されるHTTPヘッダーを見てオリジン（身元）確認をしていますが、HTTPヘッダーは偽装できるため、正しいとは限りません。このため、Web APIへのアクセスを正しく保護するためには、CORS設定とは別に、認証・認可を正しく実装しておく必要があります[※3]。

🏢 9.3.3　OpenAPIサービス参照の追加

ここまででWeb API側の開発が終わりました。引き続き、Blazor WASM側の開発を進めましょう。先ほど完成させたWeb APIアプリを起動した状態で、動作確認用ページの一番上にある`https://localhost:xxxx/swagger/v1/swagger.json`へのリンクをブラウザで開いてみてください。当該Web APIの仕様情報がJSONファイルとして表示されることを確認し、このURLをメモしておきます。

続いてBlazor WASMプロジェクトを右クリックし、先ほどのURLを使って、新しいOpenAPIサービス参照を追加します（**図9.10**：ここでは、生成されたコードのクラス名として`WebApplication1_PubsClient`という名前を指定しています）。OpenAPIサービス参照を使うと、型付きのプロキシクラス群が作成され、容易なWeb APIへのアクセスと、取得したデータの型付きの取り扱いができるようになります。

図9.10　OpenAPIサービス参照の追加

最後に、Blazor WASMプロジェクトの`Home.razor`ファイルを開き、**リスト9.5**のコードを追加して実行してみてください。これにより、Blazor WASMアプリケーションがWeb APIを介して取得したデータ

※3　本書の範囲外となるため具体的な方法については解説しませんが、興味がある方はASP.NET Core Web APIのドキュメントを参照してください。

を、QuickGridにより一覧表示することができます。

リスト9.5　Web API経由でのデータ取得

Home.razor

```
using Microsoft.AspNetCore.Components.QuickGrid
@inject HttpClient httpClient

@if (authors == null) {
    <p>データを取得中です。。。</p>
} else {
    <div class="table-responsive">
        <QuickGrid Items="@authors.AsQueryable()">
            <PropertyColumn Property="@(a => a.AuthorId)" Title="著者ID" Sortable="true" />
            <TemplateColumn Title="著者名" Sortable="true" SortBy="@(GridSort<Author>.ByAscending(a => a.AuthorFirstName).ThenAscending(a
=> a.AuthorLastName))">
                @(context.AuthorFirstName + " " + context.AuthorLastName)
            </TemplateColumn>
            <PropertyColumn Property="@(a => a.Phone)" Title="電話番号" Sortable="true" />
            <PropertyColumn Property="@(a => a.State)" Title="州" Sortable="true" />
            <TemplateColumn Title="契約有無" Sortable="true" SortBy="@(GridSort<Author>.ByAscending(a => a.Contract))">
                <input type="checkbox" disabled checked="@(context.Contract)" />
                @(context.Contract ? "契約あり" : "契約なし")
            </TemplateColumn>
        </QuickGrid>
    </div>
}

@code
{
    List<Author>? authors = null;
    protected override async Task OnInitializedAsync() {
        var client = new WebApplication1_PubsClient("https://localhost:7067", httpClient);
        authors = (await client.AuthorsAsync()).ToList();
    }
}
```

9.4 Blazor WASMを利用する必然性のあるアプリ

さて、Blazor WASMを利用しても、Web APIを併用することでDBアプリが開発できることは確認できました。しかしながら、その開発はBlazor Serverの場合に比べて、かなり面倒であることも確認できたはずです。実は9.3節で解説したサンプルは**それでもまだラク**なほうで、たとえば第8章で解説したような楽観同時実行制御機能付きのデータ更新アプリを作ろうと思うと、データ入力チェックがWASMとWeb APIで分散することになり、その設計と実装の難易度はさらに高まります（**図9.11**）。

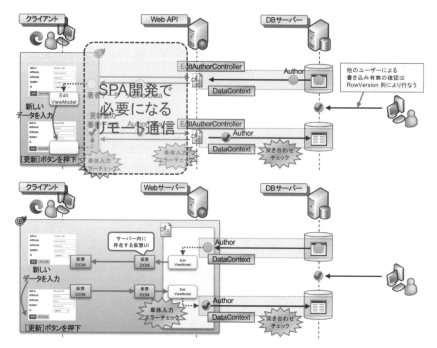

図9.11　Blazor WASM+Web APIによる開発と、Blazor Serverによる開発の違い

　Blazor ServerによるDBアプリ開発と、Blazor WASM+Web APIによるDBアプリ開発とを比べた場合、後者ではWeb APIの設計・実装が必要になるため、以下のような設計・実装上の考慮事項・課題が数多く発生します。

- クライアント／サーバー間での型情報や単体入力チェックロジックの共有方法
- リモート通信の効率性（※巨大なデータをやり取りしない、あるいは不必要に多数のAPI呼び出しを必要としないような、効率的なAPI設計が必要）
- 認証・認可

　これらの課題は、本質的にSPA型開発（Single Page Application）では避けては通れないものです。確かに、Blazor WASMを利用してサーバーとクライアントを同一言語（C#）で開発することにより随分ラクにはなります（たとえば型情報や単体入力チェックロジックの共有はやりやすくなります）。しかし、イントラネットのWebアプリのように、Blazor Serverスタイルのアプリ開発で十分な場合に、あえてこのような苦難の道を選択する必要性はありません。

　Blazor WASMを利用する必然性がある代表的なケースの1つが、ネットワークが切断されている、あるいはネットワークが非常に不安定な環境での利用にも対応できる、オフライン対応型のWebアプリの開発シナリオです。そしてこのような場合には、次に述べるPWA（Progressive Web Application）として開発することが重要になります。これについても解説しておきましょう。

Blazor WASMによるPWA（プログレッシブWebアプリ）開発

9.5

PWA（**プログレッシブWebアプリ**）とは、2015年頃に提唱された概念で、（広義には）Web標準技術を使って、従来のブラウザの枠組みを超えたアプリを提供する技術の総称です。最も身近なところとしては、ブラウザを介してデスクトップやホーム画面にアプリを追加する技術があります（**図9.12**）。

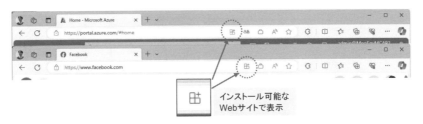

図9.12　PWAアプリにおけるインストール機能の提供

このPWAという概念が登場したのは、Web標準技術の進化の歴史と大きな関わりがあります。2008年に発表され、2014年に正式勧告となったHTML5では、画面描画機能としてのHTMLだけではなく、XHTMLやDOM、ECMAScriptなど様々な周辺機能も包含・強化されることになりました。そして、HTML5の流れによって生まれたWeb標準技術は、現在もHTML Living Standardとして大きな進化を続けています。特に**表9.1**のような機能は、現在、スマートデバイスプラットフォームを含む多くのモダンブラウザでサポートされるものとなりました。

表9.1　現在のWeb標準技術がサポートする機能

できること	仕様
OSへのアプリインストール（ホーム画面やタスクバーへのアプリ追加）	Webアプリマニフェスト
通知（プッシュ、バナー、トーストなど）	プッシュAPI、通知API
コンテンツキャッシュ	キャッシュAPI
バックグラウンド処理	サービスワーカー API
ローカルストレージ	Webストレージ、Indexed DB API
HTTP（XMLHttpRequest代替）	フェッチAPI

表9.1に示したもの以外にも、現在地(Geolocation API)、課金(Payment Request API)、Bluetooth(Web Bluetooth API)、生体認証（WebAuthnなど）といったAPIが標準化されています。ブラウザやデバイスによってサポートの度合いは違うものの、従来、ネイティブアプリでしかサポートされなかった機能の多くがWebアプリ上からも安全な形で利用できるようになってきており、結果として、Webアプリ

がカバーできる範囲も大きく広がってきています。現在ではこうした**従来のブラウザの枠組みを超えたWebアプリ**を総称する呼び名として、**PWA（プログレッシブWebアプリ）**という言葉が使われています。

　とはいえ、本書の執筆段階（2024年3月）ではPWAを支えるWeb標準技術への各ベンダーのサポート度合いには、少なからず温度差があります。一概に理由を述べることは難しいですが、その1つには、**PWAによるOSへのアプリインストール機能がアプリストアを介さないアプリ配布に相当してしまう**という問題があります（＝アプリストアによる課金ビジネスとの相性が悪い）。こうした背景から、現在ではスマートデバイスを含めたマルチデバイス対応アプリの開発では、Electronなどをはじめとしたハイブリッドソリューションのほうがよく利用されています[4]。

　しかし、通知やキャッシュAPIはほぼすべてのモダンブラウザでサポートされているなど、ブラウザ側の対応は着実に進んでおり、また社内利用のようにブラウザが統一されている場合には、PWAの仕組みを便利なオフライン対応型Webアプリの配信プラットフォームのように捉えて利用することもできるでしょう。そのため、知っておいて損はない技術と言えるので、以降ではBlazorでPWAを利用する場合のポイントについて解説します。

　Blazor WebAssemblyアプリをPWAに対応させるには、当該Webアプリにマニフェストファイルを追加します。具体的には、Blazor WebAssemblyアプリのプロジェクトを作成する際に、「プログレッシブWebアプリケーション」にチェックを入れておくと、マニフェストファイルが追加されます（**図9.13**）。

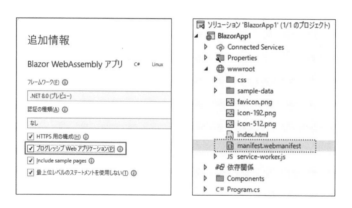

図9.13　PWA対応型Blazor WASMアプリの開発

　このマニフェストファイルにはアプリをローカルインストールする場合のアイコンなどが定義されており、ブラウザはこのファイルの情報をもとにOSと連携し、タスクバーやデスクトップにショートカットを作成します（**図9.14**）。一度、OSへのインストール作業が済んでしまえば、以降は当該アイコンをクリックすることにより、Webアプリを開くことができます。Windows OSではインストールされたアプリとしても管理されるため、アンインストールは通常のアプリと同様、設定画面から行なうことになります。

※4　Blazorの場合には、.NET MAUIと組み合わせたBlazor Hybridアプリという開発技法を提供しています。

図9.14 PWAアプリのインストール

　ここまでの作業だけでは、単に当該WebアプリのURLへのショートカットを置いたこととあまり変わりがありません。しかし、PWAにはキャッシュAPIによるコンテンツキャッシュ機能が用意されており、これと組み合わせて利用することで、初回インストール後に、ネットワークが切断された環境でもBlazor WASMアプリを起動することができるようになります。実際に試してみたい場合には、**図9.15**を参考にしながら、以下の作業を行なってみてください。

- 既定のBlazor WASMプロジェクトでは、開発時の容易性からオフライン対応インストールを行なわないようになっている。そのため、Blazor WASMプロジェクトを右クリックして、発行を行なう。フォルダ発行を選択したのち、［発行］ボタンを押すと、bin¥Release¥net8.0¥browser-wasm¥publishフォルダに、オフライン対応版のBlazor WASMアプリが発行される
- 発行されたフォルダを開き、直下にあるweb.configファイルを編集し、マニフェストファイルをダウンロードできるようMIMEマップを追加する
- 発行されたアプリを何らかのWebサーバー上にアップロードする。手持ちのWebサーバーがない場合には、Visual Studioに搭載されているIIS Expressを利用するのが便利。コマンドラインから、発行フォルダを公開するようにIIS Expressを起動する
- 起動後、ブラウザからアプリを開き、アプリ起動後に、アドレスバーにある［インストール］ボタンを押す。これにより、PWAアプリとしてBlazor WASMアプリを利用できるようになる
- その後、IIS Expressをシャットダウンし（＝Webサーバーとの接続を切り）、ブラウザも消したのち（＝Blazor WASMアプリも一度落としたのち）、再度スタートメニューなどからBlazor WASMアプリ

を起動する。すると、Webサーバーと接続できないにもかかわらず（＝オフラインにもかかわらず）、ブラウザキャッシュからBlazor WASMのバイナリが読み込まれ、アプリが起動する

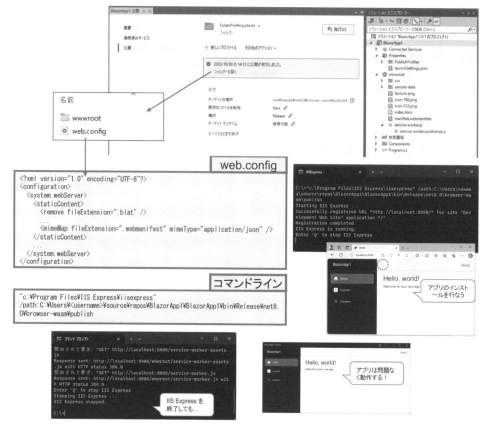

図9.15　Blazor WASMアプリのオフライン対応

　ここでは最も簡単なBlazor WASMアプリのオフライン対応の方法を示しましたが、実際のオフライン対応アプリの作成はそう単純ではない部分もあります。主な設計上の課題や注意点としては、以下のようなものが挙げられます。

- **Web API呼び出し時の通信エラーの考慮**
  - 通信が不安定な環境やオフライン状態で使う場合には必ず検討が必要
  - Web API側を冪等等で設計・実装しておくことも必要
  - Outlookクライアントのような**データ同期**という考え方でアプリを設計するのも1つの解となる
- **アプリの認証・認可**
  - 当該アプリが認証・認可を必要とする場合には、ログイン制御の工夫が必要
  - アクセストークンを使う方式が一般的だが、アプリ側でのアクセストークンの管理や取り扱い方な

ど注意すべき点が複数ある

● **アプリの更新（アップデート）**
- アプリが更新される場合には、更新されたファイル（サービスワーカーファイル）がブラウザにより フェッチされ、更新プロセスが走るようになっている
- しかし特にサーバー／クライアントの両方の更新が必要な場合には、バージョンずれなどへの対 処が必要になる

ここで挙げた内容は、Blazor WASMアプリ特有の話ではなく、オフライン対応型のPWAアプリ一般 に共通する設計課題です。本書では紙面の都合上、これ以上の深掘りは避けますが、Blazor WASMで あれば、製品ドキュメントの「ASP.NET Core Blazorプログレッシブ Webアプリケーション（PWA）」の 項などが参考になるため、参照してみてください。

まとめ

Blazor WASMを利用すると、ブラウザ内で動作するWebアプリをC#で開発することができます。プ ログラミングモデルがBlazor ServerとBlazor WASMで同じであるため、ブラウザ内で動作させられる 処理のみであれば、ServerとWASMのどちらでも同じコードが利用できます。

とはいえ、DBが関わるアプリの場合、Blazor WASMで開発するのは大変です。これはWeb APIを 介した3階層型のアーキテクチャでアプリを設計・実装する必要があるためです（**図9.16**）。このた め、通信回線が比較的安定しているようなケース、イントラネットWeb DBアプリのようなケースでは、 Blazor Serverを採用したほうがよい場合が多いでしょう。

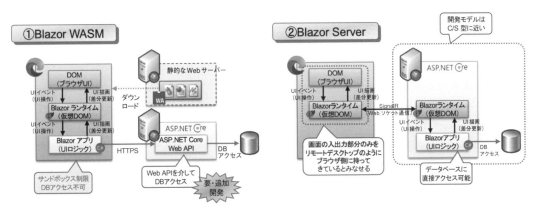

図9.16 Blazor WASMとBlazor Serverのアーキテクチャ的な違い

Blazor ServerではなくBlazor WASMを採用する必然性があるユースケースの一例としては、**オフラインでも動作可能なWebアプリを開発したい場合**が挙げられます。この場合には、さらにPWA技術と組み合わせることで、WebアプリでありながらOSへアプリを登録し、オフライン状態でBlazor WASMアプリを起動できるようになります。ただし、この場合でも、オフライン対応型のPWAアプリ一般に共通する様々な設計課題への対処が必要です。設計・実装作業は相応に複雑になるため、本当にBlazor WASMでオフライン対応型アプリとして開発する必然性があるのかどうかをよく検討することをおすすめします。

第 **10** 章

Blazor WASM ランタイム の構成方法

本章では、クライアント側レンダリングを利用する Blazor WASM （WebAssembly）型アプリの内部の仕組みと、その適切な構成方法について解説します。

Part 2の第5章では、「Blazor Serverランタイムの構成方法」と題して、Blazor Server型アプリの内部の仕組みと、その適切な構成方法について解説しました。これと同様に本章では、Blazor WASM型アプリについて、内部の仕組みと、その構成方法について解説します（**図10.1**）。Blazor Server型アプリとほぼ同じ部分もあれば、大きく異なる部分もあるため、どこに違いがあるのかを意識しながら解説を読み進めてください。

なお、本章では第9章と同様、「Blazor WebAssemblyアプリ」プロジェクトテンプレートで作成したアプリ（本書の分類におけるBlazor WASM型アプリ）のみを対象として解説します。「Blazor Web App」プロジェクトテンプレートで作成したWASMアプリについては、本書の分類ではBlazor United型アプリの特殊な形式になるため、ここでは取り扱いません。第5章と第10章の知識があれば、Blazor United型の構成設定もおのずとわかるため、まずはBlazor WASM型アプリの場合についてしっかり理解してください。

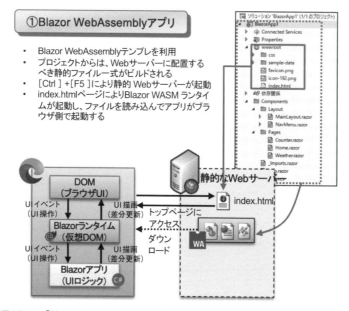

図10.1　「Blazor WebAssemblyアプリ」テンプレートから作成されるプロジェクト

さて、Blazor WASM型アプリの場合、Blazor Server型アプリとは異なり、ASP.NET CoreランタイムのHTTPパイプラインは存在しません。このため、ランタイムの構成方法として理解するべき点は以下の5つです。これらについて順に解説していきましょう。

- スタートアップ処理
- DIコンテナサービスの登録
- 構成設定
- ロギング
- 集約例外ハンドラ

スタートアップ処理

まずは、Blazor WASM型アプリの起動の流れについて確認しましょう（**図10.2**）。

Blazor WASM型アプリでは、まずブラウザがWebサーバーから index.html ファイルを取得します（**図10.2**①）。index.html ファイルには Blazor WASM ランタイムを起動するための JavaScript ファイル呼び出しのコードが含まれており、これによりサーバー側から Blazor WASM ランタイムがダウンロードされ、実行されます。

Blazor WASM ランタイムがダウンロードされると、続いて**図10.2**②で Program.cs ファイルが実行され、これにより App.razor ファイルが呼び出され（**図10.2**③）、Blazor ページがブラウザ内で起動します。

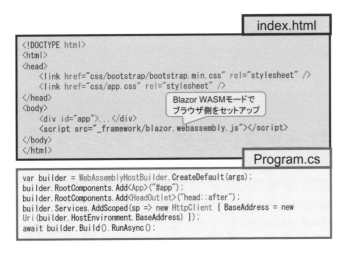

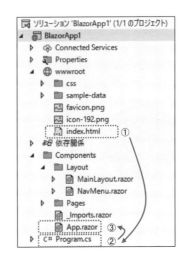

図10.2 Blazor WASM型アプリの起動の流れ

Blazor Server 型アプリのプロジェクトテンプレートと Blazor WebAssembly アプリのプロジェクトテンプレートでは、ファイル名と中身の関係がやや異なりますが、本質的にやっている中身はほぼ同じです。すなわち、App.razor ファイル内の Router コンポーネントがパス情報をもとにページを解決し（**リスト10.1**）、適切な .razor ページが見つかった場合には、これを MainLayout.razor のレイアウトファイルに組み込んで表示し、逆に .razor ページが見つからなかった場合にはページがない旨をレイアウトファイルに組み込んで表示します。

リスト10.1　App.razorファイルの中身

```
                                                              App.razor
<Router AppAssembly="@typeof(App).Assembly">
    <Found Context="routeData">
        <RouteView RouteData="@routeData" DefaultLayout="@typeof(MainLayout)" />
        <FocusOnNavigate RouteData="@routeData" Selector="h1" />
    </Found>
    <NotFound>
        <PageTitle>Not found</PageTitle>
        <LayoutView Layout="@typeof(MainLayout)">
            <p role="alert">Sorry, there's nothing at this address.</p>
        </LayoutView>
    </NotFound>
</Router>
```

　このように、いったんBlazorランタイムが起動してしまうと（すなわちRouterコンポーネントが動き出すと）、その後の流れはBlazor Serverとおおむね同じです。しかし、アプリの起動を担っているProgram.csファイルの中身は、Blazor Server型アプリとBlazor WASM型アプリで大きく異なります。すなわち、Blazor Server型アプリの場合には、Program.csファイルの中でアプリをホストするASP.NET CoreランタイムやKestrelサーバーのセットアップを行ないましたが、Blazor WASM型アプリの場合にはこれらは不要です。Blazor WASM型アプリの場合には、主にDIコンテナのセットアップが行なわれます。

DIコンテナサービスの登録

　Blazor Server型アプリと同様、Blazor WASM型アプリでも**DIコンテナ**を利用することができます。Program.csファイルでDIコンテナのサービスをセットアップしておくと、各.razorページで@injectを用いてサービスオブジェクトを入手し、利用することができます（**図10.3**）。

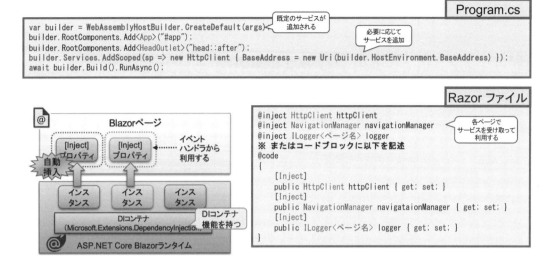

図10.3 Blazor WASM型アプリにおけるDIコンテナサービスの登録

利用に関してはいくつか注意点があるため、以降で解説します。

10.2.1 Blazor WASM型アプリで利用できるDIサービス

DIコンテナの基本的な使い方はBlazor Server型と同じですが、アプリがブラウザ内部で動作しているため、利用できるDIサービスには一部、違いがあります。**表10.1**に相違点を示しましたが、これらはおおむね当然とも言える違いです。たとえばホストプロセスに関する情報は、WebサーバーでホストされるBlazor Server型アプリと、ブラウザでホストされるBlazor WASM型アプリとで異なって当然です。また、DBアクセスは、ブラウザから直接行なうことが原理的にできないため、Blazor WASM型アプリではDbContextは扱えません。違和感があるのはProtectedLocalStorage、ProtectedSessionStorageですが、これらに関しては後述します。

表10.1 利用できるDIサービスの違い

サービス	内容	Server	WASM
IHostingEnvironment、 IHostEnvironment	ホストプロセスに関する情報を提供	○	×
IWebAssemblyHostEnvironment	WASMホストに関する情報を提供	×	○
IConfiguration	構成設定に関する情報を提供	○	○
ILogger、ILoggerFactory	ロギングを行なうサービス	○	○
HttpClient、IHttpContextFactory	コンテキスト情報を保持するサービス	○	○
NavigationManager	画面遷移を行なうサービス	○	○
DbContext、DbContextFactory	DBアクセスを行なうサービス	○	×
IJSRuntime	JavaScriptを呼び出すサービス	○	○
ProtectedLocalStorage、 ProtectedSessionStorage	セッションデータや永続化データを保存するサービス	○	×

これらの中でも特に重要なDIサービスはHttpClientでしょう。まずこのHttpClientについて解説します。

🏢 10.2.2　Web APIアクセスに利用するHttpClientの取り扱い

Blazor WASM型アプリでは外部サービスへのアクセスにWeb API呼び出しを利用するのが一般的ですが、その際に利用する**HttpClient**の取り扱いには注意が必要です。Blazor WebAssemblyアプリのプロジェクトテンプレートにはHttpClientをDIサービスとして登録するコードが含まれていますが、既定のコードには以下のような問題があります。

- 同一オリジンへのリクエストしかできない
- 呼び出すサーバーの情報を構成設定値としてappsettings.jsonに切り出すことができていない
- HTTP呼び出しに失敗した場合に自動リトライする機能が提供されていない

これらの課題は、HttpClientの代わりに**HttpClientFactory**を利用することで解決できます。

- 名前つきHttpClientの利用により、複数の種類のHttpClientを使い分けることができる
- DIコンテナへの登録コードを工夫することにより、呼び出すサーバーの情報を構成設定値としてappsettings.jsonに切り出すことができる
- **Polly**と呼ばれるモジュールを利用して、冪等なWeb APIに対して自動リトライをさせることができる

具体的なサンプルコードを**リスト10.2**に示します。Web APIへのアクセスを行なう場合には、これらのコードを参考にしてHttpClientFactoryクラスを活用してください。

```
                                                            appsettings.json で
                                                            指定されていない場合は     Program.cs
                                                            同一オリジンを利用
string? baseAddress = builder.Configuration.GetValue<string>("BaseUrl");
if (baseAddress == null) baseAddress = builder.HostEnvironment.BaseAddress;
                                                                              名前つき HttpClient の
                                                                              内容を指定
// 名前付きの HttpClient を定義する
builder.Services.AddHttpClient("HttpClientWithRetry", client => client.BaseAddress = new Uri(baseAddress))
    .AddPolicyHandler(msg =>
    {                                                                         自動リトライ機能つき
                                                                              HttpClient にする
        return HttpPolicyExtensions
            .HandleTransientHttpError() // 408, 5xx エラー
            .OrResult(msg => msg.StatusCode == System.Net.HttpStatusCode.NotFound) // 404 エラー
            .OrResult(msg => msg.StatusCode == System.Net.HttpStatusCode.Unauthorized) // 401 エラー
            .WaitAndRetryAsync(6, retryAttempt => TimeSpan.FromSeconds(Math.Pow(2, retryAttempt))
                                + TimeSpan.FromMilliseconds(Random.Shared.Next(0, 100)),
                onRetry: (response, delay, retryCount, context) =>
                {
                    Console.WriteLine($"Retrying: StatusCode: {response.Result.StatusCode} Message:
                                    {response.Result.ReasonPhrase} RequestUri: {msg.RequestUri}");
                });
    });

// 既定の HttpClient の挙動を変更する
builder.Services.Configure<Microsoft.Extensions.Http.HttpClientFactoryOptions>(options =>
{                                                                             既定の HttpClient の
    options.HttpClientActions.Add(client =>                                   内容を指定
    {
        client.BaseAddress = new Uri(baseAddress);
    });
});
```

```
                                                                              Razor ページ
@inject IHttpClientFactory httpClientFactory    HttpClientFactory を
                                                使うことで複数の
                                                HttpClient を使い分ける
@code {                                         ことが可能
    protected async Task GetData()
    {                                                           複数の HttpClient を
        var httpClient1 = httpClientFactory.CreateClient();     使い分ける
        var httpClient2 = httpClientFactory.CreateClient("HttpClientWithRetry");
        ...
    }
}
```

また、DIコンテナの利用に関連して、2つの参考情報を紹介しておきます。

📖 10.2.3　参考 自前のDIサービスの取り扱い

Blazor WASM型アプリでも、自作のDIサービスをDIコンテナに登録して利用することができます。この際、Blazor Server型アプリではAddScoped()とAddSingleton()の使い分けが重要でしたが、Blazor WASM型アプリではもともとユーザーごとに実行環境が分かれているため、ScopedとSingletonの挙動は同じになります（**図10.4**）。

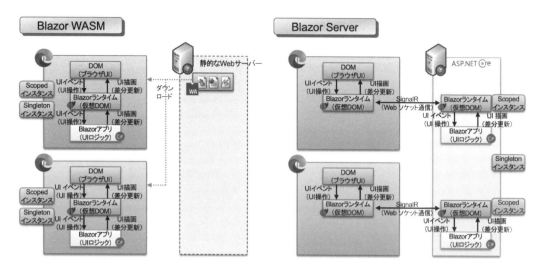

図10.4　ScopedとSingletonの挙動の違い

🏢 10.2.4　参考 セッションストレージと永続化ストレージの利用

　第3章で解説しましたが、Blazor Server型アプリを開発する際には、DIサービスである**ProtectedSessionStorage**と**ProtectedLocalStorage**を利用すると、ブラウザ側のストレージを利用したセッションデータの管理と永続化データの管理が容易にできます。これにより、ページ間遷移を行なう際のデータの受け渡しやサイトを離れた際のデータの永続化を簡単に行なうことができました。しかし、これらは（データ保存にモダンブラウザの機能である**sessionStorage**と**localStorage**を利用しているものの、サーバー側のキーによる暗号化処理を含んでいる関係で）Blazor WASM型アプリでは利用できません。

　Blazor WASM型アプリでも、ページ間での遷移や、Webサイトを離れて戻ってきた際に利用できる、何らかのデータ保存の方法が必要です。これには以下の方法が利用できます。

①JavaScriptを利用した sessionStorage や localStorage の利用
②static変数の利用（**図10.5**）

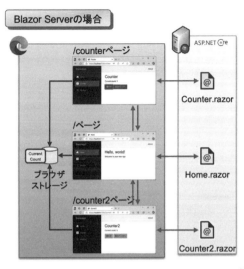
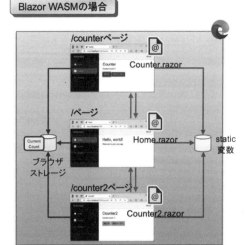

図10.5　セッション情報や永続化情報の取り扱い

まず①の方法は、IJSRuntime DIサービスを利用して、C#のWASMアプリの中からJavaScript経由でsessionStorageやlocalStorageを利用する方法です。具体例を**リスト10.3**に示します。このコードではlocalStorage（ブラウザの永続化データストア）に対してデータを読み書きしています。この方法であれば、Webサイトを離れて再び戻った場合でもデータを復元することができます。

リスト10.3　JavaScriptの利用によるlocalStorageの利用

Counter.razor

```
@page "/counter"

@inject IJSRuntime jSRuntime

<PageTitle>Counter</PageTitle>

<h1>Counter</h1>

@if (currentCount.HasValue)
{
    <p role="status">Current count: @currentCount</p>
    <button class="btn btn-primary" @onclick="IncrementCount">Click me</button>
}
else
{
    <p>データを取得中です...</p>
}

@code {
    private int? currentCount = null;

    protected override async Task OnInitializedAsync()
    {
        string result = await jSRuntime.InvokeAsync<string>("localStorage.getItem", "currentCount");
        int intValue;
        if (int.TryParse(result, out intValue) == true)
        {
            currentCount = intValue;
        }
        else
        {
            currentCount = 0;
        }
    }

    private async Task IncrementCount()
    {
        currentCount++;
        await jSRuntime.InvokeVoidAsync("localStorage.setItem", "currentCount", currentCount.ToString());
    }
}
```

一方、単に画面遷移の際にデータを保持しておけばよいだけの場合には、②の方法でstatic変数を使ってデータを保存してしまってもよいでしょう（**リスト10.4**）。Blazor Server型アプリの場合には、1つのプロセスを複数のユーザーが共用しているためにこの方法は取れませんでしたが、Blazor WASM型アプリの場合にはこの方法で画面間のデータ引き渡しができます。

リスト10.4　画面間遷移でのstatic変数の利用

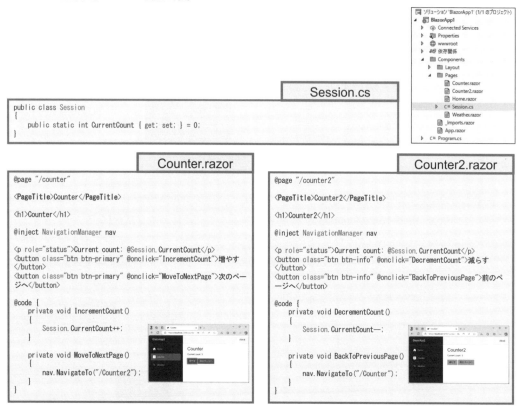

なお、.NET 8に標準で含まれるProtectedLocalStorageやProtectedSessionStorageはBlazor Serverでしか利用できないという制限を持ちますが、OSSライブラリであるBlazored SessionStorage／LocalStorageであれば、Blazor ServerとWASMのどちらでも利用できます。また、上記で解説した**IJSRuntime**を使った方法も、Blazor ServerとWASMの両方で利用できます。第11章で解説するBlazor United型アプリの場合、Blazor Server型アプリとWASM型アプリの間でデータ交換をしなければならない場合があり、そのようなケースではこれらの方法が活用できることを知っておくとよいでしょう。

　DIコンテナサービスに関する解説は以上です。引き続き、Blazor WASM型アプリにおける構成設定値の管理方法について解説します。

10.3 構成設定

Blazor WASM型アプリの場合でも、環境によって動きを変えなければならない部分については、構成用のパラメータ（**構成設定値**）を何らかの形でアプリの外に切り出しておく必要があります。切り出すべきデータとしてよくあるものは、ロギングに関する構成設定情報、認証に関する構成設定情報、Web APIにアクセスする際のサーバー名や認証構成、その他アプリの挙動に関わる情報などです。こうしたデータは**appsettings.json**ファイルに切り出しておき、**IConfiguration** DIサービスに対してキー値を指定して値を取り出します（**リスト10.5**）。Blazor Server型アプリのときと同様、キー値に関しては大文字・小文字の区別がないことに注意してください。

リスト10.5　構成設定値の外部ファイルへの切り出しとその扱い

appsettings.json

```
{
  "AzureAd": {
    "Instance": "https://login.microsoftonline.com/",
    "Domain": "blazorsample1234.onmicrosoft.com",
    "TenantId": "2d5340ac-f9ba-404a-9291-4968b7403068",
    "ClientId": "5694e9ce-15a1-493c-b8d5-93a2d8b8bfd6",
    "CallbackPath": "/signin-oidc"
  },
  "Logging": {
    "LogLevel": {
      "Default": "Information",
      "Microsoft.AspNetCore": "Warning"
    }
  },
  "AllowedHosts": "*",
  "AppSettings": {
    "h1FontSize": "50px",          配列も書ける
    "PageSize": "30",
    "AcceptFiles": [ "jpg", "png", "bmp" ]
  }
}
```

.razor

```
@inject IConfiguration config

<p>@config["AzureAD:Instance"]</p>
<p>@config["LOGGING:LOGLEVEL:DEFAULT"]</p>
<p>@config["AppSettings:AcceptFiles:1"]</p>
```

大文字・小文字の区別なし　　配列に対してはインデックス指定

基本的な扱い方はBlazor Server型と同じですが、Blazor WASM型アプリの場合には特にセキュリティへの配慮が必要です。**図10.6**に示すように、appsettings.jsonファイルはアプリのWebのルートフォルダに配置する必要がありますが、このファイルはブラウザからの直接アクセスができます。このため、**ユーザーから丸見えになってしまう**という問題があります。

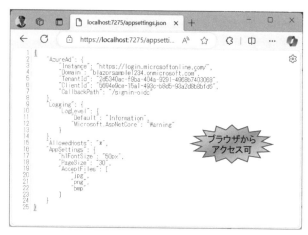

図10.6　appsettings.jsonファイルの置き場所とブラウザからのアクセス

　ブラウザから丸見えになることを避けたい場合には、`appsettings.json`ファイルを埋め込みアセンブリファイル化するという方法を利用するとよいでしょう。具体的には、`appsettings.json`ファイルをアプリのルートフォルダに移設してビルドアクションの設定を埋め込みリソースに変更するとともに、`Program.cs`ファイルを書き換えて、構成設定の情報を埋め込みアセンブリから読み込むように書き換えます（**リスト10.6**）。こうすると、ブラウザから丸見えになることを避けられます。

リスト10.6　appsettings.jsonファイルの埋め込みアセンブリファイル化

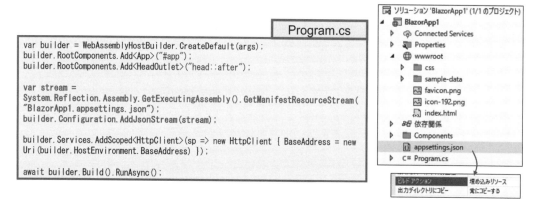

```
var builder = WebAssemblyHostBuilder.CreateDefault(args);
builder.RootComponents.Add<App>("#app");
builder.RootComponents.Add<HeadOutlet>("head::after");

var stream =
System.Reflection.Assembly.GetExecutingAssembly().GetManifestResourceStream(
"BlazorApp1.appsettings.json");
builder.Configuration.AddJsonStream(stream);

builder.Services.AddScoped<HttpClient>(sp => new HttpClient { BaseAddress = new
Uri(builder.HostEnvironment.BaseAddress) });

await builder.Build().RunAsync();
```

　とはいえ、このような方法を利用したとしても、`appsettings.json`（およびアプリのコードの中）に、秘匿性を要求されるデータを入れることは避けなければなりません。**ブラウザが動作するクライアント環境は、悪意のあるユーザーが本気を出せばどうにでも情報を解析・奪取できる環境**だからです（図10.7）。このため、サーバーにアクセスするためのIDやパスワード情報、**各種のセキュリティ情報を入れずに済むようにアプリを設計しなければなりません。**

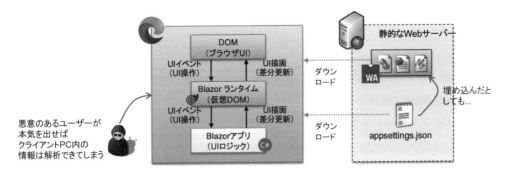

図10.7　構成設定情報に関するセキュリティ上の配慮の必要性

　また、ここまでの説明からわかるように、Blazor WASM型アプリの場合、開発環境と運用環境の構成設定の切り替えやオーバーライドは比較的面倒です。ビルド作業を行なうCI/CDサーバー上で、運用環境用の構成設定ファイルに差し替えてビルドする、という考え方もあります。あるいは、Blazor WASM型アプリでは原理的に秘匿性を要求される構成設定データを`appsettings.json`に保存できないのだから、運用環境で利用する構成設定データを`appsettings.json`にそのまま記述し、ソースコード管理サーバー上で管理してしまってもかまわないだろう、という考え方も成立します。自プロジェクトに最適な方法を適宜検討してください。

　構成設定に関する注意点は以上です。引き続き、ロギングについて解説します。

10.4 ロギング

　Blazor Server型アプリと同様、Blazor WASM型アプリでも、ロギングには.NET標準のロギングフレームワークを利用します。基本的な記述方法は特に変わらず、**ILogger**オブジェクトをDIコンテナから受け取り、.LogXXX()メソッドでログを書き込みます（**リスト10.7**）。書き込まれたログは、ブラウザのデバッグログとして出力されます。F12開発者ツールを開くと、出力されたログを確認することができます。

リスト10.7　Blazor WASM型アプリにおけるロギングの例

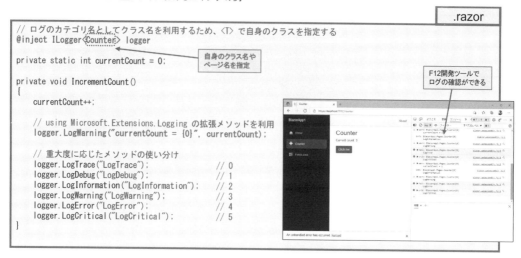

Blazor WASM型アプリのロギングの問題点は、サーバー側の管理者からすると、ブラウザ内でロギングされた情報を手元（サーバー側）で確認する方法がないことです。このため、ブラウザ内で発生したログを、**図10.8**のようにリモートのログ収集サーバーに送信させ、一元的に管理したいと考える場合があります。しかしこれについてはいくつか注意が必要です。

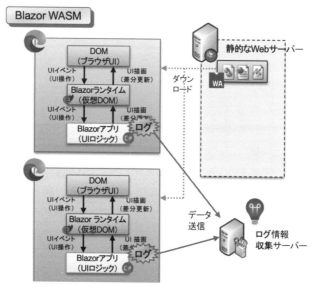

図10.8　リモートサーバーへのログデータの送信

特に注意すべき点としては、まずログ収集に関して確実性がないこと[1]、また何らかの理由で大量のログがブラウザ側で発生してしまうと、ログ送信で目詰まりを起こす場合があることです。また、ログ情報

※1　ネットワークが切断されたら送信できない、ブラウザがクラッシュしても送信できないなど。

を収集するサーバー側のセキュリティも課題で、偽ログデータを受信するリスクが原理的につきまといますし、ログ情報収集サーバーが攻撃対象になる可能性もあります。この方法を利用したい場合には、まずログ収集を「全量を確実に回収する」という位置づけにせず、**あくまで分析用の参考情報**という位置づけにすること、また流量制御やセキュリティ制御が考慮されたライブラリやフレームワークを利用し自力実装を避けることをおすすめします。

こうしたログ収集の目的にはApplication Insightsが適していますが、本書執筆時点ではBlazor WASM型アプリと連携できる公式のライブラリがありません。一部ユーザーがすでに連携用のライブラリを開発・公開しているので、確認してみるとよいでしょう。

一方、ロギングの中には（100%は無理にしてもなるべく高い）確実性が求められるものもあります。具体的には、アプリの未処理例外に関する情報のロギングです。これについて、引き続き、集約例外処理の適切なやり方とともに解説していきます。

10.5 集約例外ハンドラ

まず、改めて集約例外処理について整理しておきましょう。実際の業務アプリ開発では、ユーザーアプリ内で様々な例外が発生する可能性がありますが、事前に発生が予測できるものに対しては、try-catchによる後処理を記述しておきます。しかし、事前に発生が予測できないもの、たとえばアプリのバグなどにより発生した例外についてはtry-catchが行なわれず、Blazorランタイムがこれをまとめて捕捉し、適切な後処理を行なうことになります。この取り扱い方を示すため、サンプルコードに**図10.9**のようなアプリのバグ（ゼロ除算エラー）を意図的に入れておき、こうした意図しない例外の発生（すなわちアプリ障害）に対してどのように対処すべきかを考えていきましょう。

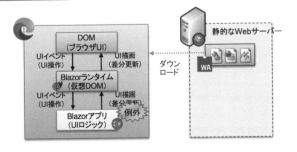
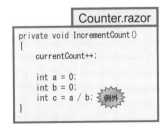

図10.9　アプリでの未処理例外の発生

Blazor WASM型アプリであっても、未処理例外に対する対処方針はBlazor Server型アプリと変わりません。すなわち、大まかな方針としては以下の通りです。

①**開発時** ➡ 例外ログを開発者に見せて、デバッグに役立ててもらう
②**運用時** ➡ 処理を中断してエラー画面に切り替えて、アプリの再起動を促す
③**開発時 ・ 運用時ともに** ➡ 可能であればファイルなどに例外ログを残しておく

以降では、これらを行なうために必要となるカスタマイズ方法について解説します。

🏢 10.5.1　開発時の未処理例外の取り扱い

開発時には、ブラウザ上のBlazor WASM型アプリで発生した例外ログを開発者に見せて、デバッグに役立ててもらう必要があります。これに関しては特に追加の設定は不要で、既定で以下が行なわれるようになっています（**図10.10**）。

- ブラウザ下に、未処理例外が発生したことを表わすバーが表示される
- ブラウザのF12開発者ツールのコンソールに対して、未処理例外のスタックトレースが出力される

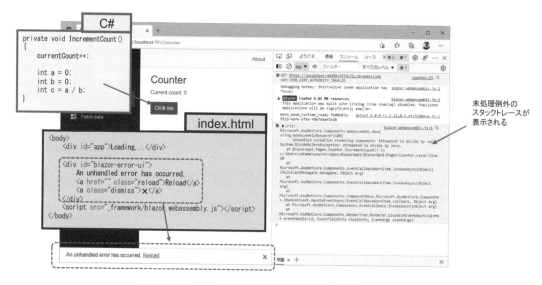

図10.10　Blazor WASM型アプリにおける未処理例外の取り扱い

🏢 10.5.2　運用時の未処理例外の取り扱い

前述の既定の例外処理では、例外が発生してもそのまま画面操作の継続が可能です。一般的に、アプリで未処理例外が発生した場合には、アプリの状態が適正であるか否かがわからないため、そのま

ま業務処理を継続することは危険です。このため、運用時はそれ以上の画面操作（業務継続）は抑止し、アプリをリロードしてもらうことが望ましいと言えます。これは（Blazor Server型のときと同様）CSSファイルのスタイル制御を調整することにより実現できます（**図10.11**）。

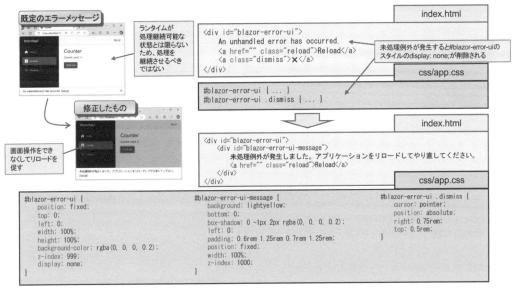

図10.11 CSSスタイルシートを利用した画面操作の抑止

ここまではBlazor Server型、Blazor WASM型で取り扱いが特に変わりません。しかし次に述べる例外ログの保存については取り扱いが変わってきます。

🏢 10.5.3 集約例外を用いたロギングのカスタマイズ方法

開発時・運用時ともに、発生した未処理例外は、その後の障害解析のためにログを残しておく必要があります。しかし、このような例外が発生した際はサーバーと通信が可能とは限らない（むしろできない場合も多い）ため、サーバーへ例外情報を送信して保存するという方法では、ログ保存の確実性が非常に低くなってしまいます。

このためローカルマシンへのログ保存を考えるべきですが、Blazor Server型アプリと違い、ローカルファイルへの保存やイベントログへの出力は（ブラウザのサンドボックス制限のため）できません。幸い、Blazor WASM型アプリを動かすことができるようなモダンブラウザであればW3C標準であるローカルストレージ機能が利用できるため、これを利用するとよいでしょう。具体的には、Blazor WASMのJavaScriptランタイム相互運用機能を利用して、例外ログの情報をローカルストレージに保存しておくようにします（**図10.12**）。

図10.12　Blazor WASM型アプリにおける例外ログのローカルマシンへの保存

具体的な実装コード例は**リスト10.8**のようになります。

リスト10.8　ローカルストレージへの例外ログの保存

ExceptionFileLogger.cs

```csharp
public sealed class ExceptionFileLogger : ILogger
{
    private IJSRuntime jSRuntime;
    public ExceptionFileLogger(IJSRuntime jSRuntime) {
        this.jSRuntime = jSRuntime;
    }

    public IDisposable? BeginScope<TState>(TState state) where TState : notnull => default!;

    public bool IsEnabled(LogLevel logLevel)
    {
        return (logLevel == LogLevel.Warning || logLevel == LogLevel.Error || logLevel == LogLevel.Critical);
    }

    public async void Log<TState>(LogLevel logLevel, EventId eventId, TState state, Exception? exception, Func<TState, Exception?, string> formatter)
    {
        if (!IsEnabled(logLevel)) return;

        string existingData = await jSRuntime.InvokeAsync<string>("localStorage.getItem", "exceptionData");
        await jSRuntime.InvokeVoidAsync("localStorage.setItem", "exceptionData",
            existingData + "\r\n" + $"{formatter(state, exception)}" + "\r\n" + (exception == null ? "" : ConvertExceptionToString(exception)));
    }

    private static string ConvertExceptionToString(Exception exception)
    {
        Dictionary<string, string> _generalInformation = new Dictionary<string, string>();

        if (exception == null) return "例外オブジェクト情報はありません。\r\n\r\n";
        StringBuilder strInfo = new StringBuilder("****** 一般情報 ******\r\n\r\n");

        // 一般情報を取得して文字列化
        // 発生時刻は上書き(なければ追加)
        _generalInformation["発生時刻"] = DateTimeOffset.Now.ToString();

        // 実行ランタイムの情報
        Assembly myAssembly = Assembly.GetEntryAssembly()!;
        // バージョンの設定
        _generalInformation["エントリアセンブリ情報"] = myAssembly.GetName().FullName;

        foreach (var key in _generalInformation.Keys)
        {
            strInfo.Append(key + ": " + _generalInformation[key] + "\r\n");
        }
        strInfo.Append("\r\n****** 例外情報 ******");

        // ネストされた例外を順次文字列化する
        Exception? currentException = exception!;
        int intExceptionCount = 1;
        do
        {
```

　Part 3　Blazor WASMによるアプリ開発

```
            strInfo.AppendFormat("\r\n\r\n{0}) 例外オブジェクト情報\r\n{1}", intExceptionCount.ToString(), "");
            strInfo.AppendFormat("\r\nException Type: {0}", currentException.GetType().FullName);

            try
            {
                PropertyInfo[] aryPublicProperties = currentException.GetType().GetRuntimeProperties().ToArray();
                foreach (PropertyInfo p in aryPublicProperties)
                {
                    if (p.Name != "InnerException" && p.Name != "StackTrace")
                    {
                        try
                        {
                            if (p.GetValue(currentException, null) == null)
                            {
                                strInfo.AppendFormat("\r\n{0}: NULL", p.Name);
                            }
                            else
                            {
                                strInfo.AppendFormat("\r\n{0}: {1}", p.Name, p.GetValue(currentException, null));
                            }
                        }
                        catch (Exception)
                        {
                        }
                    }
                }
            }
            catch (Exception)
            {
            }

            if (currentException.StackTrace != null)
            {
                strInfo.AppendFormat("\r\n\r\nスタックトレース情報");
                strInfo.AppendFormat("\r\n{0}\n", currentException.StackTrace);
            }
            currentException = currentException.InnerException;
            intExceptionCount++;
        } while (currentException != null);

        return strInfo.ToString();
    }
}

public class ExceptionFileLoggerProvider : ILoggerProvider
{
    private readonly ConcurrentDictionary<string, ExceptionFileLogger> _loggers = new ConcurrentDictionary<string, ExceptionFileLogger>();

    private IJSRuntime jSRuntime;

    public ExceptionFileLoggerProvider(IJSRuntime jSRuntime)
    {
        // initialization code
        this.jSRuntime = jSRuntime;
    }

    public ILogger CreateLogger(string categoryName)
    {
        var logger = _loggers.GetOrAdd(categoryName, new ExceptionFileLogger(jSRuntime));
        return logger;
    }

    public void Dispose()
    {
        _loggers.Clear();
    }
}
```

Program.cs

```
var builder = WebAssemblyHostBuilder.CreateDefault(args);
builder.RootComponents.Add<App>("#app");
builder.RootComponents.Add<HeadOutlet>("head::after");

builder.Services.AddScoped(sp => new HttpClient { BaseAddress = new Uri(builder.HostEnvironment.BaseAddress) });

// 例外ログのファイル出力機能の追加
builder.Services.AddSingleton<ILoggerProvider, ExceptionFileLoggerProvider>();

await builder.Build().RunAsync();
```

　以上が未処理例外への主な対処方法となります。なお、第5章でも解説したように、
<ErrorBoundary>は.NET 8で導入されたBlazor United型アプリ開発との相性が悪いため、Blazor
WASM型アプリ開発でも利用を避けることが望ましいです。本節で解説した基本セオリーを守って、集
約例外処理を実装してみてください。

まとめ

　本章では、Blazor WASM型アプリにおけるランタイム利用の注意点について、Blazor Server型アプリの場合と比較しながら解説しました。多くの類似点がある一方、原理的に異なる点もあり、右から左に同じように設定やコードを使いまわせるわけではない、ということを理解する必要があります。要点を整理すると、以下のようになります。

- スタートアップ処理
  - Program.cs ファイル内で、DIコンテナへのサービス登録を行なう。
- DIコンテナサービスの登録
  - ロギングや構成設定、画面遷移などの基本的なDIサービスは、既定でセットアップされているが、Web API呼び出しなどに関わるDIサービスは適宜自力でセットアップする必要がある。
  - Blazor Server型アプリで利用されるセッションストレージや永続化ストレージのDIサービスはBlazor WASM型アプリでは利用できないため、IJSRuntime DIサービスを利用して、sessionStorageやlocalStorageを直接利用する。
  - Web API呼び出しに利用するHttpClientはそのまま利用せず、HttpClientFactoryを利用する。
- 構成設定
  - 環境によって変えるべき設定は、構成設定ファイルappsettings.jsonに切り出しておく。この構成設定ファイルはブラウザ側で利用されるため、秘匿性を要求されるデータを含めてはならない。
- ロギング
  - 各ページでは、ILogger<T>をinjectしてもらい、.LogXXX()メソッドでログを記録する。
- 集約例外ハンドラ
  - 開発時には、F12開発者ツールに出力される例外ログを確認する。
  - 運用時にはCSS（スタイルシート）を用いてユーザー操作を抑止しつつアプリのリロードを促す。
  - どちらの場合も、カスタムロガーを用いて未処理例外の情報をブラウザの永続化ストレージに保存しておくとよい。

第 **11** 章

Blazor Unitedの開発スタイル

本章では、Part 2・3 で学んだ Blazor Server 型、Blazor WASM 型の2 つを統合した Blazor United 型の開発スタイルについて解説します。Blazor United 型の開発スタイルの利点や強み、適用すべき領域などを見ていきます。

第1章で解説したように、現在（.NET 8以降）のASP.NET Core Blazorでは**サーバー、ブラウザの
どちらでもほぼ同一の技術で開発できる**という点が大きな特徴であり、1つのアプリで複数のレンダリン
グモデルを使い分けることができるようになっています。しかし本書では学習のしやすさを鑑みて、Part
2（第2章〜第8章）ではサーバー側レンダリングモデルのみを用いるアプリ開発（Blazor Server型ア
プリ開発）の方法を、Part3（第9・10章）ではクライアント側レンダリングモデルのみを用いるアプリ
開発（Blazor WASM型アプリ開発）の方法について解説してきました。本書の最終章である第11章で
は、これらのモデルを統合し、1つのアプリの中で取り扱う方法（Blazor United型アプリ開発）につい
て解説します。

　なお、本章のタイトルにある「Blazor United」は、.NET 8の開発時に付けられていた名前です。現
在のASP.NET Core Blazorでは、統合されたモデルが唯一のBlazorであるとして、この名前は使われ
ていません（同様に、Blazor Server、Blazor WASMという名前もほとんど使われていません）。とはい
え、解説の都合上、

- サーバー側レンダリングモデルのみを用いて開発する手法を**Blazor Server型**
- クライアント側レンダリングモデルのみを用いて開発する手法を**Blazor WASM（WebAssembly）型**
- 1つのアプリの中で複数のレンダリングモードを組み合わせて開発する手法を**Blazor United型**

と呼ぶほうがわかりやすいため、あえてこれらの名前を使って説明しています。製品ドキュメントなどを
読む際はこれらの名前は出てこないため、注意してください。

Blazor United とは何か

　Blazor Unitedとは.NET 8から導入された新機能で、これを利用することにより、ページごとに4つ
のレンダリングモードを細かく切り替えることができます（**図11.1**）。また、サーバー側プリレンダリング
機能を利用することでSEO対策（詳細は後述）も可能になっており、細かい最適化が必要なインター
ネット向けB2Cアプリの開発に最適な技術です。半面、これを使いこなすにはBlazorの仕様に関して
正確な理解が必要なため、Blazor ServerやBlazor WASMに比べると扱いが難しい技術でもあります。

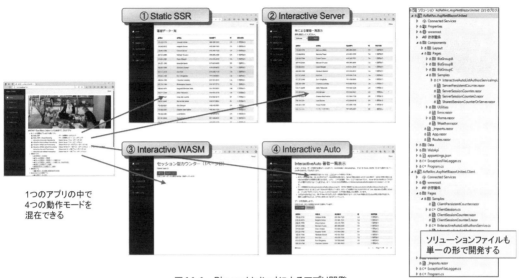

図11.1　Blazor Unitedによるアプリ開発

第1章でも解説しましたが、Blazor Unitedでは4つの**レンダリングモード**（**図11.2**）[※1]を利用することができます。改めてこの4つのレンダリングモードの名前をしっかり押さえておきましょう。

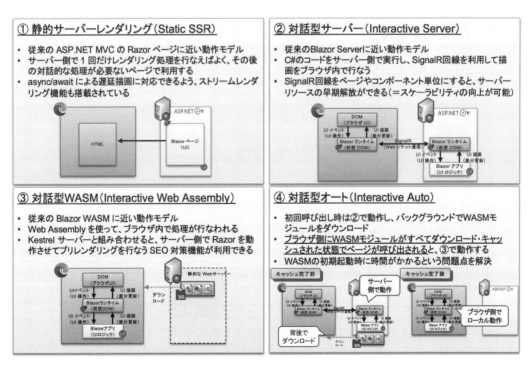

図11.2　4つのレンダリングモード

※1　解説の都合で第1章のときとは順番を入れ替えています（第1章では、静的サーバー側レンダリング→対話型 WebAssembly →対話型 Server →対話型 Auto の順で説明しました）。

「Blazor Web App」プロジェクト
テンプレートの作成オプション

11.2

Part 2のBlazor Serverアプリ開発で利用した「Blazor Web App」プロジェクトテンプレートは、作成オプションの設定次第で様々な開発パターンに対応できるように作られています。作成オプションの中でも特に重要なのが以下の2つです（**図11.3**）。

- **Interactive render mode**：利用するレンダリングモードの種類を指定する
- **Interactivity location**：レンダリングモードを設定する場所を指定する（グローバルにした場合には、アプリ全体で特定のレンダリングモードのみを使うことになる）

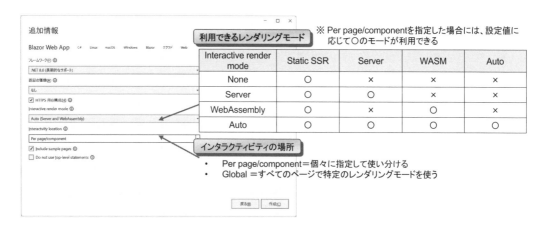

図11.3　「Blazor Web App」プロジェクトテンプレートの作成オプション

ここで指定するオプションの内容により、作成されるプロジェクトの内容が変化します（**図11.4**）。指定するオプションにより細かいところが多少変わりますが、特に重要なのは以下のポイントです（が、細かいところはまだ理解できなくてかまいません）。

- **プロジェクトファイルが2つになるか否か**
  - Interactive render modeとしてWASMを利用しないタイプのもの（NoneまたはInteractive Server）を選択すると、1つのプロジェクトのみが利用される形になる
  - Interactive render modeとしてWASMを利用するタイプのもの（Interactive WebAssemblyまたはInteractive Auto）を選択すると、2つのプロジェクトが利用される形になる
- **Blazorランタイムに組み込まれる機能**
  - Interactive render modeとしてServerを利用するタイプのもの（Interactive Serverまたは

Interactive Auto）を選択すると、`Program.cs`ファイルでInteractive Serverを利用するためのサービスやモジュールが追加される

- Interactive render modeとしてWASMを利用するタイプのもの（Interactive WebAssemblyまたはInteractive Auto）を選択すると、`Program.cs`ファイルでInteractive WebAssemblyを利用するためのサービスやモジュールが追加される

- **既定のレンダリングモードの指定**
  - Interactivity locationとしてGlobalを指定した場合は、App.razorファイルの`<HeadOutlet>`と`<Routes>`に既定のレンダリングモードが指定される
  - Interactivity locationとしてPer page/componentを指定した場合には、App.razorファイルの`<HeadOutlet>`と`<Routes>`には既定のレンダリングモードが指定されず、個々のファイルで必要に応じて指定することになる

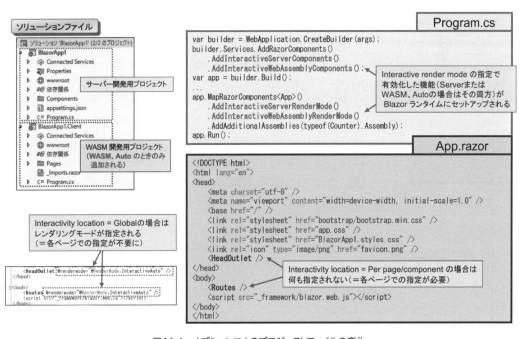

図11.4　オプションによるプロジェクトファイルの変化

11.3 Blazor Unitedのためのプロジェクト作成オプション

アプリをBlazor Unitedとして開発する、すなわち4種類のレンダリングモードすべてを1つのアプリの中で使い分けたい場合には、以下を指定してプロジェクトを作成します。

- Interactive render mode = Auto (Server and WebAssembly)
- Interactivity location = Per page/component

これらのオプションを指定して作成されたソリューションファイルを実行すると、1つのアプリの中に4種類の異なるレンダリングモードのページを共存させることができます。Blazorランタイムはサーバー側とブラウザ内の両方に存在する形になり、レンダリングモードにより各ページ（モジュール）が動作する場所が**図11.5**のように変わることになります。詳細は後述しますが、Blazor Serverのみ、またはWASMのみを利用する開発と違い、**レンダリングモードに応じてファイルの配置先プロジェクトを変える**必要がある点が大きく異なります。

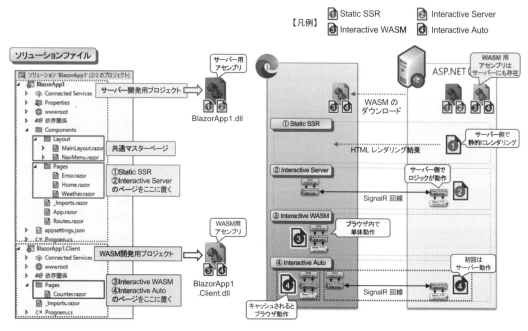

図11.5　Blazor Unitedにおけるファイル配置と各ページの動作

もう少し細かく説明すると、以下のようになります。

- **利用するレンダリングモードによって、ファイルの置き場所を変える必要がある**
  - WASM、Autoモードを利用するファイルは、クライアント側のプロジェクトに入れる。一方、Static SSR、Serverモードを利用するファイルは、サーバー側のプロジェクトに入れる
- **Autoモードのページは、クライアント側のプロジェクトに入れておく**
  - コンパイルを行なうと、当該ページはサーバーとクライアント（ブラウザ）の両方に配置される。そのうえで、初回はサーバー側で動作し、2回目以降（キャッシュ完了後）はブラウザ側で動作する、という挙動をする（詳細は後述）
- **マスターページ（MainLayout、NavMenu）は、サーバー側プロジェクトで定義する**
  - マスターページの中のコンテンツブロックが、Static SSR、Server、WASM、Autoに切り替えられて動作する、という形になっているため。このためマスターページに関しては作成上の制限事項が発生する（詳細は後述）

各ページのレンダリングモードは、Razorページのディレクティブ宣言により指定します。指定方法は、**@attributeを利用する方法**と、**@rendermodeを利用する方法**の2通りがあります（**リスト11.1**）。プロジェクトテンプレートでは後者の**@rendermodeを指定する方法**が利用されていますが、この方法ではレンダリングオプションが指定できません。前者の**@attributeを利用する方法**を使えば、直接、レンダリングオプションを指定することができます。

リスト11.1　レンダリングモードの指定

Razorページ

```
@page "/counter"
@attribute [RenderModeInteractiveWebAssembly(prerender: true)]
```

Razorページ

```
@page "/counter"
@rendermode InteractiveWebAssembly
```

Interactivity locationに関する注意点

Interactive Type = Auto (Server and WebAssembly) の指定は、**Interactivity locationの指定内容によって意味がまったく変わってしまう**という点に十分に注意してください（**図11.6**）。

Interactivity location = Per page/componentを指定している場合には、ページごとにStatic SSR、Server、WASM、Autoの4つを使い分けることができます。しかし、Interactivity location = Globalを指定している場合には、すべてのページの挙動がAutoになります（すなわちStatic SSR、Server、WASMのページは利用できなくなります）。

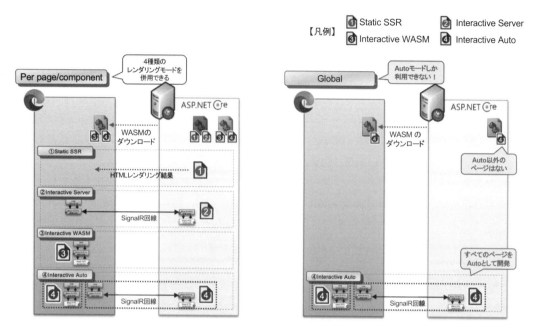

【凡例】　① Static SSR　② Interactive Server　③ Interactive WASM　④ Interactive Auto

図11.6　Interactivity locationの指定による挙動の違い

　このため、Blazor Unitedとしてアプリを開発する、すなわちページ単位にレンダリングモードを切り替えたい場合には、以下の指定が必要になります。以降では、このオプションを利用したプロジェクトテンプレートを用いて解説を進めます。

- Interactive render mode = Auto (Server and WebAssembly)
- Interactivity location = Per page/component

Interactive render modeによる動作の違いとレンダリングオプション

　さて、「Blazor Unitedでは4種類のレンダリングモードが利用できる」と解説してきましたが、実は各レンダリングモードにはレンダリングオプションがあり、都合8つの選択肢の中からレンダリング方法を選択することになります（図11.7）。

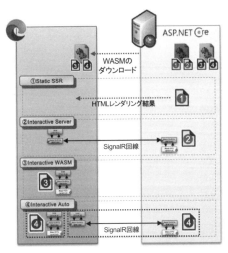

レンダリングモード	サブオプション	@rendermodeによる指定	@attributeによる指定
①Static SSR	ストリームレンダリングなし	無指定	無指定
	ストリームレンダリングあり	×（指定できない）	@attribute [StreamRendering(true)]
② Interactive Server	サーバー側プリレンダリングあり	@rendermode InteractiveServer	@attribute [RenderModeInteractiveServer(true)]
	サーバー側プリレンダリングなし	×（指定できない）	@attribute [RenderModeInteractiveServer(false)]
③ Interactive WASM	サーバー側プリレンダリングあり	@rendermode InteractiveWebAssembly	@attribute [RenderModeInteractiveWebAssembly(true)]
	サーバー側プリレンダリングなし	×（指定できない）	@attribute [RenderModeInteractiveWebAssembly(false)]
④ Interactive Auto	サーバー側プリレンダリングあり	@rendermode InteractiveAuto	@attribute [RenderModeInteractiveAuto(true)]
	サーバー側プリレンダリングなし	×（指定できない）	@attribute [RenderModeInteractiveAuto(false)]

図11.7　Blazor Unitedにおけるレンダリングの8種類の選択肢

　指定できるレンダリングオプションは、Static SSRの場合とそれ以外の場合（Interactive WASM、Interactive Server、Interactive Auto）とで異なりますが、この中で特に注意が必要なのが、後者で利用できる**サーバー側プリレンダリング**機能です。このオプションは.NET 8では既定で有効になっていますが、WASMやAutoと組み合わせた場合には一見不自然な挙動をします。以降で、これらのレンダリングの挙動やその理由について順に解説していくので、内部動作をしっかりと理解するよう心がけてください。

レンダリングモード①
静的サーバーレンダリング（Static SSR）

　静的サーバーレンダリング（**Static SSR**：Static Server-Side Rendering）は、従来のASP.NET MVCのRazorページによく似た動作モデルです。サーバー側だけで1回限りのレンダリング処理（HTML生成）を行ないます。

11.6.1　Static SSRが適用できる画面の仕様と適用方法

　Static SSRは、一度HTMLを生成したら、それを変更することがありません。このため、**ページ表示後に、ボタン押下などによる対話型処理（≒イベントハンドラ処理）を一切しない場合に利用できるレンダリングモデルである**と理解するとよいでしょう。たとえば**図11.8**の場合、左側の例はStatic SSRによるレンダリングが可能ですが、右側の例ではStatic SSRは利用できず、Interactive Serverなどの利用が必要になります。似たような画面であっても、ちょっとした画面仕様の違いによってStatic SSRが利用

できるか否かが変わります。

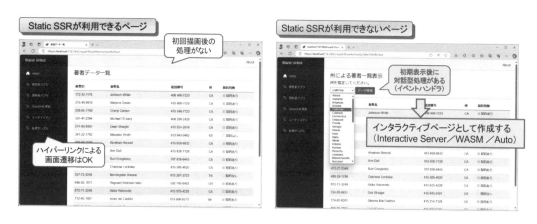

図11.8　静的サーバーレンダリング（Static SSR）

Static SSRを利用したい場合には、@attributeや@rendermodeの指定をしないようにします（**リスト11.2**）。これにより、当該ページはStatic SSRの方法でレンダリングされます[2]。

リスト11.2　Static SSRを利用する場合のレンダリング指定

11.6.2　ストリームレンダリング機能

　前述したように、Static SSRページは1回限りのレンダリングであるため、イベントハンドラの利用ができません。しかし例外的に、ページの初期化処理に関してのみ、非同期処理による初期化処理をうまく描画するための**ストリームレンダリング**と呼ばれる機能が搭載されています。

　具体例として、**リスト11.3**のようなページを取り上げてみましょう。このページでは初期表示のためにDBからデータを取得しますが、これには若干の時間がかかります[3]。既定では、Static SSRはページの初回レンダリング処理が完全に終わるまでブラウザにHTMLデータの送出を行ないません。このため、この例の場合にはDBからのデータ取得が終わるまでブラウザが待機する（＝ブラウザのタブの待機アイコンがくるくると回転し続けて画面の切り替えを待つ）ことになります。

　ユーザビリティの観点からは、**とりあえずデータロード中であることを示し、データの読み込みが完了したら画面が更新される**という挙動のほうが望ましいです。@attribute指定によりストリームレンダリン

※2　なお、これは Interactivity location = Per page/component の場合です。Interactivity location = Global と指定している場合には、既定のレンダリングモードが利用されます。

※3　サンプルコードでは、テスト挙動のためにあえて Task.Delay() により2秒の遅延を入れています。

グ機能を有効化すると、`OnInitializedAsync()`処理を行なう前（厳密にはその中で初回の`await`を
する前）に作成した分だけでいったん暫定的にHTMLデータを送信します。その後、HTTP接続を保っ
たままで`OnInitializedAsync()`処理を行ない、残りのHTMLデータを送信して画面を完成させます。
ユーザーから見ると、`OnInitializedAsync()`前の処理がいったん画面に表示され、その後、
`OnInitializedAsync()`処理が終わると画面が完成する、という挙動となるため、ユーザビリティが改
善します。

リスト11.3　Static SSRで利用できるストリームレンダリング機能

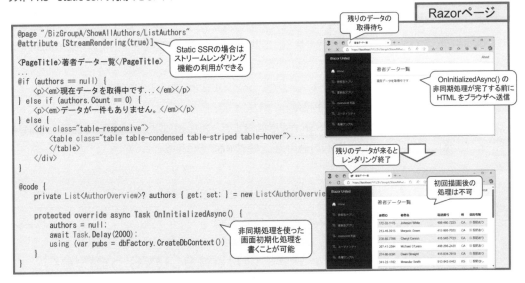

　ユーザーから見た場合の挙動は、次項で扱うInteractive Server（いわゆるBlazor Server）を利用
した場合と同じになりますが、ストリームレンダリング機能付きStatic SSRには以下のような特性があり
ます。

- **SignalR回線を利用しない**。また、**ページ描画後にサーバー側リソースを使わない**
- **イベントハンドラとして利用できるのは`OnInitializedAsync()`のみ**。他のイベントハンドラ（たとえばボ
  タン押下などのイベントハンドラ）は記述しても動作しない

11.6.3　Static SSRやストリームレンダリング機能の適否

　イントラネット業務アプリを開発する場合などは、このような（Static SSR利用条件を満たす）ページ
であっても、それをわざわざストリームレンダリング機能付きStatic SSRとして開発しない（すなわち
Interactive Serverのページとして開発してしまう）ことも多いでしょう。これは、業務アプリの大半の
ページはボタン押下によるイベントハンドリング処理を必要とするため、ページごとにStatic SSRの利
用可否を判断しながら開発する、というのもわずらわしいからです。

11
Blazor Unitedの開発スタイル

一方で、（特に大規模な）インターネットB2Cアプリを開発するような場合には、少しでもサーバー側リソースの消費を抑えてスケーラビリティを高めたいことが多く、またデータを1回だけ描画すればよい（ただしユーザビリティの観点でいったん画面を表示したのちに非同期で画面を完成させたい）というページのほうが主流であることも多いです。このような場合には、むしろストリームレンダリング機能付きStatic SSRをメインで利用し、イベントハンドラ処理を含む対話型ページに対して個別にInteractive ServerやInteractive WASMを指定したほうがよい、ということになります。開発するアプリの特性を鑑みて、うまく利用する必要があります。

　なお、見かけ上、ページにイベントハンドラを書かなくてもStatic SSRが利用できない場合がある、という点については注意してください。たとえば先の例において、データの一覧表示にQuickGridを利用した場合には、Static SSRは利用できません。これは、QuickGridコンポーネントの中にBlazorのイベントハンドラが含まれており、ページをStatic SSRとして動作させてしまうと、このイベントハンドラが動作しなくなってしまうためです（ソートボタンやページングボタンが動かなくなります）。

　サードパーティ製のグリッド製品の中には、こうしたイベントハンドラがJavaScriptで実装されているものもあり、このような場合にはStatic SSRが利用できるケースもあります。ページ内で利用するコンポーネントの仕様によっても、Static SSRの適用可否が変わることに注意してください。

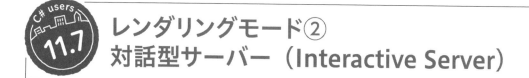

レンダリングモード②
対話型サーバー（Interactive Server）

　対話型サーバー（Interactive Server）は、Part 2で学習したBlazor Serverと同じレンダリングモードで、サーバー側でC#のアプリ動作させ、SignalR回線を使って画面を更新するものです。

　たとえば、プロジェクトテンプレートに含まれるサンプルページである、Weatherページの挙動をStatic SSRからInteractive Serverに切り替えてみましょう。当該 .razor ファイルのストリームレンダリング指定を削除し（Static SSR以外ではストリームレンダリング機能は利用できないため）、代わりに以下のいずれかを指定することにより、レンダリングモードを切り替えることができます（**図11.9**）。

- `@attribute [RenderModeInteractiveServer]`
- `@rendermode InteractiveServer`

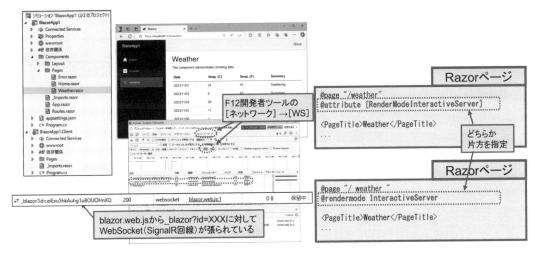

図 11.9 Interactive Server レンダリングモードの利用

Interactive Server レンダリングモードでは、ブラウザとサーバー間に SignalR 回線が作成されますが、物理的には WebSocket を利用しています。SignalR 回線が張られていることを確認したい場合には、ブラウザの F12 開発者ツールを開き、[ネットワーク] タブの [WS]（WebSocket）の項目を選択すると、WebSocket の接続状況を見ることができます。

この Interactive Server レンダリングモードをより深く理解するうえで欠かせないポイントが 2 つあります。1 つは**サーバー側プリレンダリング機能**、もう 1 つが **SignalR 回線を維持する場所**です。これらについて解説します。

🏛 11.7.1 Interactive Serverにおけるサーバー側プリレンダリング機能の動作

さて、先ほどの例を実機で動作させてみると、当該ページを呼び出した際に、（すぐにローディング画面に切り替わるので気づきにくいですが）ほんの一瞬だけ、データを含んだ画面が描画されます（**図11.10**）。しばらく経つと、OnInitizliedAsync() 処理の動作により画面に普通にデータが描画されますが、この**最初に一瞬だけデータを含んだ画面が描画される**という挙動は、初見では不可思議に見える人も多いでしょう。

図11.10　サーバー側プリレンダリングによるフリッカー（ちらつき）

　これは**サーバー側プリレンダリング**と呼ばれる機能によって発生している挙動で、この機能は既定で有効になっているものの、利用時にはメリットとデメリットがあります。主なメリットはSEO対策ができるようになること、デメリットは OnInitializedAsync() 処理が2回動作することや挙動が複雑化することなどが挙げられます。利用に際しては、なぜこの機能が必要とされるのかの背景・事情の理解が欠かせないため、そこから説明します。

　まず、サーバー側プリレンダリング機能が存在しなかった当初のBlazor Serverには、B2C Webサイトなどを開発する際、検索エンジンにコンテンツをクロールしてもらえないという問題がありました。これは、Blazor Serverでは OnInitializedAsync() により取得したデータに基づいて画面をレンダリングしているケースが多く、その場合、初回レンダリング（初回応答のHTMLデータ）にはそのデータが含まれていないためです（**図11.11**）。この挙動はイントラネットアプリでは問題になりませんが、B2C Webサイトでは検索エンジンにコンテンツ（たとえば商品ページに含まれる商品情報）をクロールしてもらえない（＝検索エンジンにヒットさせられない）、ということを意味します。

図11.11　サーバー側プリレンダリング機能を利用しない場合の動作

　この問題を解消するために導入されたのが、サーバー側プリレンダリング機能です。これは、初回のページ呼び出しの際に**サーバー側で OnInitialized() や OnInitializedAsync() の処理をいったん動かし**、コンテンツが含まれたHTMLデータを初回応答として返す、というものです（**図11.12**）。これにより、検索エンジンのクローラーに対してコンテンツを与えることができるようになり、当該ページ

を検索エンジンにヒットさせられるようになります。

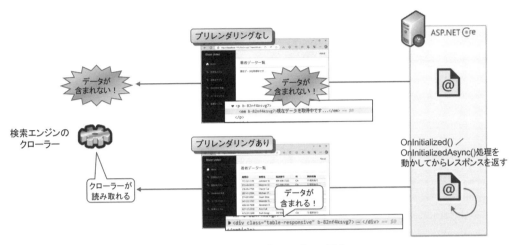

図11.12　サーバー側プリレンダリング動作

この機能は、検索エンジンにWebサイトをヒットさせることが必要なB2Cサイトでは重要ですが、イントラネット業務アプリなどでは特に必要ないという場合も多いでしょう。そのような場合には、この機能によって副次的に発生してしまう以下のような挙動が問題になります。

- サーバー側で`OnInitialized()`または`OnInitializedAsync()`処理が2回動作する
- `OnInitialized()`または`OnInitializedAsync()`処理が完了するまで描画が始まらない

特に業務アプリでは、ページ初期処理でDBアクセスを行なっていることも多く、その場合には不必要にDBに対して負荷を与えることにつながります。このため、イントラネット業務アプリなどではサーバー側プリレンダリング機能を無効化して利用するとよいでしょう（**リスト11.4**）。

リスト11.4　サーバー側プリレンダリング機能を無効化したInteractive Server

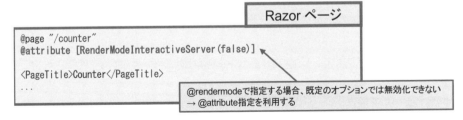

リスト11.4に示したように、サーバー側プリレンダリング機能を無効化する場合には、@attributeでレンダリングモードを調整するとよいでしょう。なお、@rendermodeを使ってサーバー側プリレンダリング機能を無効化したい場合には、**サーバー側プリレンダリング機能を無効化したレンダリングモード**を別

11

Blazor Unitedの開発スタイル

途作成する必要があります。また、Interactivity locationとしてPer page/componentではなくGlobalを利用している場合には、App.razorファイルの<HeadOutlet>および<Routes>の@rendermodeに@(new InteractiveServerRenderMode(false))を指定することでサーバー側プリレンダリング機能を無効化できます[4]。

　なお、サーバー側プリレンダリング機能はInteractive WebAssembly、Interactive Autoでも既定で有効化されていますが、これらは先述の二重動作やフリッカー（画面のちらつき）に加えて、さらに**Razorページをwasmとサーバーの両方で動作するように実装する必要がある**という別の課題も含んでいます。これについては11.8節で解説します。

📖 11.7.2　Interactivity locationの指定によるSignalR回線の維持方法の違い

　さて、Interactive Serverでは、SignalR回線を使って画面の情報を転送します。このSignalR回線は、Interactivity locationの指定によって維持方法が変化します。本章ではPer page/componentのオプションを利用していますが、Part 2（第2章～第9章）ではGlobalのオプションを利用していました。両者でどのような挙動の違いが生じるのかを確認するため、以下のような作業をしてみましょう。余力があれば実機で確認してみてください。

1 Blazor United型、Blazor Server型の2つのプロジェクトをそれぞれ**表11.1**のオプションで作成します。

表11.1　2つのプロジェクト作成時に指定するオプション

	Interactive render mode	Interactivity location
① Blazor United型	Interactive Server	Per page/component
② Blazor Server型	Interactive Server	Global

　通常、①のBlazor United型はAuto（Server and WebAssembly）のオプションで作成しますが、ここではプロジェクトの構造を合わせるために、Interactive Serverのみ有効化します。このオプションの場合、Static SSRとInteractive Serverの2つのモードが利用できます。

2 作成したプロジェクトを実行し、Counterページを呼び出します。

3 F12開発者ツールを開き、ページ間を移動したときのSignalR回線（WebSocket）の張られ方を確認します（**図11.13**）。

※4　詳細は製品ドキュメントを参照してください。
　　・ASP.NET Core Blazor のレンダー モード｜プリレンダリング
　　https://learn.microsoft.com/ja-jp/aspnet/core/blazor/components/render-modes?view=aspnetcore-8.0#prerendering

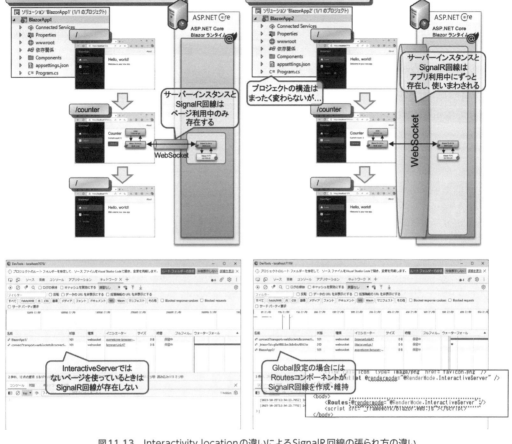

図11.13 Interactivity locationの違いによるSignalR回線の張られ方の違い

挙動を確認してみると、以下のように動作していることがわかります。

- **Per page/component指定の場合**
  - Interactive Serverレンダリングモードのページに入ると、必要に応じてSignalR回線が作成される。そして当該ページを抜けて回線が不要になるとサーバーリソースが解放され、SignalR回線が切断される
- **Global指定の場合**
  - アプリを起動すると、SignalR回線が作成される。サーバーリーソースとSignalR回線は、アプリを開いている最中はずっと維持される

このことからわかるように、Per page/component指定の場合には、サーバー側リソースが必要に応じてこまめに解放されるため、その分、サーバーのスケーラビリティ（サーバー1台あたりの収容人数）が向上します。向上の度合いはアプリ特性によるため一概には言えませんが、インターネットB2Cアプ

リとして非常に利用者の多いWebサイトを開発・運用したい場合には、少しでもサーバー台数を減らして運用コストを減らしたいので、こうした挙動はとても有効に機能します。逆に、イントラネット業務アプリのように比較的ユーザー数が限定されるような場合には、アプリ全域でPart 2のBlazor Serverモデルを使い、設計を一貫させてしまったほうが、開発標準化の観点で保守性の高いアプリにしやすいです。スケーラビリティ的には若干劣りますが、その分、多少サーバー台数を増やしても、開発や保守コストも含めたトータルコストで考えれば十分に採算がとれる場合が多いでしょう。

それでは引き続き、Interactive WebAssemblyレンダリングモードについて解説します。

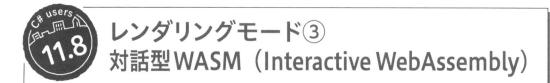

レンダリングモード③ 対話型WASM（Interactive WebAssembly）

対話型WASM（**Interactive WebAssembly**）は、Part 3で学習したBlazor WASMと同じレンダリングモードで、WASMを使い、ブラウザ側でC#のアプリを動作させます。

動作を確認するために、Blazor United型のプロジェクト[5]のCounter.razorページに、**リスト11.5**のいずれかの属性を指定します（テンプレートではInteractive Autoになっているため、これを書き換えて挙動を確認することにします）。これにより、当該ページはWASMとしてブラウザ内で動作するようになります。

- `@attribute [RenderModeInteractiveWebAssembly]`
- `@rendermode InteractiveWebAssembly`

リスト11.5　Interactive WebAssemblyレンダリングモードの利用

※5　「Blazor Web App」プロジェクトテンプレートで、Interactive Type = Auto (Server and WebAssembly)、Interactivity location = Per page/component を指定して作成します。

一見すると非常に簡単に見えますが、実際には注意すべき点が2つあります。

①Interactive WebAssemblyにおけるサーバー側プリレンダリング機能の動作
②Blazor Unitedにおけるマスターページの動作

次の11.8.1項と11.8.2項で、これらについて解説します。

🏢 11.8.1　注意点① Interactive WebAssemblyにおける サーバー側プリレンダリング機能の動作

11.7.1節で解説したように、SEO対策を行なう（検索エンジンにコンテンツを読み込ませる）場合には、最初にブラウザに送出されるHTMLデータの中にコンテンツが含まれている必要があります。Blazorアプリでこれを行なうためには、サーバー側プリレンダリング機能を利用する必要があります。この機能はInteractive Serverモードだけでなく、Interactive WebAssembly、Interactive Autoのモードでも既定で有効になっていますが、そのことにより、原理的にいくつかの弊害も発生します。その1つが前節でも説明した**OnInitialized()とOnInitializedAsync()の処理が2回動作する**という点ですが、Interactive WebAssembly、Interactive Autoのモードでは、より重大な弊害が発生します。それが、

● **WASM用に作られたページが、ブラウザ内だけでなくサーバー側でも動作してしまう（させる必要がある）**

という点です。

図**11.14**は、どこでプリレンダリングが行なわれるかを示したものです。そもそもプリレンダリングは、最初にブラウザに送出されるHTMLデータにコンテンツを含めるために行なわれるものであり、原理的に**サーバー側で動作させる**必要があります。このため、たとえばInteractive WebAssemblyとして作られたページ、すなわちブラウザ内で動作することを想定して作られたページであっても、**無理やりサーバー側で動かして**、**初回のHTMLレスポンスを作成する**という作業が行なわれる仕組みになっています。

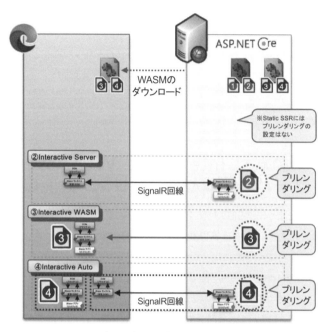

図11.14　サーバー側プリレンダリング機能が動作する場所

　実際にInteractive WebAssemblyとして作られたページがサーバーでも動作していることを確認するため、先ほどのCounter.razorページに**リスト11.6**のような修正を加えてみます。このページを実行すると、プリレンダリングが有効な状態の場合、最初にサーバーでプリレンダリングされた（=「Server」と書かれた）画面が描画されます。その後、WASMでアプリが動作し始めると、再描画が行なわれ、「WASM」と書かれた画面で上書きされます。

リスト11.6　サーバー側プリレンダリングの動作の確認

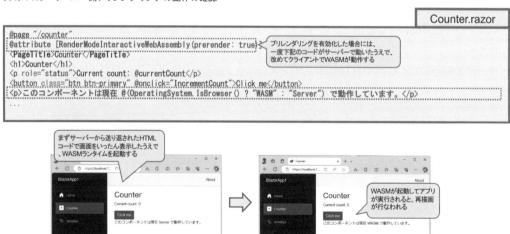

このように、サーバー側プリレンダリング機能が有効な状態（既定の状態）の場合、開発したWASM用のRazorページは、実はサーバーでも処理されます。その結果として、意図していない問題や例外が発生することがあります。

たとえば、WASMとしてページを作成する場合、各種のデータをWeb APIから入手するためにHttpClient（またはHttpClientFactory）を@injectで取得するようにしていることがよくあります。しかし、サーバー側ランタイムではHttpClientは不要なので、DIコンテナにサービスとして登録されていない場合も多いでしょう。このような場合には、プリレンダリング処理の際、当該ページがHttpClientを受け取れないことによる例外が発生してしまいます[6]。

重要なのは、Interactive WebAssemblyレンダリングモードでサーバー側プリレンダリング機能を使うのであれば、**当該Razorページを、クライアント／サーバーのどちらでも問題なく動作するように実装しておかなければならない**という点です。その具体的な実装方法は次の11.9節で解説しますが、先に述べたように、そもそもサーバー側プリレンダリング機能の目的はSEO対策です。このため、業務アプリのように利用者が限定されているアプリでは不要な場合もあります。このようなときには、**リスト11.7**のように@attributeを指定して、サーバー側プリレンダリングを無効化したInteractive WebAssemblyレンダリングモードを利用するとよいでしょう。

リスト11.7　Interactive WebAssemblyにおけるサーバー側プリレンダリング機能の無効化

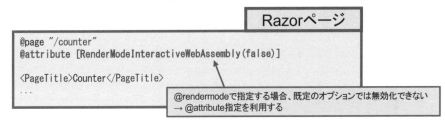

なお、ここで解説した問題は、Part 3第9章で解説した開発方法、すなわち「Blazor WebAssemblyアプリ」プロジェクトテンプレートを利用して開発した場合には発生しません。「Blazor WebAssemblyアプリ」プロジェクトテンプレートでは、開発したBlazor WASMアプリを（単にファイルをダウンロードさせるだけの）静的なWebサーバー上に載せるため、サーバー側プリレンダリング機能が動作しないからです（**図11.15**）。Interactive WebAssemblyでサーバー側プリレンダリング機能を使うためには、本章で解説している「Blazor Web App」プロジェクトテンプレートを利用する必要があります。

※6　この例外発生を抑止するために、サーバー側にダミーのHttpClientをDIサービスとして登録しておく、という方法も考えられますが、スマートなやり方とは言えないでしょう。

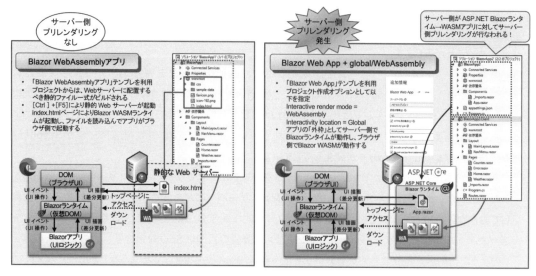

図11.15　プロジェクトテンプレートによる挙動の違い

　また、ここまでプリレンダリング機能の無効化には@attributeを利用してきましたが、特に業務アプリではプリレンダリング機能を無効化したいことも多いため、@rendermodeで手軽に指定したい場合もあるでしょう。そのような場合には**リスト11.8**に示すように、レンダリングモードを指定するためのクラスを作成して利用してください。

リスト11.8　プリレンダリング機能を無効化したレンダリングモードを使いたい場合

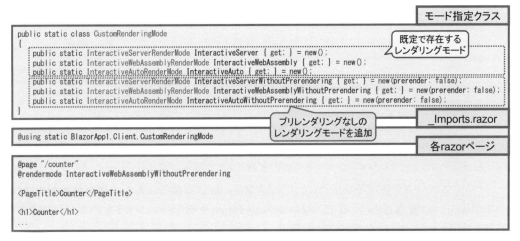

モード指定クラス

```
public static class CustomRenderingMode
{
    public static InteractiveServerRenderMode InteractiveServer { get; } = new();
    public static InteractiveWebAssemblyRenderMode InteractiveWebAssembly { get; } = new();
    public static InteractiveAutoRenderMode InteractiveAuto { get; } = new();
    public static InteractiveServerRenderMode InteractiveServerWithoutPrerendering { get; } = new(prerender: false);
    public static InteractiveWebAssemblyRenderMode InteractiveWebAssemblyWithoutPrerendering { get; } = new(prerender: false);
    public static InteractiveAutoRenderMode InteractiveAutoWithoutPrerendering { get; } = new(prerender: false);
}
```

既定で存在する
レンダリングモード

プリレンダリングなしの
レンダリングモードを追加

_Imports.razor

```
@using static BlazorApp1.Client.CustomRenderingMode
```

各razorページ

```
@page "/counter"
@rendermode InteractiveWebAssemblyWithoutPrerendering

<PageTitle>Counter</PageTitle>

<h1>Counter</h1>
...
```

　続いて、Interactive WebAssembly レンダリングモードを利用する場合のマスターページに関する注意点を解説します。

📖 11.8.2　注意点② Blazor Unitedにおけるマスターページの動作

　Part 2で解説したBlazor Server、Part 3で解説したBlazor WASMでは、アプリ全体が単一のレンダリングモードで動作していました。しかし本章で解説しているBlazor Unitedは、1つのアプリの中でServerとWASMのどちらも動作させる仕組みになっている関係上、全体の枠組みとしての部分はサーバー側を中心として動作しています。その結果、以下のファイル群はすべてサーバー側のプロジェクトに含まれ、サーバー側で動作します（**図11.16**）。

- **App.razor**、**Routes.razor**：適切なページへ誘導するための仕組み
- **MainLayout.razor**、**NavMenu.razor**：マスターページの仕組み

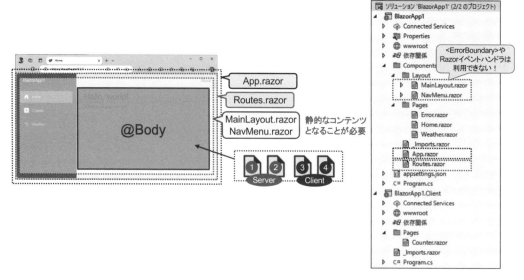

図11.16　Blazor Unitedにおけるマスターページに関する注意点

　そして、もう1つ重要な点として、これらのRazorページはStatic SSR、Interactive Server、Interactive WebAssembly、Interactive Auto いずれのページとも連動して動作する必要があるため、静的なコンテンツとしてレンダリングできる必要があります。簡単に言えばBlazorとしての対話型処理（＝イベントハンドリング処理）を入れることができません。もっと具体的に言えば、**MainLayout.razor**や**NavMenu.razor**などのページで、**＜ErrorBoundary＞やイベントハンドラなどのインタラクティブ処理を利用できない**という実装制約があります。

　特に.NET 8以前のBlazorのテンプレートでは、NavMenu.razorでハンバーガーメニューの開閉にイベントハンドラ処理を使っていたり、サンプルコードでMainLayout.razorで＜ErrorBoundary＞を使っていたりするものが数多くあります。こうした昔のテンプレートやサンプルは、.NET 8以降でも単一のレンダリングモードを利用するBlazor ServerやBlazor WASMであれば利用できますが、**Blazor Unitedのような複数のレンダリングモードをページ単位に切り替えるケースでは利用できない**ことに注意してください[※7]。

　それでは最後に、WASM動作とサーバー動作が適宜切り替わる、Interactive Auto レンダリングモードについて解説します。

[※7]　なお、.NET 8 のテンプレートの NavMenu.razor では、ハンバーガーメニューの開閉は JavaScript で行なうように修正されており、レンダリングモード混在型の Blazor United でも問題なく動作します。

11.9
レンダリングモード④
対話型オート（Interactive Auto）

対話型オート（**Interactive Auto**）は.NET 8で新規に導入されたレンダリングモードで、WASM動作とサーバー動作を適宜切り替えることで、双方の弱点を補い合ってメリットを享受しようとするものです。

ここまでの解説を振り返ってみると、Blazor WASM（Interactive WebAssembly）は、サーバーリソースを消費せずにブラウザローカルのみで動作できるメリットがある半面、WASMモジュールのダウンロードに時間がかかるため、特に回線が細い場合には初回起動に時間がかかるという難点がありました。逆にBlazor Server（Interactive Server）は、サーバーリソースを消費するものの、初回起動も高速であるというメリットがあります。

Interactive Autoは、それぞれの「いいとこどり」をします（**図11.17**）。初回呼び出しの際はBlazor Serverとして動作（＝速やかにアプリが起動する）しつつ、バックグラウンドでWASMモジュールをダウンロードします。そして、すべてのモジュールがダウンロード、キャッシュされた状態で改めてページが呼び出されると、WASMとして動作する（＝サーバーリソースを利用せずに動作できる）ように切り替わります。

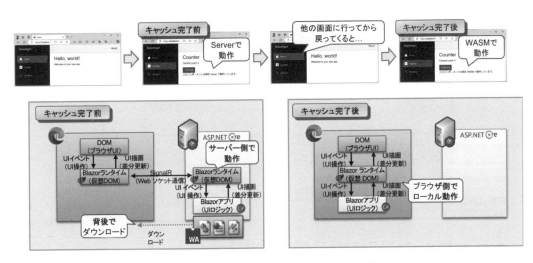

図11.17 Interactive Autoレンダリングモードの動作

この挙動は、以下の作業を行なうことで確認できます。余力がある人は実機で確認してみてください。

- Interactive Type = Auto（Server and WebAssembly）、Interactivity location = Per page/componentを指定して、Blazor United型のプロジェクトを作成する

- Counterページを**リスト11.9**のように修正し、アプリが現在どこで動作しているのかわかるようにしておく

- Counterページを呼び出すと、初回はサーバーで動作する

- 他のページに移動し、再度Counterページに戻ってくると、背後でダウンロードされたアプリバイナリを利用するWASM動作に切り替わる

- 動作を再確認したい場合には、F12開発者ツールを開き、［アプリケーション］タブのストレージの項目からサイトデータをクリアする（＝キャッシュをクリアする）。再度アプリを起動すると、未キャッシュ状態からやり直すことができる

リスト11.9　Interactive Autoの挙動の確認

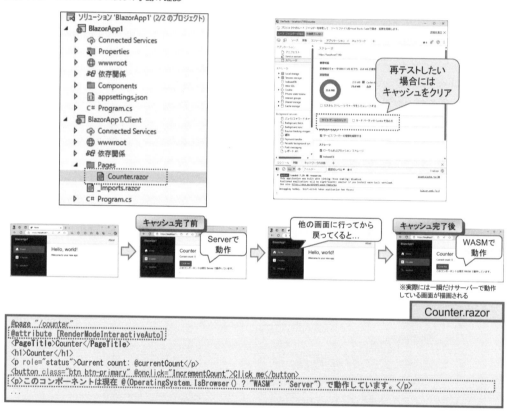

この結果からわかるように、Interactive Autoは「動作中のページの挙動が、途中でServerからWASMへ切り替わる」のではありません。Interactive Autoは、**他のページに遷移して再度そのページに戻ってきたときに、ServerではなくWASMで動作するようになる**モードであることに注意してください。

なお、11.7.1項で解説したサーバー側プリレンダリング機能は、Interactive Autoでも既定で有効になっています。このため、**図11.18**のように、キャッシュが完了してWASMモードに動作が切り替わっても、最初の一瞬だけはサーバー側で動作するという挙動になります。SEO対策が不要であれば、サー

バー側プリレンダリング機能を無効化することができ、その場合、キャッシュ完了後は最初からWASMで動作するようになります。

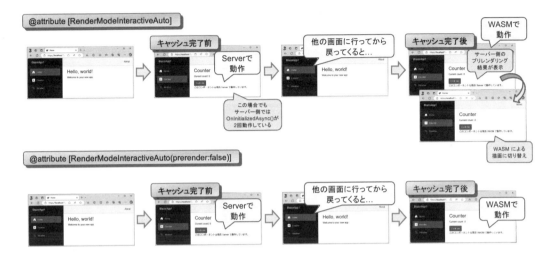

図11.18　サーバー側プリレンダリング機能によるInteractive Autoの挙動の変化

サーバーとWASMの両方に対応するRazorページの開発方法

さて、ここまでの解説からわかるように、以下のケースではRazorページを、ServerとWASMのどちらでも動作するように開発しなければなりません（**図11.19**）。

- Interactive WebAssemblyかつサーバー側プリレンダリングが有効
- Interactive Auto（サーバー側プリレンダリングは有効／無効どちらでも）

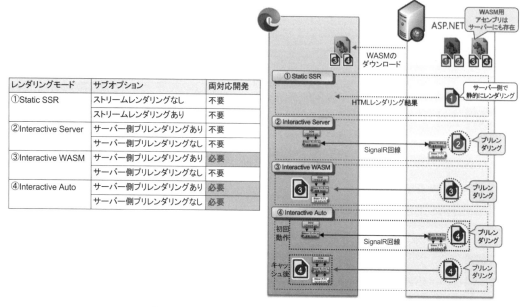

レンダリングモード	サブオプション	両対応開発
①Static SSR	ストリームレンダリングなし	不要
	ストリームレンダリングあり	不要
②Interactive Server	サーバー側プリレンダリングあり	不要
	サーバー側プリレンダリングなし	不要
③Interactive WASM	サーバー側プリレンダリングあり	必要
	サーバー側プリレンダリングなし	不要
④Interactive Auto	サーバー側プリレンダリングあり	必要
	サーバー側プリレンダリングなし	必要

図11.19　ServerとWASMの両対応が必要なパターン

　しかし、たとえばDBが関与するようなRazorページを、サーバーとWASMの両方に対応させるのは比較的面倒です。**図11.20**に示すように、当該ページがサーバーで動作する場合にはDbContextによるDBアクセスが、WASMで動作する場合にはHttpClientを用いてWeb APIを介するDBアクセスが必要になるからです[8]。

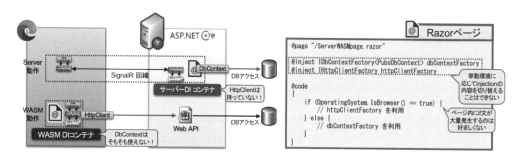

図11.20　DBが関与するアプリの動作

　ところがこのようなページを実装するのは容易ではありません。Serverで動作している場合はDbContextFactoryが、WASMで動作している場合はHttpClientFactoryが必要になりますが、実行している環境によって@injectする内容を切り替える機能は現状のBlazorには備わっていません。ま

※8　サーバー側で動作する場合もWeb API経由でDBにアクセスさせるという方法もありますが、そもそもInteractive Autoを利用するようなページは開発生産性を犠牲にしてもシビアな性能を求められているページでしょうから、やはりDbContext経由で直接DBにアクセスする形を検討する必要があるでしょう。

た、備わっていたとしても、**図11.20**のコード例のようにアプリ内にif文分岐を大量に書くようなコードになってしまっては保守性が悪くなります。

　どうしてもこのようなページを開発したい場合には、**図11.21**のような方法で設計・実装するとよいでしょう。紙幅の都合上、ここでは要点となるコードのみをリスト**11.10**と**リスト11.11**に示します[※9]。

- RazorページがDIコンテナからHttpClientFactoryやDbContextFactoryを直接受け取ることをやめる。代わりに**データ取得を抽象化したサービスインターフェース**（**図11.21**のIService）を定義し、これを受け取るように@inject文を書く
- **サーバープロジェクトとクライアントプロジェクトそれぞれで異なるサービスクラスを実装**する（**リスト11.10**）。各サービスクラスは、各DIコンテナからHttpClientFactoryやDbContextFactoryを受け取って処理を行なうように実装する（[Inject]属性を利用したサービス取得が利用できないため、**コンストラクタインジェクション**と呼ばれる手法を利用してサービスを取得する）
- サーバープロジェクトとクライアントプロジェクトそれぞれのProgram.csファイルで、DIコンテナに各サービスクラスを登録する（**リスト11.11**）

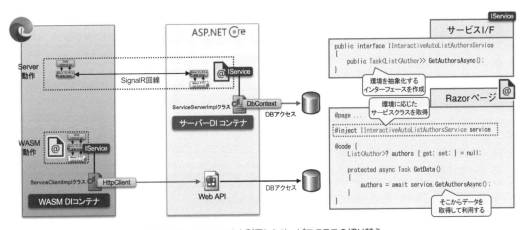

図11.21　DIコンテナを利用したサービスクラスの切り替え

※9　サンプルプログラム全体を確認したい場合は、本書書誌情報サイト（p.v）からダウンロードできるサンプルコードを参照してください。

リスト11.10　サーバー側の実装

サーバー側サービス実装

```
public class InteractiveAutoListAuthorsServiceServerImpl : IInteractiveAutoListAuthorsService
{
    private IDbContextFactory<PubsDbContext> dbContextFactory { get; set; }
    private ILogger<InteractiveAutoListAuthorsServiceClientImpl> logger { get; set; }

    public InteractiveAutoListAuthorsServiceServerImpl(IDbContextFactory<PubsDbContext> dbContextFactory,
ILogger<InteractiveAutoListAuthorsServiceClientImpl> logger)
    {
        this.dbContextFactory = dbContextFactory;
        this.logger = logger;
    }

    public async Task<List<Author>> GetAuthorsAsync()
    {
        using (var pubs = dbContextFactory.CreateDbContext())
        {
            return await pubs.Authors.ToListAsync();
        }
    }
}
```

> サービス実装クラスでDIコンテナから
> サービスを取得する場合にはコンストラ
> クタで受け取る(コンストラクタインジェ
> クションと呼ばれる)
> ※ @injectや[Inject]は利用できない

サーバーDI コンテナ

サーバー側サービス登録

```
var builder = WebApplication.CreateBuilder(args);
...
// アプリサービスの追加(サーバ用)
builder.Services.AddScoped(typeof(IInteractiveAutoListAuthorsService), typeof(InteractiveAutoListAuthorsServiceServerImpl));
var app = builder.Build();
...
```

リスト11.11　WASM側の実装

クライアント側サービス実装

```
public class InteractiveAutoListAuthorsServiceClientImpl : IInteractiveAutoListAuthorsService
{
    private HttpClient httpClient { get; set; }
    private ILogger<InteractiveAutoListAuthorsServiceClientImpl> logger { get; set; }

    public InteractiveAutoListAuthorsServiceClientImpl(HttpClient httpClient,
ILogger<InteractiveAutoListAuthorsServiceClientImpl> logger) {
        this.httpClient = httpClient;
        this.logger = logger;
    }

    public async Task<List<Author>> GetAuthorsAsync()
    {
        return await httpClient.GetFromJsonAsync<List<Author>>("/api/Samples/InteractiveAutoListAuthors/GetAuthors");
    }
}
```

WASM DI コンテナ

クライアント側サービス登録

```
var builder = WebAssemblyHostBuilder.CreateDefault(args);
...
// アプリサービスの追加(クライアント用)
builder.Services.AddScoped(typeof(IInteractiveAutoListAuthorsService), typeof(InteractiveAutoListAuthorsServiceClientImpl));
...
await builder.Build().RunAsync();
```

ここでは最も重要な部分だけを抜粋したコードを示しましたが、実際にはこれらに加えてWeb APIの実装も必要になります。このように、特にDBが関与するようなアプリでは、Autoモードを利用したServer・WASM両対応アプリの開発は非常に面倒です。特にイントラネット業務アプリのような場合には、ここまで手間をかけてServer・WASM両対応にし、Autoやサーバー側プリレンダリングに対応させる必要性はほぼないでしょう。

　Interactive Autoの有効性が高いのは、ここで示したようなDBが関与するようなアプリではなく、**静的サーバーレンダリング（Static SSR）中心のページの一部分を対話型にしたい場合**です。次節でこれについて解説します。

コンポーネントレベルでのレンダリングモードの切り替え

　ここまでの解説では、レンダリングモードの切り替えをページレベルで行なうことを前提としてきました。しかし、Interactivity locationの指定が「Per page/component」であることからも推測できるように、**コンポーネントレベルでもレンダリングモードの切り替えが可能です。**

　コンポーネントレベルでのレンダリングモード切り替えを試すために、改めてBlazor United型のプロジェクト[10]を新規に作成して、以下の作業を行ないます。

- クライアントプロジェクト側に、CounterComponent.razorというファイルを追加し、Counter.razorファイルからコードをコピーする
- CounerComponent.razorファイルを修正する。具体的には、ページディレクティブとレンダリングモード指定を削除し、代わりに当該コンポーネントがどこで動いているのかを表示するコードを追加する（**リスト11.12**）
- サーバープロジェクト側のHome.razorファイルに、当該コンポーネントを利用するコードを追加する。片方にはレンダリングモードとしてInteractive WebAssemblyを、もう片方にはレンダリングモードとしてInteractive Serverを指定する（**リスト11.12**）。いずれもサーバー側プリレンダリング機能は無効にしておく

　このようにしてページを動作させると、Static SSRでレンダリングされるHome.razorページ上で、Interactive WebAssemblyとInteractive Serverのコンポーネントが混在して動作します。

※10 「Blazor Web App」プロジェクトテンプレートで、Interactive Type = Auto (Server and WebAssembly)、Interactivity location = Per page/component を指定して作成します。

リスト11.12　コンポーネントレベルでのレンダリングモードの指定の例

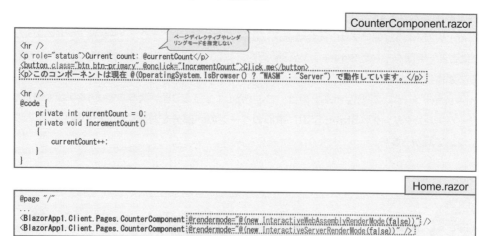

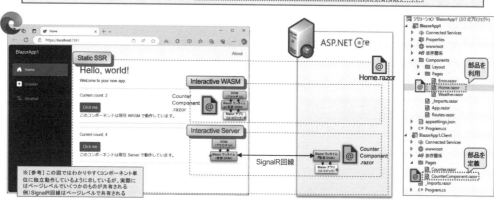

　なお、このサンプルの場合、`CounterComponent.razor`にサーバーやWASM特有の処理が入っていないため、このコンポーネントはInteractiveServerとInteractiveWebAssemblyのどちらでも動作させることができます。しかし、コンポーネントによってはサーバーまたはWASMどちらかでしか動作させられない場合もあります。このようなケースでは、コンポーネントにレンダリングモードを指定しておくことにより、特定のレンダリングモードを強制することができます（**リスト11.13**）。

　注意点として、親ページと子コンポーネントのレンダリングモードの組み合わせには制限があり、どのようなパターンでも組み合わせられるわけではありません。たとえば先ほどのサンプルで、部品やページそれぞれに対して@rendermodeを変更し、どのような組み合わせが可能なのかを確認してみてください。組み合わせによって、コンパイルエラーが発生するものもあれば、コンパイルは通るものの実行時にエラーが発生するものもあります。

リスト11.13　コンポーネントにおけるレンダリングモードの指定

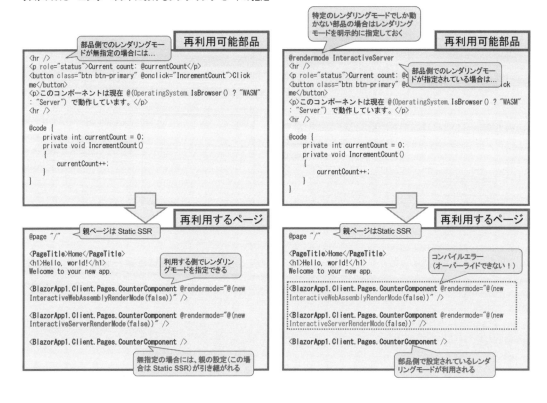

　どのような組み合わせが可能なのかを整理したものを**図11.22**に示します。大まかに言えば、以下のようなルールがあります。なお、ここではわかりやすく親ページ／子コンポーネントとしていますが、コンポーネントがネストする場合（親コンポーネント／子コンポーネント）も同様のルールが適用されます。

- 子コンポーネント側でモードが指定されている場合、親ページ側でのオーバーライドはできない
  - 逆に子コンポーネント側でモードが指定されていない場合は、親ページ側のレンダリングモードを継承して動作する
- 親ページがStatic SSR以外の場合、異なるレンダリングモードを子コンポーネントで利用することはできない
  - 例）Serverページ内に、WASMでのみ動作するコンポーネントを配置することはできない
  - 例）WASMページ内に、Serverでのみ動作するコンポーネントを配置することはできない
- Static SSRページの中に限り、ServerとWASMを混在させることができる

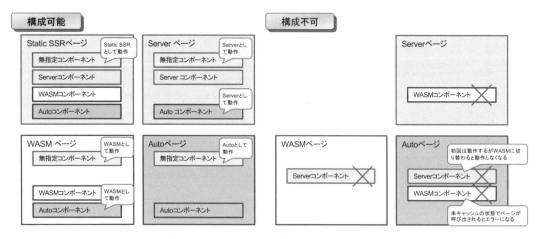

図11.22　親／子におけるレンダリングモードの組み合わせの可／不可

図**11.22**をよく見るとわかりますが、Autoレンダリングモードに関しては注意が必要です。以下にポイントをまとめます。

- **子コンポーネントがAutoの場合**
  - Serverページ、WASMページでは、親ページに合わせて、ServerまたはWASMとしてしか挙動しないようになる
- **親ページがAutoの場合**
  - Serverコンポーネント、WASMコンポーネントを組み込んでもコンパイルエラーは発生しない。しかし、親ページの動作モードが切り替わり、子コンポーネントの動作モードと矛盾した場合には、実行時エラーが発生したり動作しなくなったりする

　冷静に考えてみれば、いずれも動作原理的には当然とも言える仕様なのですが、これらを間違えることなく正しく組み合わせて利用するのは大変ですし、ミスも発生しやすいです。このため、親ページや子コンポーネントのレンダリングモードの選び方を、開発チーム内で適切に整理・標準化しておくことが必要になります。次節でこれについて解説します。

Blazor Unitedにおけるレンダリングモード選択の考え方

11.12

Blazor Unitedではページごとにレンダリングモードを選択できますが、その選択基準は、（当たり前ですが）**当該画面の業務仕様がどのような処理を要求しているか**です。それに基づいて、最も有利なモードを選択していきます。以降で、選択する際の考え方を整理します[11]。

まず、最初かつ最大の判断ポイントは、**当該ページは1回レンダリングすればおしまいか、それともページ表示後に対話的な処理（イベントハンドラ処理）を必要とするか**です。前者の場合にはStatic SSRを利用し、後者の場合にはInteractive Server、Interactive WebAssembly、Interactive Autoのいずれかを利用することになります（**図11.23**）。

- メニューページやカタログ表示ページなど、画面呼び出し時に一回限りレンダリングすればよいページは Static SSRを使う
- データベースや外部サービスからデータを取得して画面を作成する場合は、ストリームレンダリング機能を利用してユーザビリティを向上させる
- データを一覧表示させる場合、ソートやフィルタリング機能の実現のためにStatic SSRが利用できない場合があることに注意（※部品によって異なる）

- ボタンを押下して処理をさせるなど、イベントハンドラ処理が必要となるページはInteractive Server、Interactive WebAssembly、Interactive Autoのいずれかを利用する
- 性能を最重要視する場合には細かい使い分けが必要だが、そこまで要求されていない場合には、いずれかに揃えてしまうのも一手（例：Static SSRでない場合はInteractive Serverにする、など）

図11.23 Static SSRとInteractive Server／WebAssembly／Autoの使い分け

シンプルな考え方としては上記の方法でよいですが、別の考え方として、**親ページは常にStatic SSRに固定してしまう**という戦略もあります。これはBlazorの開発経緯について知っているとわかりやすくなるので、次項で補足説明します。

※11 この整理はあくまで一例であるため、最適解は各チームの開発スキルなども鑑みて検討してください。

🏢 11.12.1　親ページを常にStatic SSRに固定する戦略

　もともとStatic SSRという動作モデルはASP.NET Core MVCなど古くから使われていたものですが、.NET 7以前のBlazorには含まれておらず、.NET 8でBlazor Unitedが登場した際に新しい動作モデルとして追加されたものです。この動作モデルが追加された背景には、「特にインターネットB2Cサイトの多くはカタログ表示のような単発型のデータ表示ページであるため、Static SSRで十分である（= Blazor Serverでサーバーリソースを使うのは非効率的である）」という発想があります。このため、インターネットB2Cサイトのようなアプリを作りたい場合には、**Static SSRを中心に設計していく**という考え方もあります。

　この発想に立つ場合、**画面全体については常にStatic SSRとしておき、画面上で対話型処理を必要とする部分を適宜切り出してInteractive Server／WebAssembly／Autoコンポーネントとして実装する**という戦略も成り立ちます。

　たとえば**図11.24**の例を見てください。この画面はQuickGridを利用したデータ一覧表示画面です。画面全体としては**1回限りデータを表示すればよい**ものの、QuickGrid上でのソートやページングはBlazorのイベントハンドラを利用するため、Interactiveとしての実装が必要になります。単純に考えると、**ページ全体をInteractive Serverにして開発する**という方針（**設計①**）になりますが、ページ全体としてはStatic SSRに近い挙動なので、**ページの一部分だけをInteractive Serverにして開発する**という方針（**設計②**）も考えられます[12]。

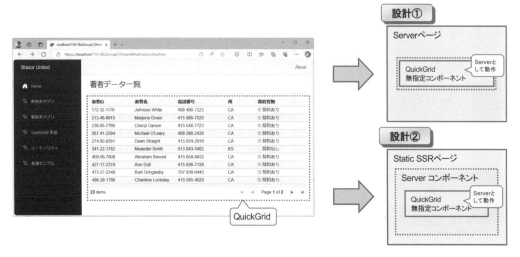

図11.24　業務画面のレンダリングモードの設計例

---

[12]　本書の執筆時点では、QuickGridにはレンダリングモードが指定されていないため、Interactive Serverのページやコンポーネントに組み込まれると、それに合わせた動作をします。

🏢 11.12.2 さらなる実装最適化のポイント

さて、ここで改めて**図11.24**の画面を見てみてください。点線枠で囲んだグリッド部分を業務コンポーネント（**リスト11.14**の `AuthorsQuickGrid.razor`）として切り出す場合、実はこのコンポーネントにサーバー特有の処理は一切含まれていません。このため、この部分は Interactive Server である必要はなく、Interactive WebAssembly を指定しても問題なく動作します（**設計③**）。

リスト11.14　設計②の場合のレンダリングモードの設計（設計③）

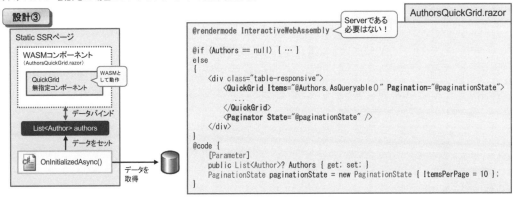

つまりこのページは、

- ページ全体は Static SSR（ストリームレンダリング付き）とし、業務コンポーネント（**図11.24**の点線枠部分）部分を Interactive WebAssembly として実装することもできる
- さらに WASM の初回起動の遅さが問題であるのなら、業務コンポーネント部分を Interactive Auto として実装することもできる

ということになり、非常に洗練された実装を容易に実現できることになります。これこそが Blazor United のフレームワークとしての素性の良さであり、強みであると言えるでしょう。

とはいえ、このような設計・実装をするためには、Blazor の内部挙動を熟知している必要があります。特に大規模開発において、こうした設計を現場のエンジニア任せにすると、まだ Blazor を熟知していないエンジニアが、バグを生みやすい設計・実装にしてしまうという状況も容易に発生するでしょう。このため、ある程度の規模を超える開発の場合には、何らかの設計・実装標準化を行なうべきです。

この例からわかるように、設計・実装標準化のポイントとして以下の2つがあり、

- **部品（コンポーネント）の切り出し方**
- **レンダリングモードの指定方法**

をまとめて定めておく必要があります。まず、ページから部品（コンポーネント）を切り出す場合、一般

論としては切り出す粒度による分類が可能です。

① ボタンやテキストボックス、ラベルといった、業務に依存しない小さな汎用部品
② 「著者データを表示するためのグリッド」のように、業務に依存する大きめの再利用可能な部品（またはページの一部分）

　この場合、①のタイプの小さな汎用部品は、なるべくレンダリングモードに依存しない形で設計・実装することが望ましいと言えます。対話型処理を含まないのであれば「無指定」で、対話型処理を含むけれどServerでもWASMでも動作するのであれば「Auto」を指定しておくのがよいでしょう。

　一方、②のタイプの比較的大きな業務部品や、あるいはそれを包含しているページは、処理の内容に応じて、Static SSR、Interactive Server、Interactive WebAssembly、Interactive Auto のいずれが最適かを考えて、明示的に指定することになります。この際、SEO対策が不要であれば、明示的にサーバー側プリレンダリング機能を無効化するとよいでしょう。

11.13　ソリューションファイルの構成

　開発標準化の観点では、ページやコンポーネントを実装する.razorファイルを、どのプロジェクトのどのフォルダに配置するのかについても定めておく必要があります。特に、4通りのレンダリングモードが混在するアプリの場合、レンダリングモードによってサーバー側／クライアント（WASM）側のどちらのプロジェクトに入れるべきかが変わってきます（**図11.25**）。また、サーバー／クライアント（WASM）の両方で共有するデータ型（たとえばDBアクセスに利用する構造体クラスなど）をどこに配置すべきかについても検討が必要です。

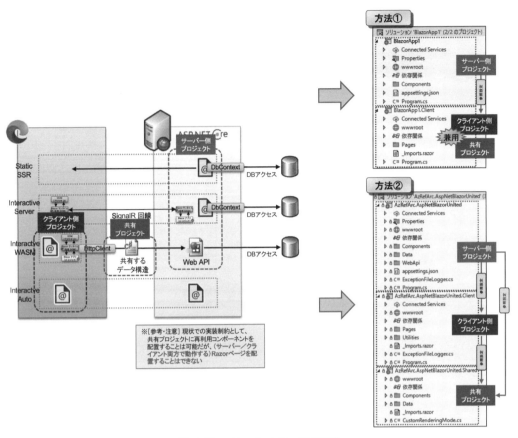

図11.25　ソリューションファイルの構成

　一般的に、サーバーとクライアントが関わる開発の場合、ソリューションファイルは、サーバー／クライアント／共有の3つのプロジェクトに分割することが多いです（**方法②**）。しかし現時点では、「Blazor Web App」プロジェクトテンプレートに沿って、サーバー／クライアントの2つのプロジェクトを使った構成を推奨します（**方法①**）。これは以下のような理由によります。

- そもそもBlazorがクライアント／サーバーを統合した密結合の開発モデルである
- クライアントプロジェクトを分離している大きな理由は、ブラウザ側へ配布するバイナリファイルを分割するという技術的なものである
- 加えて執筆時点での実装制約として、共有プロジェクトに、サーバー／クライアント両方で動作するRazorページやコンポーネントを配置することに制約がある

　また、各プロジェクトの中でのフォルダの切り方や命名規約についても標準化を行ない、作成するコンポーネントやページが行方不明にならないように注意してください。サーバーとクライアントの両方で似たようなフォルダ構造を作って開発を進めていくとよいでしょう（**図11.26**）。

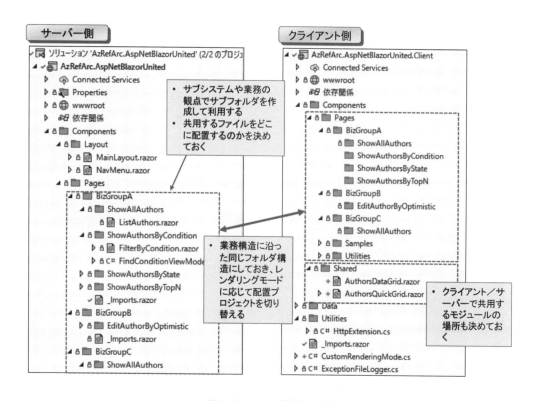

図11.26 フォルダ構造の設計例

.NET 8におけるBlazorアプリ開発手法の使い分け

ここまで説明してきたように、.NET 8でBlazor Unitedモデルが導入されたことにより、Blazorは単一の技術でほとんどのWeb開発に対応できる、非常に強力な開発技術へと進化しました。一方、本章で解説したレンダリングモードの適切な選択は決して簡単なことではなく、特にサーバー側プリレンダリング機能やInteractive Autoなどの機能は、Blazorの初学者を大いに悩ませる原因にもなりうるものです。このため、アプリの特性に応じて適切なレンダリングモードを選択し、開発チームの中で標準化を行ないながら開発することが非常に重要になります。

その基本的な考え方は、本書全体を通して説明してきたものです。以下にまとめておきましょう（**図11.27**）。

- 通信回線が安定しているイントラネット業務アプリ開発であれば、Part 2で解説したBlazor Server型の開発方式を利用し、すべてのページをInteractive Serverとして開発する

- オフライン稼働も必要になる業務アプリの開発であれば、Part 3で解説したBlazor WASM型の開発方式を利用し、すべてのページをInteractive WebAssemblyとして開発する
- 性能やスケーラビリティを追及したインターネット向けのB2Cアプリを開発したい場合には、Part 4で解説したBlazor United型の開発方式を利用し、ページやコンポーネントごとに最適なレンダリングモードを選択して開発する

パターン #1. 通信回線が安定しているイントラネット業務アプリ→Part 2で解説したBlazor Serverを利用

- 「Blazor Web App」テンプレートのServer + Globalモデルを利用
- すべてのページでInteractiveServerモデルを利用
- SEO対策が不要なため、プリレンダリング機能を無効化
- アプリ（コードブロック）から直接DBクエリを発行できる

これにより、
- Web-DBアプリを非常に高い生産性で開発可能

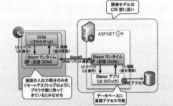

パターン #2. オフライン稼働も必要になる業務アプリ→Part 3で解説したBlazor WASMを利用

- 「Blazor WebAssembly アプリ」テンプレートを使い、PWAとして開発
- すべてのページでInteractiveWebAssembly モデルを利用
- ブラウザ駆動のため、プリレンダリング機能はそもそも利用されない
- アプリから利用される Web API は別途開発

これにより、
- Web テクノロジーを利用しながらローカル稼働するアプリを開発可能

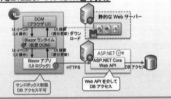

パターン #3. インターネット向け B2C アプリ→Part4で解説したBlazor Unitedを利用

- 「Blazor Web App」テンプレートのServer／WASM + per pageモデルを利用
- 個々のページの要件に合わせてStatic SSR、Server、WASMを使い分ける
- 開発の複雑化を避けるため、必要がない限り、Autoのページは避ける
- SEO最適化のため、プリレンダリング機能は有効な状態で開発する

これにより、
- 高機能・高速なインターネット向けWebアプリをC#で効率的に開発できる

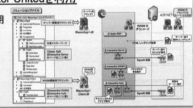

図11.27　Blazorアプリ開発手法の使い分け

　重要なことは、**すべてのレンダリングモードを選択できるBlazor Unitedを利用すればどんな開発でもOKというわけではない**という点です。開発技術は業務上の要件に合わせて必要十分な最適解を選択すべきであり、機能が多ければ多いほどよい、というわけではありません。特に多くの開発者が関わる大規模アプリ開発ではこの点は重要で、**バグが入りにくい／デバッグしやすい／保守しやすい形にアプリを作る**という視点は欠かせません。この観点では、.NET 7までの開発モデルであるBlazor Server、Blazor WASMも十分に現役と言えます。ぜひ自分の開発プロジェクトに合わせて、最適な開発モデルを選択してください。

11.15 まとめ

　.NET 8で導入されたBlazor Unitedを利用することにより、1つのアプリの中で、ページまたはコンポーネント単位でレンダリングモードを切り替えることができるようになりました。これによりページやコンポーネント単位での細やかな挙動の調整ができるようになり、非常に高い性能やスケーラビリティが求められる大規模なインターネットB2Cサイトのような開発にもスムーズに対応できるようになりました。

　Blazor Unitedを使った開発を行なう場合は、「Blazor Web App」プロジェクトテンプレートに対して、Interactive render mode = Auto (Server and WebAssembly)、Interactivity location = Per page/componentのオプションを指定します（図11.28）。これにより、Blazorランタイムがサーバーとクライアントそれぞれで有効になり、4つのモードをページやコンポーネント単位に使い分けられるようになります（図11.29）。

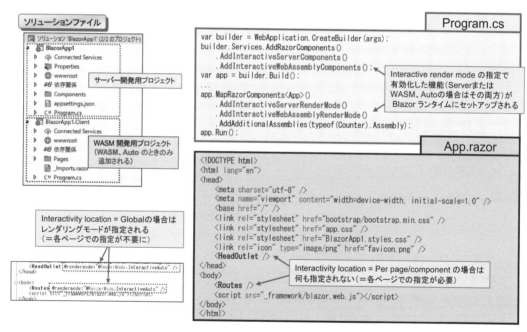

図11.28　オプションによるプロジェクトファイルの変化 ［図11.4再掲］

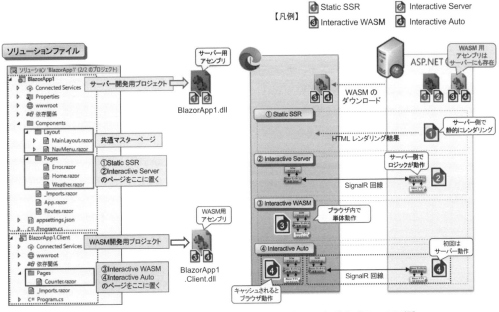

図11.29　Blazor Unitedにおけるファイル配置と各ページの動作［図11.5再掲］

Blazor Unitedでは、4種類のレンダリングモードに加え、ストリームレンダリングやサーバー側プリレンダリングなどのサブオプションを利用することができます。レンダリングモードやサーバー側プリレンダリングなどのオプションによっては、当該モジュールがクライアントとサーバーの両方で動作する場合が生じる点に注意が必要です（**図11.30**）。実際のシステム開発では、ページやコンポーネントに対して指定するレンダリングモードやサブオプションについて、標準化をしておくとよいでしょう。

レンダリングモード	サブオプション	両対応開発
①Static SSR	ストリームレンダリングなし	不要
	ストリームレンダリングあり	不要
②Interactive Server	サーバー側プリレンダリングあり	不要
	サーバー側プリレンダリングなし	不要
③Interactive WASM	サーバー側プリレンダリングあり	必要
	サーバー側プリレンダリングなし	不要
④Interactive Auto	サーバー側プリレンダリングあり	必要
	サーバー側プリレンダリングなし	必要

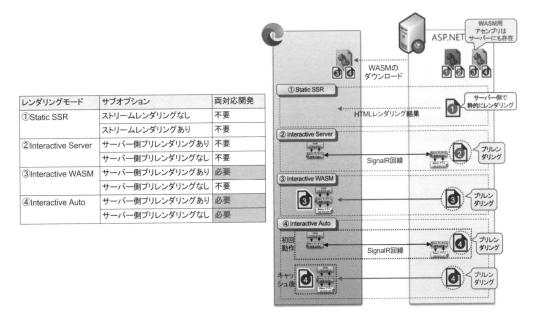

図11.30　ServerとWASMの両対応が必要なパターン［図11.19再掲］

本章で説明したBlazor Unitedは、アプリとして業務上の必然性がある場合に限って利用するようにします。これは内部動作がそれなりに複雑であり、Blazorという開発技術を正確に理解していないと、デバッグや保守が難しくなるためです。通信回線が安定しているイントラネット業務アプリ開発やオフライン稼働も必要になる業務アプリの開発であれば、よりシンプルな開発モデルであるBlazor ServerやBlazor WASMのほうが適している場合もあります。自分の開発プロジェクトに合わせて、最適な開発モデルを選択してください。

付録 01

サンプルデータベースの
準備方法

 A1.1　本書で利用するサンプルデータベース

　本書では、Entity Frameworkの動作確認や、BlazorのWebアプリで利用するデータベースとして、pubsデータベースを利用します。これはSQL Server 2000に添付されていたもので、出版社のデータを模倣した、シンプルな構造を持つデータベースです。現在はGitHub上でインストールスクリプトがMITライセンスで公開されています。

- **Azure Data SQL Samples Repository**
  https://github.com/microsoft/sql-server-samples/blob/master/samples/databases/
  northwind-pubs/instpubs.sql

　本書で利用するpubsデータベースのセットアップには、上記のスクリプトの一部を書き換えたインストールスクリプトを利用します。主な書き換えのポイントは以下の2つです。

- データベース作成処理を除去（Azure SQL Databaseに対応できるようにするため）
- authorsテーブルにタイムスタンプ列を追加（楽観同時実行制御を用いたデータ更新の例を示すため）

　上記の2つを書き換えたサンプルスクリプトpubs_azure_with_timestamp.sqlは、本書情報ページおよびGitHubサイトからダウンロードできる本書サンプルプログラムに含まれています。pubs_azure_with_timestamp.sqlを入手してご利用ください。

- **本書情報ページ**
  https://book.impress.co.jp/books/1122101173
- **GitHubサイト**
  https://github.com/nakamacchi/azrefarc.sqldb

A1.2 データベース管理ツール

　データベースの作成やデータ編集には、何らかのデータベース管理ツールが必要です。SQL Server のデータベースに直接アクセスしてスキーマやデータを確認するためのツールとしては以下があります（**図A1.1**）。本書では基本的なデータ管理機能のみを利用するため、いずれを選択しても大丈夫です。選択に迷う場合は、SQL Serverの利用経験がある方であればSSMS（SQL Server Management Studio）を、それ以外の方はADS（Azure Data Studio）を利用するとよいでしょう。

- SSMS（SQL Server Management Studio）
- ADS（Azure Data Studio）
- VS Data Explorer（Visual Studio）

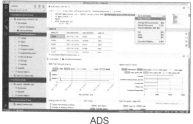

SSMS
(SQL Server Management Studio)

ADS
(Azure Data Studio)

VS Data Explorer
(Visual Studio)

図A1.1　管理ツールの選択肢

A1.3 テスト用のデータベースサーバー作成の選択肢

　また、開発用のデータベースサーバーを立てる（構築する）必要がありますが、手軽にSQL Server を立てる方法にもいくつかの選択肢があります。主な方法は**図A1.2**の4つです。

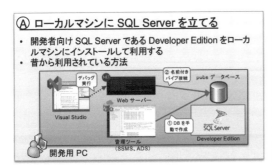

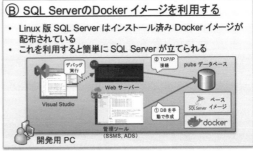

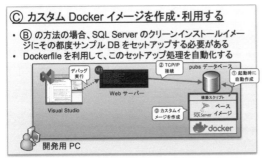

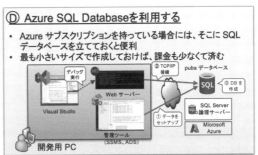

図A1.2 テスト用データベースサーバー作成の選択肢

🏢 Ⓐローカルマシンに SQL Server を立てる

開発者向けSQL ServerであるDeveloper Editionをローカルマシンにインストールして利用する方法です。SQL Serverの利用経験のある方には最もなじみのある方法でしょう。

🏢 Ⓑ SQL Server の Docker イメージを利用する

Linux版SQL Serverはインストール済みDockerイメージが配布されています。これを利用すると簡単にSQL Serverが立てられます。

🏢 Ⓒカスタム Docker イメージを作成・利用する

Ⓑの方法だと、コンテナを削除して作り直した場合、また改めてSQL Serverのクリーンインストールイメージにサンプルデータベースをセットアップし直す必要が生じます。このため、Dockerfileを利用してカスタムイメージを作成し、このセットアップ処理を自動化してしまう、という方法もあります。

🏢 Ⓓ Azure SQL Database を利用する

最後に、Azureサブスクリプションを持っている場合には、そこにAzure SQL Databaseを立てておくと便利です。最も小さいサイズで作成しておけば、課金も少なくて済みます。筆者は複数のサンプルアプリから同一のデータベースを利用するため、主にこの方法を使っています。

紙幅の関係上、本書ではSSMS（SQL Server Management Studio）と④方式（ローカルマシンに SQL Serverを立てる）を使ったセットアップ方法を紹介します。その他の方式でのセットアップ方法を知りたい方は、以下のGitHubサイトを確認してください。

https://github.com/nakamacchi/azrefarc.sqldb

A1.4 ローカルマシンにSQL Serverを立てる方法

SQL Serverには、開発・テスト用途として無償で利用できる、開発者エディション（Developer Edition）と呼ばれるものがあります。これをローカルマシンにインストールして利用することができます。以下に具体的なセットアップ方法を示します。

セットアップ方法

SQL Server Developer Edition

以下のURLからSQL Server Developer Editionのインストーラを入手します（「Developer」の［今すぐダウンロード］をクリック）。インストーラ起動後（**図A1.3**）、「メディアのダウンロード」を選択すると、ISOメディアをダウンロードできます。

https://www.microsoft.com/ja-jp/sql-server/sql-server-downloads

図A1.3 SQL Serverインストールメディアの入手

ダウンロードした ISO をマウントし、管理者権限でコマンドラインから**リストA1.1** のコマンドでセットアップしてください※1。

リストA1.1　SQL Serverのインストールコマンド

コマンドライン

```
setup.exe /Q /IACCEPTSQLSERVERLICENSETERMS /ACTION="install"
/FEATURES=SQL,Tools /INSTANCENAME=MSSQLSERVER /SECURITYMODE=SQL
/SAPWD="XXXXXXXX" /SQLSVCACCOUNT="NT AUTHORITY¥NETWORK SERVICE"
/SQLSVCSTARTUPTYPE="Automatic" /SQLSYSADMINACCOUNTS=".¥Administrator"
```

※ 読みやすいように改行を入れていますが、実際には1行で実行してください。

SSMS（SQL Server Management Studio）

続いて、SSMS（SQL Server Management Studio）のツールも、以下のURLからダウンロードしてセットアップしておきます。

https://learn.microsoft.com/ja-jp/sql/ssms/download-sql-server-management-studio-ssms?view=sql-server-ver16

データの準備方法

ローカルマシンにインストールしたSQL Serverに対して、SSMSから接続します。主な設定項目は以下の通りです。

- サーバー名： localhost
- ユーザー名： sa
- パスワード ： セットアップ時に指定した値
- サーバー証明書を信頼する（Trust Server Certificate）： はい

最後の「サーバー証明書を信頼する」というオプションは、ローカルマシンにインストールしたSQL Serverとの通信で暗号化を行なうために必要な設定です。通常、サーバーとの通信暗号化にはサーバー証明書が利用されますが、正しいサーバー名ではなく「localhost」を使ってアクセスするため、サーバーから提示された証明書の真贋を確認できません。「サーバー証明書を信頼する」オプションをTrue（はい）に設定することで、サーバー証明書を強制的に受け入れて通信を暗号化することができ

※1　パスワード **SAPWD** の XXXXXXXX には SQL Server の sa アカウントのパスワードを指定してください（適宜、複雑なパスワードに変更してください）。また、ローカル管理者アカウント **SQLSYSADMINACCOUNTS** の名前は Administrator 以外の場合もあるため、これも適宜変更してください。

るようになります。なお、これは本番環境などでは有効化にすべき設定ではないため、注意してください。

サーバーに接続後、オブジェクトエクスプローラー上でサーバー名を右クリックして［新しいデータベース］を選択し、新規データベースの作成を行ないます。オプションは特に変更せず、そのままデータベースを作成します。

- データベース名： pubs

続いて、オブジェクトエクスプローラー上で、作成したデータベースpubsを右クリックして［新しいクエリ］を選択します。接続先データベースが（masterではなく）pubsになっていることを確認したら、インストールスクリプト（pubs_azure_with_timestamp.sql）の中身を貼り付けて実行してください（図A1.4）。

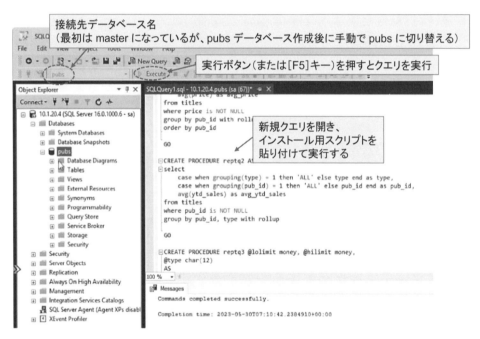

図A1.4　データベースの作成とインストール用スクリプトの実行

アプリからの接続

Visual Studioで.NETアプリを開発している場合、接続文字列はユーザーシークレット機能を利用して管理すると便利です。この機能を利用すると、データベース接続文字列（すなわちデータベースアクセスに必要なパスワードなど）をアプリコード内や設定ファイルに直接記述（ハードコーディング）せず、Visual Studioで管理するローカルファイル側に記述しておくことができます。具体的には**リストA1.2**の

ような記述を行ないます^{※2}。

リストA1.2　接続文字列の記述にはユーザーシークレット機能を利用

ユーザーシークレット

```
{
  "ConnectionStrings": {
    "PubsDbContext": "Server=localhost;Initial Catalog=pubs;Persist Security
Info=False;User
ID=sa;Password=XXXXXXXX;MultipleActiveResultSets=False;Encrypt=True;TrustServerCertificat
e=True;Connection Timeout=30;"
  }
}
```

※3〜5行目は読みやすいように改行を入れていますが、実際には1行です。

A1.5　pubsデータベースの中身

pubsデータベースはSQL Server 2000の時代に作られたこともあり、現在の基準から見ると設計として不適切な部分が存在します。たとえば**図A1.5**は書籍マスターテーブルの中身ですが、接頭語・接尾語にバラツキがあり、命名規約が一貫していないことがわかります。

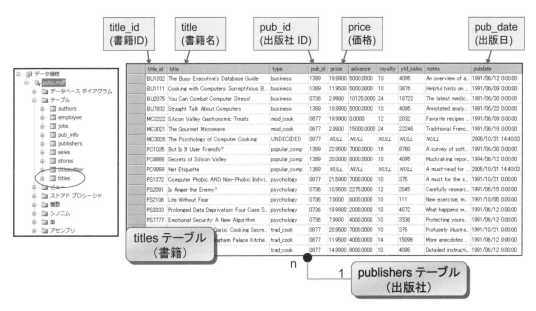

図A1.5　pubsデータベースのtitlesテーブル

※2　コンテキスト名やパスワードなどは適宜変更してください。

サンプルデータベースの準備方法　A

こうした古いデータベースのスキーマをそのままアプリ内で扱うと、可読性・保守性を損ないます。これらは Entity Framework によって上手に吸収することを推奨します。pubs データベースに対する O/R マッピングファイルは、以下の本書情報サイトおよび GitHub にサンプルとして掲載しています。本書のサンプルコードを実行する際には、こちらをコピーしてアプリに組み込み、名前空間を変更したうえで利用してください。

- **本書情報ページ**
  https://book.impress.co.jp/books/1122101173
- **GitHub サイト**
  https://github.com/nakamacchi/azrefarc.sqldb

付録
02

本番環境を意識した
アプリ配置

A2.1 Blazorアプリの本番環境への配置

　ここまでの作業では、Blazorアプリを開発環境、すなわち皆さんのPC端末上で開発・実行してきました。しかしいよいよ本番稼働となれば、開発したアプリを適切にビルド・パッケージングして、本番環境（production environment）へと配置（deployment）していくことになります。

　開発環境と本番環境には様々な相違点がありますが、代表的なものを挙げると**表A2.1**のようになります。

表A2.1　開発環境と本番環境の違い

	開発環境	本番環境
開発ツール	インストールされている	インストールされていない（ランタイムのみ）
アプリ	ソースコードあり	実行バイナリのみ
Webサーバー	簡易な開発用Webサーバー	複数台のWebサーバーをクラスタリングして利用
接続するデータベース	開発用データベース	本番用データベース

　本番環境への配置に関しては、本書で解説した3つの開発スタイルであるBlazor WASM型、Blazor Server型、Blazor United型で違いがあります。さらに、最近ではコンテナ化することも多くなってきているため、これらについて順を追って解説していきます。

本番環境を意識したアプリ配置

Blazorプロジェクトのコンパイルの仕組み

A2.2 C# users

Blazorプロジェクトのコンパイル（ビルド）の仕組みは、開発スタイルによって大きく異なります。このため、各開発スタイルでどのようにプロジェクトがコンパイルされて実行されているのかを理解することがまず重要になります。

Blazor WASM型の場合

新規に「Blazor Web Assemblyアプリ」プロジェクトを作成し、Ctrl+F5キーで実行してみてください。すると、簡易Webサーバーが起動し、このWebサーバーにコンパイル結果が配置され、そこにブラウザがアクセスすることによりBlazor WASMアプリが動作します（**図A2.1**）。

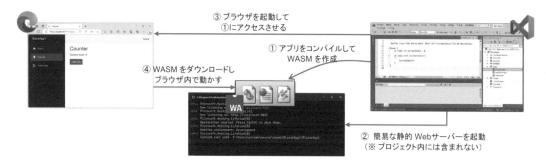

③ ブラウザを起動して①にアクセスさせる

① アプリをコンパイルしてWASMを作成

④ WASMをダウンロードしブラウザ内で動かす

② 簡易な静的Webサーバーを起動（※プロジェクト内には含まれない）

図A2.1　Ctrl+F5キーでBlazor WASMアプリを実行

実はこの際に利用される簡易Webサーバーは、Blazor WASMプロジェクトのソースコードの中には含まれていません。`Program.cs`ファイルを確認してみると、ブラウザ内部でWASMとしてアプリを起動するときの処理が書かれています。しかし、Blazor WASMアプリをホストするWebサーバーを起動するような処理はどこにも書かれていません。

このWebサーバーは`Properties`フォルダ内の`launchSettings.json`ファイルの設定に沿ってVisual Studioが起動してくれているもので、この設定に沿ってブラウザの起動も行なわれています。Blazor WASMプロジェクトのプロジェクトファイルからは、あくまでブラウザから呼び出される静的なファイル群（HTMLファイルやJavaScript、WASM用のバイナリファイルなど）のみが作成され、これが簡易Webサーバー上に載せられて公開される、という仕組みで動作しています。言い換えれば、このファイル群を取り出して別のWebサーバーに持っていけば、他のWebサーバー上でBlazor WASMアプリを公開することもできる、ということになります。

第9章でも触れましたが、この**他のWebサーバー上に持っていくファイル一式を作成する**機能とし

て、Visual Studioには**発行**（publish）と呼ばれる機能が用意されています。ソリューションエクスプローラー上からプロジェクトを右クリックした際のメニュー内にある［発行］機能を選択し、フォルダ［発行］を選択して発行作業を行ないます（**図A2.2**）。このようにすると、bin¥Release¥net8.0¥browser-wasm¥publish¥フォルダに、他のWebサーバー上にコピーするファイル一式が作成されます。

図A2.2　Visual Studioによる発行処理（Blazor WASMアプリ）

　なお、実際に出力されるフォルダを見ると、publishフォルダ直下にはweb.configファイルが、そのサブフォルダとしてwwwrootフォルダが作成されています。実際に静的なWebサーバー上にコピーして公開すべきファイルは、wwwrootフォルダ内に作成されているファイル一式です。web.configには、（Windows ServerのWebサーバー機能である）IIS（Internet Information Services）を用いてこれらのファイルを公開する際に必要となる設定情報が含まれています。実際にWebサーバーにファイルをコピーして公開する場合には、これらを加味して適切なファイルをコピーします。

Blazor WASMとWeb APIを組み合わせた開発・配置

　さて、ここではBlazor WASMアプリをコンパイルして静的なWebサーバー上で公開する方法を説明しましたが、実際の業務システム開発では、WASMアプリを単体で静的なWebサーバー上で公開することは必ずしも多くありません。業務システムの場合、WASMアプリからWeb APIを介してデータの読み書きを行なうことがほとんどですが、これらはまとめて開発されることも多いからです。このような場合には、WASMアプリを公開するためのWebサーバーと、Web APIのWebサーバーをわざわざ分ける必要がなく、**Web API用のWebサーバーを間借りする形で、WASMアプリを公開する**という形で十分です（**図A2.3**）。

本番環境を意識したアプリ配置

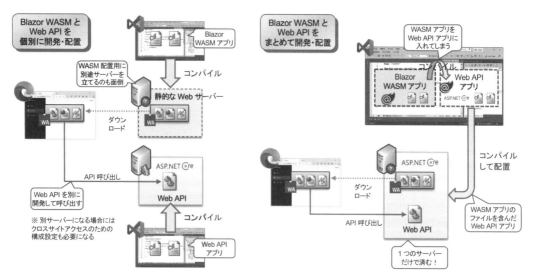

図A2.3 Blazor WASMとWeb APIを組み合わせた開発・配置

　特にC#を利用する場合には、UI部分をASP.NET Core Blazor WASMで、サーバー部分をASP.NET Core Web APIで作ることで、**同一言語での開発ができる**ということが大きな特徴・メリットになります。このような開発の場合、サーバー側はASP.NET Coreランタイムを利用することになるため、Webサーバーへの配置方法は、後述するBlazor Server型やBlazor United型の場合とほぼ同じになります（Blazorのサーバー側はASP.NET Coreランタイムを利用して稼働するため）。そのため、Webサーバーへの配置方法という観点では、以降に述べるBlazor Server型やBlazor United型の場合の配置方法をしっかり理解しておくことが重要になります。

🏢 Blazor Server型の場合

　引き続き、Blazor Server型の場合についても見ていきましょう。

　Visual Studioで「Blazor Web App」の新規プロジェクトを、Interactive render mode = Server、Interactivity Location = Globalで作成し、Ctrl + F5 キーで実行してみます。先ほどと同様にWebサーバーとブラウザが起動してアプリが動作しますが、コンパイルの仕組みや内部動作は先の場合と大きく異なります（**図A2.4**）。

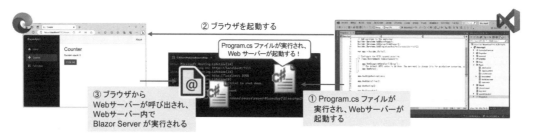

② ブラウザを起動する

Program.cs ファイルが実行され、Web サーバーが起動する！

③ ブラウザから Webサーバーが呼び出され、Webサーバー内で Blazor Server が実行される

① Program.cs ファイルが実行され、Webサーバーが起動する

図A2.4 Ctrl + F5 キーでBlazor Serverアプリを実行

Blazor WASM型との大きな違いは、プロジェクトの中にWebサーバーそのものが内包されている点です。Blazor Server型プロジェクトはコンソールアプリプロジェクトになっており、`Program.cs`ファイルの`Main()`メソッドには、.NETランタイムに含まれる軽量Webサーバー（Kestrelと呼ばれます）を起動するためのコードが書かれています。つまり、[Ctrl]+[F5]キーで実行すると、コンソールアプリとしてKestrelというWebサーバーが起動し、その内部でRazorファイルなどのBlazor Serverアプリが動作します。言い換えれば、Blazor Server型プロジェクトのコンパイル出力は、**アプリを内包したWebサーバー**である、と説明することができます。

この仕組みをもう少し深く理解するために、先ほどと同様にBlazor Server型プロジェクトでもファイル発行を行なってみましょう。プロジェクトファイルを右クリックし、[発行]の項目からファイル発行を選択して実行、その後、出力されたフォルダを開いてみてください（**図A2.5**）。Visual Studioのソースコードがコンパイルされ、.EXEファイルや.DLLファイルが作成されています。Windowsの場合には、この.EXEファイルをダブルクリックすると、コンソールアプリとしてWebサーバーが起動します。

図A2.5　Visual Studioによる発行処理（Blazor Serverアプリ）

ここで注意してほしいのは、（既定の設定で）出力されたフォルダには、**.NETのランタイムやライブラリは含まれていない**という点です。.EXEファイルをダブルクリックすると、コンピュータにインストールされている.NETのランタイムやライブラリを利用してWebサーバーが起動します。このため、ここで発行されたファイル一式だけを（.NETランタイムがインストールされていない）他のマシンにコピーしても、アプリは動作しません。この問題は、当該マシンに.NETランタイムをインストールする方法の他に、ファイル発行を行なう際のオプションを調整することでも解決できます。これについて解説します。

ファイル発行オプション

改めてファイル発行を確認してみるといくつかのオプション指定がありますが、この中でも特に重要なのが、**配置モード**と**ターゲットランタイム**のオプションです。それぞれのオプションは**図A2.6**のような意味を持ちます。

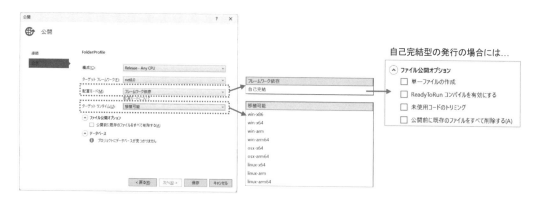

図A2.6　Visual Studioによるファイル発行のオプション

ターゲットランタイム

　ターゲットランタイムでは、当該.NETアプリを**様々なプラットフォーム（アーキテクチャ）で動作できるようにコンパイルする**（**移植可能**、Portableとしてコンパイルする）か、**特定プラットフォーム（アーキテクチャ）でしか動作しないようにコンパイルする**かを決めることができます。後者の場合は、**図A2.6**にあるように、win-x86、win-arm64、osx-arm64、linux-x64などの中から指定することになります。

　一般に、.NETアプリはプラットフォーム中立で、Windows、Linuxなど様々なOSやCPUアーキテクチャ（x86、x64、ARMなど）で動作させることができると言われます。しかし、たとえば、.EXEファイルはWindows OSでしか動作しませんし、さらにその中に書かれたフラグ情報によって、x64（64ビットモード）、x86（32ビットモード）のどちらでプロセス動作するかが決まっており、これを無理やりねじ曲げることはできません。また、場合によっては特定のOSの機能を利用するようにソースコードを書くこともあり、このような場合はフラグを付けておくことにより、コンパイルされた.DLLファイルが特定のアーキテクチャ（win-x86、linux-x64など）でしか動作しないようにすることもできます。このようなコンパイル条件を指定するのがこのターゲットランタイムの指定になります。

配置モード

　発行したファイル群の中に、.NET本体を含めるか否かを指定します。**フレームワーク依存**では、.NET本体を含めないため、動作には別途.NET本体が必要になります。一方、**自己完結**の場合は、.NET本体を発行ファイル群に含めるため、単体動作が可能になります。

　配置モードを「自己完結」型として指定した場合には、単体での動作が可能になるだけでなく、ランタイムやライブラリのバージョンの組み合わせを完全に意図通りにした状態で動作させられることや、単一ファイルに固めるオプションが利用できることなどのメリットが生まれます。一方で、発行ファイルを作成するタイミングで、アプリを動作させるためのアーキテクチャを特定する必要があります（win-x86、linux-x64などを特定する必要があります）。

　上記のことをもう少し深く理解するために、

- フレームワーク依存＋移植可能

- 自己完結＋win-x86
- 自己完結＋win-x86＋単一ファイル化

の3種類のオプション指定で、ファイル出力結果がどのように変わるのかを見てみます（**図A2.7**）。

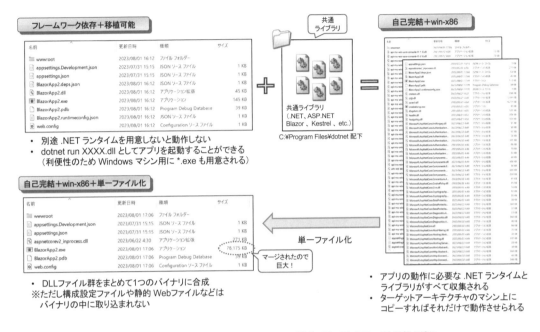

図A2.7　オプション指定によるBlazor Server型プロジェクトのファイル発行の違い

　まず既定の設定である「**フレームワーク依存＋移植可能**」での出力を見てみましょう。この方法では別途OSに.NETランタイムをインストールする必要がありますが、発行したアプリを様々なマシン（Windows、Linux, macOSなど）で動作させることができます。.NETランタイムや共通ライブラリが含まれないため、発行されたファイル一式のサイズ（総量）が小さいことも特徴です。

　一方、「**自己完結＋win-x86**」でファイルを発行した場合、その出力には.NETランタイム本体が含まれることになります。アプリの動作に必要なファイル一式がすべて抽出・コピーされるため、ファイルサイズ全体は非常に大きくなりますし、ファイル数もかなり多くなります。

　ファイル数が多いという問題は、「**自己完結＋win-x86＋単一ファイル化**」のオプションを利用することである程度回避できます。この方法を使うと、（ファイルサイズは大きくなりますが）DLLファイル群をまとめて1つのバイナリに合成することができます。なお、このオプションを利用した場合でも、構成設定ファイルや静的Webファイルなどは実行バイナリファイルに取り込まれないため、完全にファイルが単一になるわけではありません。

　これら3つのオプションは適切な使い分けが必要になりますが、Blazor Server型では一般的に「**フ**

レームワーク依存＋移植可能」の方法での発行が推奨されます。ファイルサイズが小さく取り回しも容易ですし、また.NET本体が分離されているため、.NET本体に対するパッチ当てもしやすくなります。

🏢 Blazor United型の場合

続いて、Blazor United型プロジェクトの場合について解説します。

Visual Studioで「Blazor Web App」の新規プロジェクトを、Interactive render mode = Auto（Server and WebAssembly）、Interactivity Location = Per page/componentのオプションで作成し、Ctrl + F5 キーで実行してみます。先ほどと同様に、Webサーバーとブラウザが起動してアプリが動作します（図A2.8）。

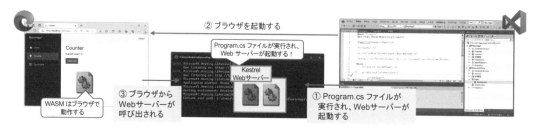

図A2.8　Blazor United型プロジェクトの実行

Blazor United型のプロジェクトの動作は、**Blazor WASM部分に相当するブラウザ側アセンブリを、Blazor Server部分に相当するサーバー側に含めて実行する**というもので、先に説明したBlazor WASM型、Blazor Server型を混在させたようなものになっています（**図A2.9**）。

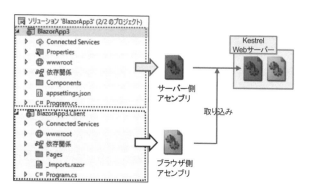

図A2.9　Blazor United型プロジェクトのコンパイルの仕組み

第11章で説明したように、（Interactive Autoやサーバー側プリレンダリングのために）ブラウザ側アセンブリはサーバー側でも実行される場合がありますが、コンパイルやビルドの観点で重要なのは、**アプリが組み込まれたKestrel Webサーバーが動いている**という点です。

このため発行処理については、クライアント側プロジェクトではなく**サーバー側プロジェクトに対して行なう必要がある**という点に注意してください。サーバー側プロジェクトを発行すると、ブラウザ側プロジェクトのビルド出力も取り込んだ形で発行作業が行なわれます（**図A2.10**）。

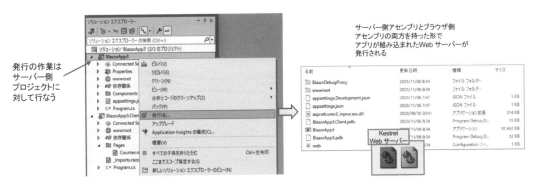

図A2.10　Blazor United型プロジェクトの発行作業

Kestrel Webサーバー

基本的なファイル発行の仕組みは以上ですが、ここでKestrel Webサーバーについて少し補足説明しておきます。

従来（.NET Framework時代）のWebアプリの開発では、.NET Frameworkの他にWebサーバーを別途用意することが一般的で、Windows Serverに含まれるWebサーバー機能であるIISや、IISを軽量化したIIS Expressを用いてWebアプリを開発していました。しかし、Windowsでしか動作しない.NET Frameworkとは別に、マルチプラットフォームで動作する（すなわちWindowsだけでなくLinuxやmacOSなどでも動作する）.NET Coreが開発されていく中で、マルチプラットフォームで動作する軽量なWebサーバー機能が必要になりました。こうした経緯で開発されたのがこの**Kestrel**と呼ばれるWebサーバーです。

Kestrel Webサーバーは、.NETランタイムの一部にライブラリの形で含まれており、コンソールアプリに簡単に組み込んで使うことができます。当初は簡易な開発用のWebサーバー機能でしたが、現在ではHTTPS、HTTP/2、WebSocketなどをサポートするようになり、本番環境用のWebサーバーとしても問題なく利用できるようになっています。

ただし多くの場合、本番環境ではKestrel Webサーバーが直接エンドユーザーからのHTTPSのリクエストを受け付けるように構成するのではなく、その手前に何らかのリバースプロキシを配置するのが一般的です。**リバースプロキシ**とは、**いったんHTTPSのリクエストを受け止めて、様々な処理（TLS解除やセキュリティチェックなど）を行ない、改めてHTTPリクエストとしてバックエンドのWebサーバーにリクエストを代理送信する**ものです（**図A2.11**）。現在では様々なリバースプロキシが利用されており、WindowsサーバーであればIISとANCM（ASP.NET Core Module）が、Azure Web AppsではIISとARR（Application Request Routing）が、またコンテナ・Kubernetesの世界ではOSSソリューショ

ンであるenvoyやnginxなどがよく使われています（ANCMやAzure Web Appsについては後述します）。本格的なインターネット向けのWebシステムであれば、専用のWAF※1製品が利用されていることが多く、たとえばAzure上ではApplication Gatewayと呼ばれるサービスがリバースプロキシ兼WAFとして利用されます。

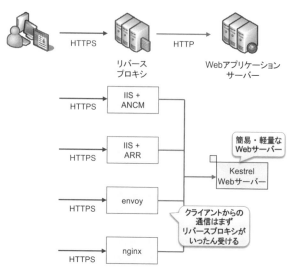

図A2.11　Kestrel Webサーバーの手前に配置するリバースプロキシ

　なお、アプリを動かすWebサーバーの手前にリバースプロキシを配置する理由はいくつかあります。障害・攻撃耐性を高めるなどの効果もありますが、他の大きな理由として**近年の開発言語の多様化**が挙げられます。最近では様々な言語（.NET、Java以外にもPython、Node.jsなど）でWebアプリが記述されるようになってきており、各言語用のWebサーバーでそれぞれTLS解除やセキュリティチェックなどの機能を用意すると大変です。これらの共通的な機能をリバースプロキシ側に持たせると、WebアプリサーバーはWebサーバーは業務処理だけに特化することができます。リバースプロキシと組み合わせる場合、バックエンドのWebサーバーは非常に軽量なものでよく、このためKestrel Webサーバーも軽量・高速な動作が可能なWebサーバーとして設計されています。

　ちなみに、IIS Expressは現在でも利用可能で、Visual StudioをインストールしてWebアプリ開発を有効化するとインストールされます。コマンドラインから公開フォルダを指定して起動することができるため、発行したアプリの稼働確認をするのに便利です（**リストA2.1**）。こちらは開発時に必要に応じて利用するとよいでしょう。

※1　Web Application Firewall の略称で、Webアプリの通信を制御（フィルター／監視／ブロックなど）して保護することを目的としたファイアウォールのこと。

リストA2.1　コマンドラインからのIIS Expressの起動

コマンドライン

```
"c:¥Program Files¥IIS Express¥iisexpress"
/path:C:¥Users¥<username>¥source¥repos¥BlazorApp1¥BlazorApp1¥bin¥Release¥net8.0¥browser-wasm¥publish
```

A2.3　Blazor Serverアプリのコンテナビルド

　さて、ここまで本番環境へのリリースを意識したBlazorアプリのビルド方法として、Visual Studioからの発行機能について説明してきました。これ以外にもいくつかのビルド方法がありますが、最近ではDockerコンテナに固めてから配置する方法も一般的になってきているため、**Dockerコンテナとしてのビルド**についても解説しておきます。

🏢 Dockerコンテナを利用する理由

　Dockerコンテナは、特にLinux界隈で一般的になっているアプリのパッケージング方法です。Linux界隈では多彩なディストリビューションや言語が利用されますが、Dockerコンテナであればこれらを統一的な方法でパッケージングして取り扱えるため、様々なメリットが生まれます。特にマイクロサービスアーキテクチャベースのシステムでは、マイクロサービスごとに最適な言語で開発を行ないたい場合があり（**Polyglot開発**と呼ばれます）、この目的ではDockerコンテナを用いた共通的な方法によるパッケージングと、様々なパッケージとサービスを一元的かつ宣言的に配置制御できる**Kubernetes**の組み合わせが事実上のデファクトスタンダードとなっています。

　C#やASP.NET Core Blazorを利用する大きなメリットは、フロントエンドからバックエンドまでを単一言語で開発できることですが、一方で機械学習関連の部分はPythonで開発したい、既存のJavaのWeb APIを組み合わせたいといった場合もあるでしょう。このとき、ASP.NET CoreランタイムがLinux上でも動作する、ということが大きなメリットになります。このような場合には、**ASP.NET Core BlazorのアプリをLinux Dockerコンテナに固め、他のコンテナとともにKubernetes上に配置する**とよいで

A 本番環境を意識したアプリ配置

しょう。KubernetesやDockerの解説は他書に任せるとして、ここではBlazor Server型およびBlazor United型のアプリをLinux Dockerコンテナとしてビルドする方法について簡単に解説します。

🏢 Blazor Server型およびBlazor United型アプリのコンテナビルドの方法

Blazor Server型およびBlazor United型のアプリをDockerコンテナとしてビルドする場合、大別して2つの方法があります。

方法1 まずWindows OSなどの開発マシン上でビルド（発行作業）を行ない、これを.NETランタイムが組み込まれたDockerコンテナにコピーして動かす

「フレームワーク依存」「移植可能」の設定でビルドと発行を行ない、生成したファイルをDockerコンテナにコピーします。

なお、**Windows OS上であってもLinux OS上で稼働するバイナリファイルを作成できます**[2]。Windows OS上ではWindows OS上で動作するバイナリファイルしか作成できないというわけではないことに注意してください。

方法2 .NET SDK（開発ツール）が組み込まれたDockerコンテナを入手し、そこにソースコードをコピーして、Dockerコンテナ内でビルド（発行作業）を行なう。生成したファイルを、.NETランタイムが組み込まれたDockerコンテナにコピーして動かす

この方法は**マルチステージビルド**と呼ばれており、開発ツールが入っていない端末であってもDockerさえ入っていればビルドができるというメリットがあります。このため、ビルドサーバー上などでよく利用される手法です（**図A2.12**）。

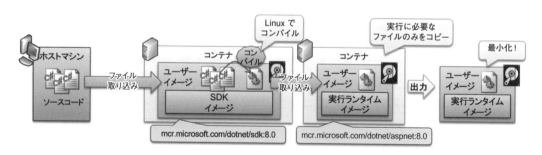

図A2.12 マルチステージビルドによるDockerコンテナの作成

マルチステージでBlazor Server型プロジェクトをビルドする場合には、**リストA2.2**のような**Dockerfile**を作成して利用します。これにより、ビルドと発行作業がSDK入りのコンテナで行なわれ、

---

[2]　このため、たとえば「自己完結」「linux-x64」の設定でビルドと発行を行ない、そのファイルをコピーすることも可能です。

成果物がランタイムのみを含むコンテナにコピーされます。この方法であれば最終的なDockerコンテナにはSDKが含まれないため、イメージサイズを小さくすることができます。

リストA2.2　マルチステージビルドを行なうDockerfileの例

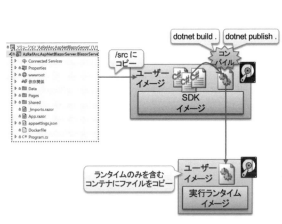

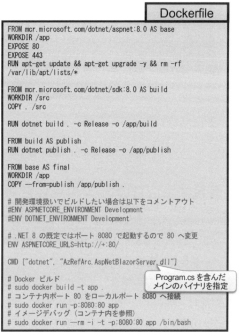

```
Dockerfile

FROM mcr.microsoft.com/dotnet/aspnet:8.0 AS base
WORKDIR /app
EXPOSE 80
EXPOSE 443
RUN apt-get update && apt-get upgrade -y && rm -rf
/var/lib/apt/lists/*

FROM mcr.microsoft.com/dotnet/sdk:8.0 AS build
WORKDIR /src
COPY . /src

RUN dotnet build . -c Release -o /app/build

FROM build AS publish
RUN dotnet publish . -c Release -o /app/publish

FROM base AS final
WORKDIR /app
COPY --from=publish /app/publish .

# 開発環境扱いでビルドしたい場合は以下をコメントアウト
#ENV ASPNETCORE_ENVIRONMENT Development
#ENV DOTNET_ENVIRONMENT Development

# .NET 8 の既定ではポート 8080 で起動するので 80 へ変更
ENV ASPNETCORE_URLS=http://+:80/

CMD ["dotnet", "AzRefArc.AspNetBlazorServer.dll"]

# Docker ビルド
# sudo docker build -t app .
# コンテナ内ポート 80 をローカルポート 8080 へ接続
# sudo docker run -p:8080:80 app
# イメージデバッグ（コンテナ内を参照）
# sudo docker run --rm -i -t -p:8080:80 app /bin/bash
```

Program.cs を含んだメインのバイナリを指定

Dockerコンテナとしてのビルドに関する注意点

このDockerコンテナとしてのビルドに関しては、いくつかの注意点があるため、見ていきましょう。

Ⓐ Blazor United型プロジェクトの場合の発行処理

Blazorアプリのビルドや発行は、Dockerfileの中でdotnetコマンドを利用することにより行なわれます。この際、Blazor Server型とBlazor United型で若干の違いが発生します。まず、Blazor Server型プロジェクトは単一プロジェクトであり、当該プロジェクトファイルをビルドまたは発行するだけで済みます。一方、Blazor United型プロジェクトは2つのプロジェクトから構成されており、サーバー側のプロジェクトだけでなくブラウザ側のプロジェクトも合わせてビルドまたは発行する必要があります（図A2.13）。

やり方としては簡単で、サーバー側のプロジェクトをビルドまたは発行すると、依存関係にあるブラウザ側のプロジェクトも合わせてビルドされ、サーバー側のプロジェクトに取り込まれます。なおこの際、ビルドや発行を行なう環境にサーバーとブラウザ両方のソースコードを入れておく必要があること、またDockerfileとサーバー側プロジェクトファイルのフォルダの位置関係に留意してDockerfileを記述したりdocker buildコマンドを実行したりする必要があることに注意してください。

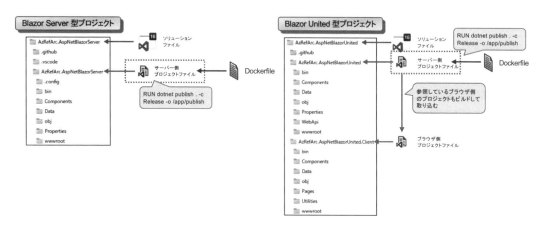

図A2.13　Blazor Server型プロジェクトとBlazor United型プロジェクトのビルドの違い

Ⓑ NuGetパッケージの脆弱性対応

　一般に、コンテナは一度ビルドすれば終わりではありません。コンテナイメージに固めたファイル（アプリ、ミドル、OS）に脆弱性が発見された場合には、**脆弱性がないものに差し替えた新しいコンテナイメージを作り直す**必要があります。

　Blazorアプリの場合、ユーザーアプリ部分のバグによる脆弱性を除くと、発見された脆弱性に対する対処は、NuGetパッケージの脆弱性と、ベースイメージ内に含まれるライブラリなどの脆弱性とで大きく変わります。

　まず、**NuGetパッケージ**に脆弱性が見つかった場合には、新しいパッケージに差し替えてコンテナをリビルドする必要があります。なおこの際、自身が直接参照しているNuGetパッケージそのものではなく、そのNuGetパッケージが参照（依存）しているNuGetパッケージ（**推移的なパッケージ**と呼ばれます）に脆弱性が含まれる場合があります。NuGetパッケージマネージャーは、このような推移的なパッケージに脆弱性が見つかった場合にも**図A2.14**のように警告を出してくれるため、対応が容易です。

図A2.14　NuGetパッケージの脆弱性対応

NuGetパッケージをアップグレードする場合には、互換性に注意を払う必要があります。もちろんパッケージを差し替える以上、デグレードが発生しないことを100%保証することは原理的に不可能ですが、差し替え方によってデグレードの発生のしやすさは変わります。多くのNuGetパッケージは**セマンティックバージョニング**と呼ばれる採番方式を利用しており、バージョン番号が3桁区切りの数字（`Major.Minor.Revision`）で表記されています。この際、Revision番号の増加はAPI互換あり（バグフィックス）、Minor番号の増加はAPI下方互換あり（機能追加なので既存機能への影響は基本的にない）、Major番号の増加はAPI互換性なし（破壊的な仕様変更あり）を意味するものとして番号を付与します。このため、バージョン番号を見ることで、デグレードのリスクの大小をある程度は推定することができます。

　たとえば**図A2.14**の例では、`Azure.Identity`という推移的パッケージにおいて、バージョン1.7.0に脆弱性が発生しており、少なくとも1.10.0以上にアップグレードすることが推奨されています（アップグレード先はドロップダウンリストを開くとわかるようになっています）。この際、以下のように整理することができます。

- 1.7.0 ➡ 1.7.1へのアップグレードは、デグレードリスクはほぼないが、脆弱性が解消されない
- 1.7.0 ➡ 1.10.0へのアップグレードであれば、脆弱性が解消される。APIは機能追加されているが、既存APIは基本的に互換性があるため、デグレードリスクは比較的小さい
- 1.7.0 ➡ 2.0.0へのアップグレードでは脆弱性が解消されるものの、APIに破壊的変更が加えられている。このため、アプリのコードの見直しをしないと正しくアプリが起動しない、あるいは正しく動作しない場合がある

　前述したように、**セマンティックバージョニングは、デグレードのリスクの度合いを利用者側が推し量るためのヒントになる**ものです。デグレードが発生しないことを100%保証するためのものではないため、アプリの再テストは必須ですが、その度合いはデグレードのリスクにより調整するのがよいでしょう。

Ⓒ ベースイメージの脆弱性対応

　さて、脆弱性はDockerコンテナのビルド時に利用したベースイメージ（＝OS＋ミドルウェア）の中に見つかる場合もあります。このような脆弱性は、Trivyなどのツールを使ってイメージスキャンすると比較的容易に見つけることができ、見つかった場合には、パッチが当たったベースイメージを使ってコンテナをリビルドする必要があります。

　イメージスキャンでわかることは、脆弱性を含むパッケージとそのバージョン、修正済みのバージョン情報などです。この情報に基づいて、パッチが当たったベースイメージを使ってコンテナをリビルドすればよいのですが、場合によってこれが簡単ではないこともあります。理由の1つは、**パッチ適用済みのベースイメージの公開が遅れる場合がある**こと、もう1つは**そもそも脆弱性を修正したライブラリが作成・公開されない場合がある**ことです。

　万能な解決策はありませんが、主な対策としては2通りあります。

対策1 Dockerfile のビルドスクリプトの中で、パッチを適用する

　ベースイメージの更新頻度が低い場合には、`RUN apt-get update && apt-get upgrade -y`など
のコマンドを含めておき、最新パッチを取り込むようにしておくとよいでしょう。具体的には、**リストA2.3**
のように、公式イメージをレポジトリから取得したあとで、apt-get（Debian系列の場合）コマンドを実
行し、適用可能な最新パッチを当てます。

　この方法が有効に機能する場合もありますが、Blazorの場合にはあまりこの方法は役立ちません。そ
れはASP.NETのベースイメージは頻繁に更新されているためです。たとえば.NET 8が含まれている標
準コンテナイメージ（`mcr.microsoft.com/dotnet/aspnet:8.0`）を入手して最新のパッチを適用する
ようにビルドを行ない、Trivyなどのコンテナセキュリティチェックツールにかけてみると、最新のパッチを
適用しても数十個程度の脆弱性が残っていることがわかります。これらはそもそもパッチが提供されてい
ないものであり、こうした脆弱性に対処していくためには、次に述べる対策が必要になります。

リストA2.3　Dockerビルド中の最新パッチ適用

```
Dockerfile
FROM mcr.microsoft.com/dotnet/aspnet:8.0 AS
base
WORKDIR /app
EXPOSE 80
EXPOSE 443
RUN apt-get update && apt-get upgrade -y &&
rm -rf /var/lib/apt/lists/*

...
```

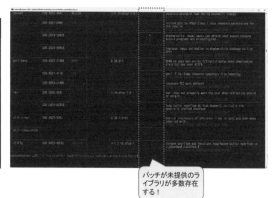

パッチが未提供のラ
イブラリが多数存在
する！

対策2 なるべく軽量な（＝余計なものが含まれていない）ベースイメージを使う

　UbuntuやDebian、RHELといったメジャーなディストリビューションは、利便性のために非常に多く
のパッケージが含まれており、アプリの実行には利用しないパッケージも多数含まれています。こうした
パッケージに脆弱性が見つかることも非常に多く、その場合には**使ってもいない機能のためにコンテナ
のリビルドが必要になる**ことになります。

　こうした問題を避けるために、**なるべく軽量な（＝余計なものが含まれていない）ベースイメージを使
う**、という方法がよく使われます。具体的には、Alpineなどの軽量ディストリビューションのイメージや、
distrolessと呼ばれるLinuxの中核機能部分だけを含むイメージがよく利用されます。

　たとえばMCR（Microsoft Container Registry）上には、ASP.NET Coreを含んだベースイメージが
複数公開されています。最も標準となるのはUbuntu（Debian系列）ベースのイメージですが、それ以
外にもAlpine Linuxを使ったベースイメージや、非公式ですがCBL Mariner[※3]を使ったベースイメージ
も公開されています。

※3　マイクロソフト内のディストリビューションで、現在は Azure Linux とも呼ばれています。

- mcr.microsoft.com/dotnet/aspnet:8.0
- mcr.microsoft.com/dotnet/aspnet:8.0-alpine
- mcr.microsoft.com/dotnet/aspnet:8.0-cbl-mariner2.0[※4]

　これらはイメージサイズも小さくなり、セキュリティ的にも有利ですが、パッケージ不足によりミドルウェアやアプリが動作しなくなる場合もあるため注意が必要です。たとえばAlpine Linuxベースのイメージを利用してビルドする場合、このベースイメージにはローカライズリソースが含まれていません。結果として、本書のサンプルを動かそうとした場合、EF Coreの処理においてen-usのローカライズリソースが取得できずに例外が発生します（この例外はUbuntuベースのイメージでは発生しません）。この例外を発生させないようにするには、イメージにICUライブラリを追加する必要があります（**リストA2.4**）。

リストA2.4　Alpine Linuxベースのイメージを利用する場合

Dockerfile

```
FROM mcr.microsoft.com/dotnet/aspnet:8.0-alpine AS base
WORKDIR /app
EXPOSE 80
EXPOSE 443
# alpine 軽量イメージを使う場合にはICUライブラリのインストールが必要
RUN apk add --no-cache icu-libs

FROM mcr.microsoft.com/dotnet/sdk:8.0-alpine AS build
WORKDIR /src
COPY . /src
RUN dotnet build . -c Release -o /app/build
...
```

　このようなライブラリ不足は、ベースイメージが軽量になればなるほど発生し、しかもその場合の対処が面倒になります[※5]。

　本書ではこれ以上の深掘りはしませんが（またこの話はBlazor特有の話ではありませんが）、Dockerコンテナを利用してBlazorアプリをビルド・配置したい場合には、このように「**脆弱性が見つかった場合にどのように速やかに対応するのか?**」を必ず事前に考えるようにしてください。IaaSや仮想マシンを利用する場合、セキュリティパッチを速やかに適用するのはセキュリティ対策の基本ですが、Dockerコンテナの場合にはコンテナのリビルド作業がそれに該当します。手作業でリビルドや配置をしていると手間がかかりすぎるため、CI/CD（Continuous Integration, Continuous Deployment）と呼ばれる自動ビルドと自動配置のシステムを導入するのが一般的です[※6]。

　次節では引き続き、発行作業やコンテナビルドにより作成したファイルやコンテナを、本番環境に配置していく際の注意点について解説します。

※4　MCR 上にあるが非公式。
※5　たとえば distroless イメージではパッケージシステムが含まれていないため、不足したライブラリを追加インストールするにも一苦労します。
※6　より深く理解したい場合には、コンテナ関連の入門書を調べてみるようにしてください。

本番環境を構成する場合の注意点

Blazor Server型およびBlazor United型のアプリを本番環境のWebサーバーに配置する際には、セッションアフィニティに関する設定の必要性と、構成設定のオーバーライドについて理解しておく必要があります。これらについて解説します。

🏢 Blazor Server型アプリにおけるセッションアフィニティの必要性

Blazor Server型アプリやBlazor United型アプリで利用される対話型サーバー（Interactive Server）レンダリングモードは、**UI描画はブラウザ上で、C#ロジックはサーバー側で、その間をSignalR通信でつないで動かす**というものです。1台のWebサーバーで動作しているときには、接続している各ユーザーのインスタンスを1台のWebサーバー上にすべて持つ形になりますが、**本番環境のようにWebサーバーを複数台クラスタリングしている場合には注意が必要**になります。

図A2.15 に示すように、複数台のWebサーバーを利用している場合には、クライアントからの接続はロードバランサーにより各Webサーバーに振り分けられますが、この際、同じクライアントからのHTTP通信を別のサーバーに振り向けてしまうと、当該クライアントの処理を行なうサーバー側インスタンスが存在しないため、正しく処理できなくなってしまいます。このため、Webサーバーを複数台クラスタリングしている環境でBlazor Server型およびBlazor United型アプリを動かす場合には、**同一クライアントからのHTTP通信は、必ず同一のWebサーバーに振り向けられる**ようにする設定が必要になります。これを**セッションアフィニティ**（affinity）と呼びます。

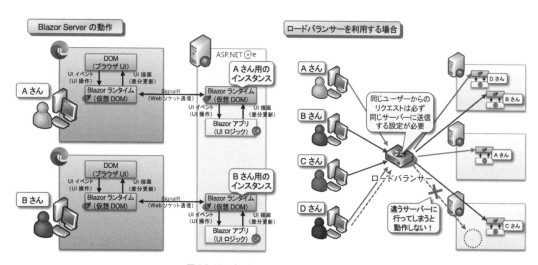

図A2.15 セッションアフィニティの必要性

セッションアフィニティを有効化する方法はロードバランサーにより異なります。また、ロードバランサーとWebサーバーの間にリバースプロキシ（たとえばWAFなど）が挟まっている場合には、リバースプロキシでのセッションアフィニティの有効化が必要になります。このように、具体的なやり方は環境ごとに異なりますが、重要なのは**同一クライアントからのHTTP通信は、必ず同一のWebサーバーに振り向けられる**ようにインフラを構成することです。

　ほとんどのロードバランサーやWebサーバーインフラはこの機能を提供しているため、まずこの機能を探すところから確認してみてください。たとえばAzureのPaaS型WebサービスであるWeb Appsの場合、内部的にはロードバランサーの役割を兼ねたリバースプロキシとユーザーアプリを処理するWebサーバーから構成されていますが、構成設定の中にセッションアフィニティを有効化するオプションが存在します（**図A2.16**）。これを有効化することで、同一クライアントからのHTTP通信は、必ず同一のWebサーバーに振り向けられるようになります（既定で有効になっています）。

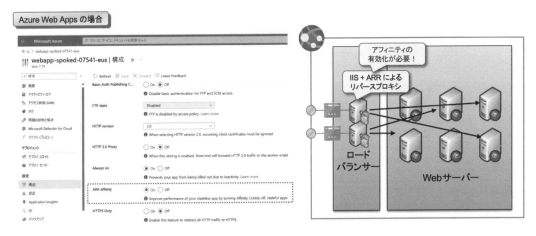

図A2.16　Azure Web Apps（App Service）におけるセッションアフィニティの有効化

本番環境に合わせた構成設定値のオーバーライド

　一般に、開発環境と本番環境では、接続先となるデータベースサーバーやWeb APIは異なりますし、ログの出力レベルも異なります。こうした**環境によって動作を変えなければならない項目**については、第5章で解説した通り、`appsettings.json`に構成設定情報として設定値を切り出しておきます。そして、各環境でこの値をオーバーライドすることによって、アプリの挙動（データベースの接続先など）を変えるようにします。

　ASP.NET Coreアプリの場合、通常、このオーバーライドは環境変数を用いて行なわれます。

appsettings.jsonファイルは**リストA2.5**のように階層化されているため、環境変数を設定する場合にはこの階層化に合わせた環境変数名を利用する必要がある点に注意してください。

リストA2.5　構成設定値のオーバーライド

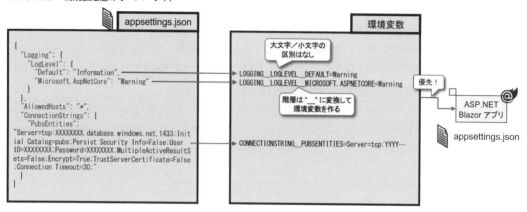

　なお、代表的な構成設定の1つにデータベースへの接続文字列があります。環境変数を用いたオーバーライドは手軽ではあるものの、接続文字列の中にはユーザー名とパスワードが平文で含まれていることもあります。このような接続文字列が漏えいすると、顧客情報などが含まれる本番環境のデータベースが侵害のリスクにさらされることになります。このため、ユーザー名とパスワードが平文で含まれているようなデータベースへの接続文字列を、本番環境の環境変数として与えてよいか否かは検討が必要です。

- 接続文字列の情報を取り出しうる（参照しうる）可能性があるのは誰で、どのようなときなのか（例：Azure Portalを操作する運用担当者、など）
- 漏えいした接続文字列の情報を用いて本番環境のデータベースにアクセスされるリスクがどの程度あるか（例：データベースが特定のネットワーク上からしかアクセスできないように構成されているか否か）

　上記2点を検討したうえで、データベースへの接続文字列をより高度に保護しなければならないとなった場合には、以下のような方法を用いてセキュリティ強度を高めます。

- **マネージドID認証**（オンプレミス環境であれば**Windows統合認証**）を用いることで、接続文字列の中にユーザー名／パスワードを指定しなくて済むようにする
- （Azure環境の場合）ユーザー名とパスワードが含まれる平文の接続文字列情報を、**Azure Key Vault**のようなシークレットストアに保存する。そのうえで、マネージドID認証を用いて、そのつどシークレットストアから接続文字列情報を取得して利用する

主要なクラウドサービスは、こうした方法をより簡単に記述できるようなサービスや機能、ライブラリなどを提供していることが多いです。具体的な実装方法は各種のリファレンスに譲りますが、こうした機能をうまく利用して、本番環境における安全な接続文字列の取り扱いを行なってください。

　なお、「どこまでの構成情報を安全に秘匿すべきか?」に関しては、バランス感覚を持って設計するようにしてください。たとえば、せっかく接続文字列情報を上記のようにシークレットストアに逃がしたとしても、Web APIへのアクセスに利用するユーザー名とパスワードを平文で環境変数に設定していたとしたらアンバランスなセキュリティ設計となってしまいます。また、たとえ接続文字列をシークレットストアに逃がしたとしても、アプリ上では平文として処理されるので、悪意のある開発者に、接続文字列を外部に送信するような不正なコードを仕込まれたら意味がありません（そして多くの開発現場では、開発者による不正コードの埋め込みリスクに対して十分な対策がとられていません）。重要なのは「接続文字列だから秘匿するべし」と短絡的に考えるのではなく、情報漏えいにつながる具体的なリスクを考えて、最も高いリスクから優先的につぶし込んでいくことです。構成情報を安全に秘匿することはもちろん重要ですが、特定の箇所のセキュリティ対策だけに固執するのではなく、弱いところ・危険なところから順につぶしていけるよう、しっかり全体を見てセキュリティ対策を講じていくようにしてください。

様々な本番環境への配置方法

A2.6

　以降では、Windows ServerとAzure Web Apps（App Service）の2つの環境を例にとって、Blazor Server型およびBlazor United型のアプリを配置する方法について解説します[7]。

🏢 Windows Serverへのアプリの配置方法

　Windows Serverには IIS（Internet Information Services）と呼ばれるWebサーバーが搭載されており、これを用いてASP.NET Coreのアプリ（Blazor Server型およびBlazor United型アプリも）を動作させることができます。IIS上では、ASP.NET Coreのアプリを動作させる方法が2通り用意されています（図A2.17）。

※7　以降では主に Blazor Server 型のアプリを例に取っていますが、Blazor United 型も基本的に同じ方法で配置します。

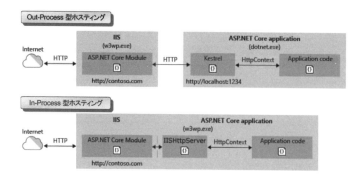

［メリット］
・Webアプリの実態が IIS から分離されて動作するため万が一 Web アプリがクラッシュしても Web サーバー全体への影響リスクが小さい
［デメリット］
・ほぼなし

［メリット］
・プロセス間通信を減らせるのでより高速（だが一般的な業務アプリではほぼ同じ）
・IISの持つ機能（Windows 統合認証など）が利用できる
［デメリット］
・IISのワーカープロセス（w3wp.exe）がホストプロセスとなるので、同一アーキテクチャのバイナリしか稼働させることができない

図A2.17　IIS上でASP.NET Coreアプリを動作させる2つの方法

　Out-Process型ホスティングは、これまでに解説してきた方法そのもので、IISをリバースプロキシとして利用し、Blazor ServerなどのASP.NET Coreアプリ本体をKestrel Webサーバーで動作させる方法です。一方、In-Process型ホスティングは、まったく異なり、IISのプロセス内部で直接ASP.NET Coreアプリを動作させるという特別な方法です。いずれの場合にも、IISとASP.NET Coreアプリを接続するため、ASP.NET Core Module（ANCM）と呼ばれるアダプターを利用します。

　この2つの動作モードのどちらを利用するかに関してですが、業務アプリであれば、原則としてOut-Process型ホスティングを利用します。

　In-Process型ホスティングを使わなければならない主なケースは、①IISが持つWindows統合認証機能を利用したい場合と、②超高速な通信を実現しなければならない特殊な処理の場合です。しかしこれらの理由は、最近ではほとんど当てはまらなくなってきています。たとえば①に関しては、インターネットだけでなくイントラネットであってもWindows統合認証があまり使われなくなってきています[8]。また、②に関しては、リバースプロキシとなるIISからKestrel Webサーバーへのプロセス間通信を削減できる分だけ高速ですが、処理全体からすると無視できる程度の差にしかならないことがほとんどです。さらに、In-Process型ホスティングはIISワーカープロセスをホストプロセスとして利用する必要がある関係上、サーバーの構成に制約が生じて取り扱いがやっかいになります。これらの理由から、業務アプリであれば、原則としてOut-Process型ホスティングを利用するとよいでしょう。

Out-Process型ホスティングのセットアップ

　Out-Process型での具体的なセットアップ方法は以下の通りです（**図A2.18**）。

　まず、Windows Serverをセットアップしたのち、サービスの追加からIISを追加でインストールします。その後、インターネットから.NETランタイムのWindows Serverホスティングバンドル版を入手し、インストールします（これにより.NETに加えてANCMモジュールがIISにセットアップされます）。

　続いてVisual StudioからBlazor Server型またはBlazor United型アプリを「フレームワーク依存」「移植可能」の設定で発行し、発行されたアプリ（publishフォルダ内のファイル）をまるごとWindows

---

※8　Microsoft Entra ID（旧称 Azure AD）による OpenID Connect 認証のほうが使われるようになってきています。

ServerのIISの公開フォルダ（c:¥inetpub¥wwwroot）へとコピーします。最後に、appsettings.jsonファイル内の構成設定値を、本番環境用のものに書き換えてください。

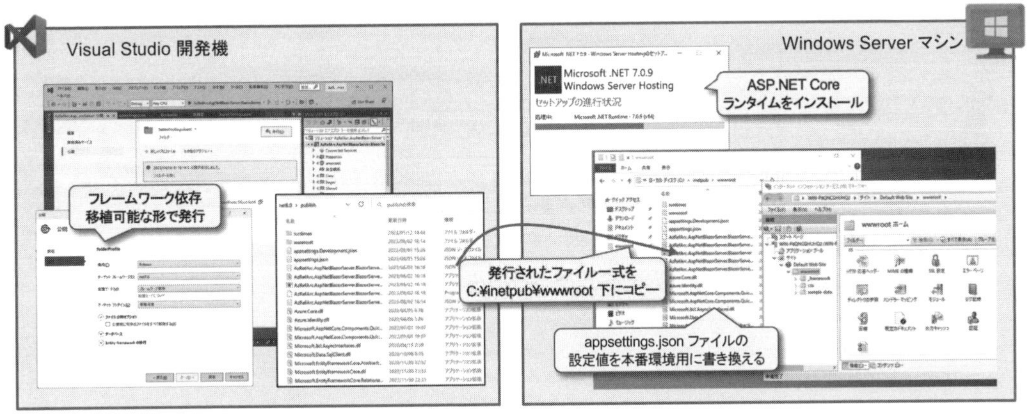

図A2.18　Windows ServerへのBlazor Server型アプリの展開

なお上記の手順では、作業を簡単にするために「appsettings.jsonファイルを本番環境用の値に書き換える」という方法を用いましたが、前述したように、セキュリティ観点から望ましくなかったり、またアプリのバージョンアップ（差し替え）のつどappsettings.jsonファイルを書き換えるのは面倒だったりします。このような場合には、環境変数に本番環境用の値を設定しておいたり、あるいは環境別のappsettings.jsonファイルを利用しておいて差し替えるなどの工夫をしてください。

さて、Windows Server上へのBlazor Server型およびBlazor United型アプリの展開そのものは比較的簡単ですが、実際の本番環境では、これらの作業に加えて様々な付随作業が発生します。たとえばインフラ構築作業として複数台のWebサーバーのセットアップやクラスタリング、ロードバランサーの設置とセッションアフィニティ設定、あるいは運用保守作業として.NETランタイムの定期的なパッチ適用やハードウェア障害時のマシン差し替えなどを行なう必要があります。これらの作業の多くは、クラウドサービスを上手に活用することで軽減できます。

Azure Web Apps (App Service) へのアプリの配置方法

クラウドサービス活用の一例として、Azure Web Apps（App Service）を見てみましょう。Azure Web AppsはクラスタリングされたWebサーバーを簡単に構成できるAzureのサービスの1つです（**図A2.19**）。内部的にはロードバランサーとWebサーバー（Windows、Linuxの両方が利用可能）から構成されており、コンテナ技術により、1台のWebサーバー上に複数のWebアプリを共存させることができるようになっています。

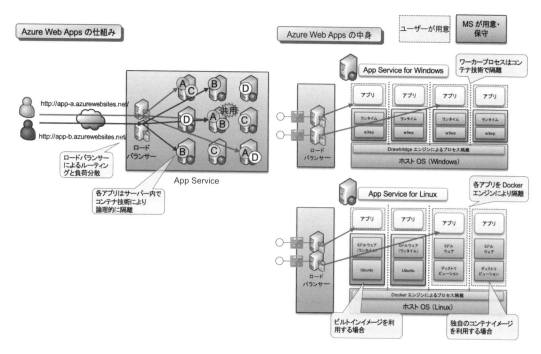

図A2.19　Azure Web Apps（App Service）の内部構造

　Azure Web Appsの優れたポイントは、多くの保守作業を軽減できることです。実行ランタイムへの
パッチ適用を自動で行なったり、スケールアップ／スケールアウトをGUIから簡単に行なったりすること
ができます。また、サーバー障害時には自動的な切り離しや修復を行なうことも可能です。一方で制限・
制約もありますが、これについては後述します。

　紙面の関係上、詳細な手順すべてを解説できませんが、イメージをつかんでいただくために、展開
方法をざっと解説します。

展開の概要

　Azure Web Appsを利用するためには、まずAzureのサブスクリプション契約を取得します（試用版
の利用もできます）。その後、Azureポータルサイトから新規にAzure Web Appsを作成します（図
A2.20）。作成時に様々なパラメータを指定・選択できますが、ここではWindows OS、.NETランタイ
ムの利用を指定します。作成したWeb Appsには専用のFQDN（URL）として、https://<Webアプリ
名>.azurewebsites.net/という名前が与えられるため、このURLにブラウザからアクセスしてみる
と、既定で配置されているダミーアプリの画面が表示されます。

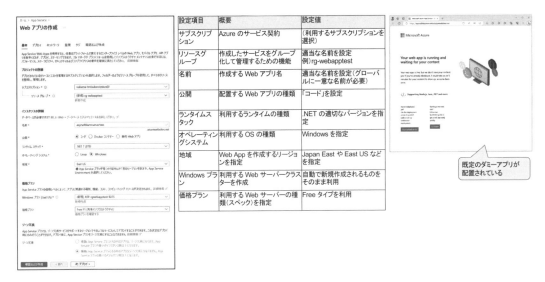

設定項目	概要	設定値
サブスクリプション	Azure のサービス契約	（利用するサブスクリプションを選択）
リソースグループ	作成したサービスをグループ化して管理するための機能	適当な名前を設定 例）rg-webapptest
名前	作成する Web アプリ名	適当な名前を設定（グローバルに一意な名前が必要）
公開	配置する Web アプリの種類	「コード」を設定
ランタイムスタック	利用するランタイムの種類	.NET の適切なバージョンを指定
オペレーティングシステム	利用する OS の種類	Windows を指定
地域	Web App を作成するリージョンを指定	Japan East や East US などを指定
Windows プラン	利用する Web サーバークラスターを作成	自動で新規作成されるものをそのまま利用
価格プラン	利用する Web サーバーの種類（スペック）を指定	Free タイプを利用

図A2.20　Azure Web Appsの新規作成

　作成したAzure Web Appsには、アプリを簡単に配置することができます。先ほどの専用FQDNに「scm」を付けたアドレスである、`https://<Webアプリ名>.scm.azurewebsites.net/` にアクセスすると、Azure Web Appsの管理ツール（Kuduと呼ばれます）にアクセスすることができます。管理画面で［Debug console］→［CMD］を選択し、「site」→「wwwroot」フォルダにアクセスすると、このAzure Web Appsに配置されているダミーアプリが確認できます。これをいったん削除したうえで、あらかじめVisual Studioから（「フレームワーク依存」「移植可能」の設定で）発行しておいたBlazor Server型またはBlazor United型アプリを、ドラッグ＆ドロップでまるごとコピーします（**図A2.21**）。以上の作業で、`https://<Webアプリ名>.azurewebsites.net/` にてアプリを動作させることができるようになります。

図A2.21　Azure Web Apps上へのBlazor Server型アプリの配置

また、Azure Web Appsでは構成設定値のオーバーライドも容易です。Azure PortalのWeb Apps管理画面で［構成］→［Application Settings］を選択し、`appsettings.json`ファイルの各項目に対応するアプリ設定を追加します（**リストA2.6**）。追加した内容は環境変数としてアプリに渡されるため、これにより構成設定値のオーバーライドができます。設定をセーブすると自動的にWebアプリが再起動し、最新の設定値を取り込んだ形でアプリが動作します。

リストA2.6　Azure Web Appsでの構成設定値のオーバーライド

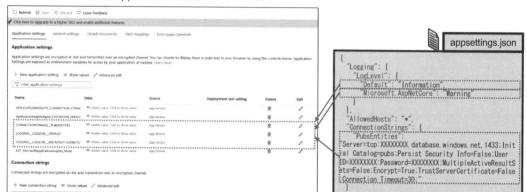

Web Apps上でのBlazor Server型アプリの動作制約

ここまでだと良いことずくめのように見えるAzure Web Appsですが、難点もあります。それは、Azure Web Appsのサーバープロセスがいくつかの理由で自動的にリサイクル（再起動）されることです。たとえばWebサーバーが障害を起こしたり、Azure Web Appsに対してメンテナンスが行なわれたり、あるいは前述の構成設定値の変更が行なわれたりすると、サーバープロセスが再起動されます。すると、プロセス内にあったクライアントのインスタンスはすべてなくなるため、接続中のユーザーから見るとセッションが強制切断され、急にアプリが止まったように見えます（**図A2.22**）。

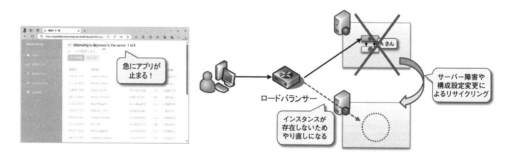

図A2.22　アプリの再起動やリサイクルによるセッション切断

もともとBlazor Server型およびBlazor United型アプリ（のうち対話型サーバーレンダリングモードで作られたページ）は、「サーバー側でアプリを動作させ、SignalR通信によって画面描画だけをブラウザ側で動かす」という発想をとることにより、サーバー側での業務処理、特にデータアクセス処理を非常に簡単に書けるようにした技術です。このため、**業務アプリ開発では高い生産性を発揮できる**半面、このような**サーバープロセスのリサイクリングに対しては無力**であるという課題を持つ技術でもあります。

　この課題を避けるためには、**図A2.23**のようにBlazor WASMとWeb APIを用いてデータベース（DB）アプリを開発する、という方法もあります。この方法をとれば、サーバー側で行なわれるWeb APIの処理は単発・短時間で終わるため、サーバーリサイクルの影響を受けないようになります。しかし、Blazor Serverのように「直接DBクエリを書ける」方式に比べると、まったくと言っていいほど開発生産性が異なります。残念ながら現時点では、これらすべての課題を解決できるソリューションはなく、トレードオフに基づいて採用する開発技術とサーバーインフラを選択するしかありません。

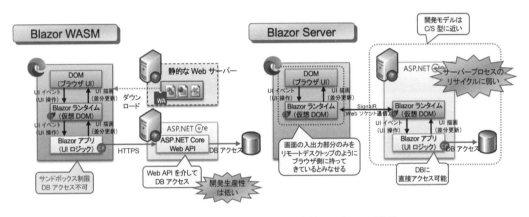

図A2.23　Blazor WASM + Web APIとBlazor Serverの比較

　業務アプリ開発において開発生産性を優先させた場合、Blazor Server型の開発スタイルを用いることになりますが、この場合にはサーバープロセスのリサイクリングが極力発生しないようにする必要があります。

　前述の通り、Azure Web Appsの場合には、サーバー障害やAzure Web Appsそのもののメンテナンス、構成設定変更やアプリのバージョンアップによるアプリのリスタートなどの原因によりサーバープロセスのリサイクリングが発生します。このうち、サーバー障害に関してはどうやっても不可避なためあきらめるしかなく、構成設定変更やアプリのバージョンアップによるアプリのリスタートに関しては、これらのメンテナンス作業を夜間などに行なうことで回避することが可能です。しかし、Web Appsそのもののメンテナンス作業に関しては、利用者側では回避・調整のしようがない部分もあり、限界があります。

　ビジネス観点で、こうした「急なアプリ停止」をどうしても避けなければならない業務である場合には、プロセスリサイクリングを少しでも軽減できるよう、（インフラ構成作業や保守作業が大変になることは覚悟のうえで）IaaS仮想マシン上で動作させるなどの必要が生じます。ビジネス観点での業務要件

に合わせて、最適なインフラを選んでアプリを配置してください。

また、ここではこれ以上の深掘りは避けますが、アプリを以下のように開発して**SignalR回線の利用を最小化する**ことで、プロセスリサイクリングの影響を最小限にとどめることは可能です（詳細は第11章で解説）。特にインターネット向けの大規模B2Cサイトではこのような開発スタイルは有効だと考えられるので、検討してみるとよいでしょう。

- アプリをBlazor United型で開発する
- ページ全体はStatic SSRレンダリングモードを基本とし、必要な部分のみInteractive Serverコンポーネントを組み合わせて開発する
- アプリの処理仕掛かり状態を、ブラウザ側のストレージ（sessionStorageとlocalStorage）に保存する

A2.7 まとめ

改めてこの章の内容を振り返ってみましょう。

ASP.NET Core Blazorアプリは、最終的には本番環境へと配置されることになりますが、この配置方法は、Blazor WASM型、Blazor Server型、Blazor United型とで大きく異なります。Blazor WASM型では静的なファイルを作成してWebサーバー上に配置して利用するのに対して、Blazor Server型ではアプリを内包したKestrel Webサーバーを作成して配置する、という形になります。Blazor United型はこの2つを組み合わせた形、すなわちブラウザに送出するバイナリファイルも取り込んだ形でKestrel Webサーバーが作成され、サーバー側でアプリが動作します。いずれの場合も、Visual Studioの発行機能を利用して、本番環境にコピーするファイル群を作成します。

Blazor Server型およびBlazor United型アプリの発行方法には複数のオプションがあり、フレームワーク依存／自己完結型、移植可能（ポータブル）／特定アーキテクチャ向けを選択することができます。通常は、「フレームワーク依存」「移植可能」のオプションで発行処理を行ない、作成されたバイナリファイル群を、.NETランタイムがインストールされたマシンにコピーすることで配置作業を行ないます。

本番環境は、Webサーバーがクラスタリングされていることが多いため、セッションアフィニティを有効化することを忘れないようにしましょう。また、構成設定値は環境変数によるオーバーライドを用いることが一般的ですが、ユーザー名やパスワードを含んだ接続文字列などはセキュリティ的に特別な取り扱いを必要とする場合があるため注意してください。

最近では、仮想マシンだけでなく、クラウド上の各種コンピューティングサービス（PaaS、CaaS、マネージドサービスなど）にアプリを展開することも一般的になってきています。これにより、仮想マシンの場合に必要だったインフラ構築作業や運用保守作業を大幅に軽減できる場合があります。一方、こう

したサービスでは、サーバーやランタイムの自動メンテナンス機能によりプロセスリサイクリングが意図しないタイミングで発生してしまうこともあり、ユーザーから見ると、SignalR回線の切断によりBlazorアプリが急に停止してしまうことになります。これはアーキテクチャ観点では原理的に回避できないものであるため、ビジネス観点・業務要件の観点で許容できない場合には、インフラ構築作業や運用保守作業が大変になることを覚悟のうえで、仮想マシン上で動作させてセッション切断を少しでも軽減する、あるいはアプリ開発が大変になることを覚悟のうえで、Blazor WASM型でアプリを開発したり、Blazor United型を使ってSignalR回線の利用を最小限にとどめたりするなどの選択をとってください。

A

本番環境を意識したアプリ配置

付録 03

ASP.NET Core Blazor における
認証・認可制御

A3.1 業務アプリにおける認証 ・ 認可制御の基礎

　本書では、ASP.NET Core Blazorアプリにおける画面やデータアクセスの開発手法を中心に解説してきましたが、実際の業務アプリでは、利用するユーザーが誰であるのかによって挙動を様々に変化させる必要があります。代表的なものとしては以下があります（**図A3.1**）。

- 見た目の変化（ログインしているユーザーのIDや名前の表示、おすすめ商品や注目ニュースなどパーソナライズされた情報の表示、アクセスしてはいけないページへのリンク表示の抑制など）
- 内部挙動（処理ロジック）の変化（役職レベルやユーザーランクに応じた承認上限金額や割引率の変更など）
- 不正利用の防止（URL直接指定によるページへのアクセスの抑止など）

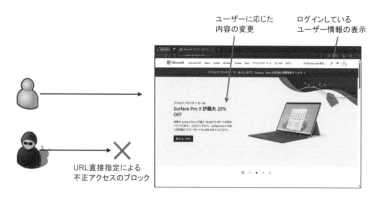

図A3.1　利用するユーザーによるアプリの見た目や挙動の変化

一般的にこのような制御は、**認証**と**認可**により処理されます。**認証**（**Authentication**）とはアプリを利用するユーザーが誰であるかを確認する作業（本人確認作業）、**認可**（**Authorization**）とはその人がある作業や処理を行なってよいか否かを判断する作業です。

認証・認可には基本的な設計・実装パターンがあり、業務アプリを開発する際にはその中から最適な方式を選択する必要があります。この選択に関しては押さえておくべき基本セオリーがいくつか存在するため、まずこれについて解説します。

🏛️ 認証（Authentication）に関する基本セオリー

認証に関して押さえておくべき基本セオリーとしては以下があります。

①外部認証プロバイダー（Identity Provider：IdP）

以前は、ID・パスワードは自システム内のDBで管理することが一般的でした。しかし自システムにID・パスワードを適切に管理する仕組みを作り込むのは非常に大変で、少なくとも以下のような作り込みが必要となります。

- ID・パスワードを安全にDB上で管理する
- 複雑なパスワードや定期的なローテーションを要求する
- ユーザーの適切なサインアップの仕組みを用意する
- パスワードを忘れてしまったユーザーに対してリカバリの方法を提供する
- 辞書型攻撃やブルートフォース攻撃への対策の仕組みを作り込む
- パスワードだけでは強度が不足する場合には多要素認証の仕組みを提供する
- ID・パスワードの漏えいを防ぐための適切な対策を行なう

また、特にエンドユーザーは、ID・パスワードを複数システムで使いまわしていることが多く、自システムからID・パスワードが漏えいした場合、それによる被害は自システム内にとどまらない（結果として補償範囲も莫大なものになってしまう）という問題があります。

こうしたことから、現在では本人確認の仕組み（認証処理）は自前で持つのではなく、外部の**ID認証プロバイダー**（**IdP**）に依存する（それによって自システムが不必要なリスクを抱えないようにする）方式が一般的になっています。IdPとして代表的なものは、Google ID、Facebook ID、X（旧Twitter）IDなどで、マイクロソフトも目的に応じた複数のIdP機能を提供しています。マイクロソフトが提供するIdP機能として代表的なものには以下があります。

- Microsoft Account（MSA）
- Active Directory - Directory Service（ADDS）
- Microsoft Entra ID（ME-ID）　※旧称 Azure Active Directory（AAD）
- Azure Active Directory B2C（AAD B2C）

A

ASP.NET Core Blazorにおける認証・認可制御

MSAは主にコンシューマー用途で使われており、ADDS、ME-ID（AAD）、AAD B2Cは主にビジネス用途で利用されています。ADDSはいわゆるオンプレミスのユーザー管理に利用されているActive Directory、ME-ID（AAD）はクラウド版Active Directoryで、オンプレミスのADDSと連携させて利用されていることが多いです（**図A3.2**）。いずれもほとんどの大企業で利用されている仕組みで、Microsoft 365（M365、いわゆるOffice）製品の認証に利用される他、あとで述べる認証連携の仕組みにより、様々なSaaSサービスや自社アプリの認証などにも利用されています。

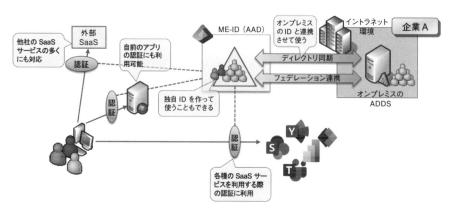

図A3.2　オンプレミスADDSとクラウドME-ID（AAD）

　この**ME-ID（AAD）**には、**B2B**と呼ばれる外部ユーザーの招待機能が備わっており、他のME-ID（AAD。**テナント**と呼ばれます）をホームテナントとするユーザーをゲストユーザーとして招待することができます（**図A3.3**）[1]。この機能は、他社の社員とコラボレーションしたい場合によく利用されます。

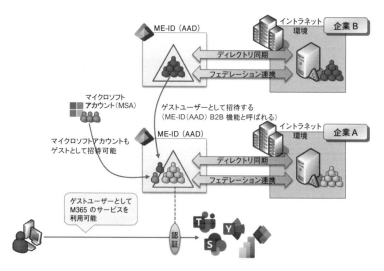

図A3.3　ME-ID B2B（AAD B2B）によるゲストユーザーの招待

※1　Azure AD B2Bとは、Azure ADテナント同士で互いにユーザーを招待する「機能」のこと（Azure AD B2Bという名前のサービスが存在するわけではありません）。

また、あまりなじみがない方が多いかもしれませんが、マイクロソフトが提供しているビジネス向けIdP機能のうち、B2BビジネスやB2Cビジネスで利用されるのが**Azure AD B2C**（**AAD B2C**）です。前述のME-ID（AAD）は、社内の社員ユーザー管理に利用されるものですが、企業向けビジネス（B2Bビジネス）やコンシューマー向けビジネス（B2Cビジネス）を行なう場合には、社外のユーザーのアカウントを管理しなければなりません。この管理を委託できるのがAAD B2C[2]です（**図A3.4**）。

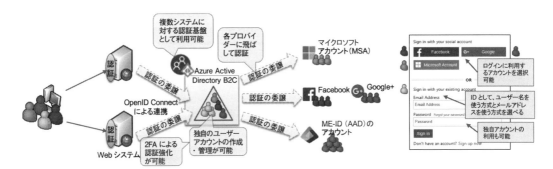

図A3.4　Azure AD B2Cによるユーザーカウントの管理

AAD B2Cは、簡単に言えば「独自のユーザー ID ・ パスワードを管理できるシステム」ですが、後述する認証連携プロトコルを利用した認証連携にも対応しており、実際のユーザー ID ・ パスワードの管理を別のIdPに飛ばすこともできます。このため、エンドユーザーから見ると、FacebookやGoogleのIDを持っていればそれを利用して認証を受けることもできますし、持っていなければその場でメールアドレスなどを使ってID登録することもできる、という形になります（もちろん多要素認証にも対応しています）。

また、2023年のMicrosoft Buildでは、コンシューマー向けの新しいID管理ソリューションとして、Microsoft Entra External Identityも発表されました。Azure AD B2Cではカスタムポリシーの開発が大変という課題があった他、最近では分散型IDと呼ばれる新たな仕組みも登場してきています。これらの外部IDをより一貫して扱えるソリューションとして登場したのが**Microsoft Entra External Identity**です。外部ユーザー ID管理の仕組みとして見た場合、Azure AD B2Cに比べて認証画面などのカスタマイズが大幅に容易化されているのが特徴です[3]。

こうしたID管理の仕組みを自前でゼロから作るのは非常に大変です（特に管理すべきユーザー数がさほど多くない場合には、コスパ観点で割に合いません）。認証 ・ 認可においてはまず**外部で管理されているID認証の仕組みと連携させて自分のシステムで利用する**という考え方をするべき、という点を押さえておいてください。

※2　B2Cと銘打たれていますが、企業向けB2Bビジネスを行なうWebサイトの構築でも利用されます。
※3　本書執筆時点（2024年2月）ではPublic Preview段階。

②認証・認可プロトコル

上述したID認証プロバイダー（IdP）の活用は、特に2015年頃から一気に進むことになりました。様々な理由がありますが、その1つが**認証・認可プロトコルの標準化**と、**それをサポートするツール群の普及**です。

イントラネットの世界では、OA環境を支える認証システムとして、現在でも多くの企業でActive Directoryが利用されており、ファイルサーバーやプリンターサーバーなどへのアクセスにWindows統合認証（NTLM/Kerberos認証）が利用されています。しかしこれらはActive Directoryによるユーザー管理を前提としており、また通信としてもHTTP/HTTPSプロトコル上で動作するものではありません。このため、複数のIdPが存在し、それらを連携させなければならないインターネットの世界との相性は非常に悪いものでした。こうした背景から、インターネット上で動作する（すなわちHTTP/HTTPSプロトコルで動作する）認証連携の規格・プロトコルとして、**SAML**（**Security Assertion Markup Language**）や**OIDC**（**OpenID Connect**）が登場し、普及が進んでいきました。

現在では特にOIDCがよく利用されるようになっており、ASP.NET CoreでもOIDCに関しては比較的手厚い開発支援機能が提供されています。

③ユーザーから見た挙動

では、ここまでの話のまとめとして、ID認証プロバイダーを利用する場合、ユーザーから見た挙動を整理しておきます（**図A3.5**）。まずWebアプリにアクセスしようとすると適宜リダイレクトがかかり、ID認証プロバイダーに飛ばされます。そこで表示されたログイン画面で認証を受けると、ユーザーに対してセキュリティトークンが提供され（クッキーなどで渡されます）、これをチケットとして利用する形でWebアプリへのアクセスが行なわれます。Webアプリ側ではこのセキュリティトークン（チケット）の真贋チェック（本物かどうかの確認）が行なわれ、正しければWebアプリがこれを認証結果として受け入れる、という流れになります。

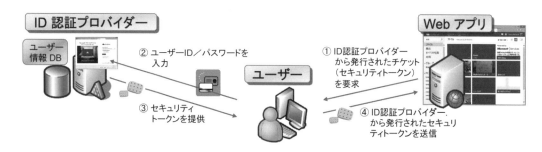

図A3.5　ID認証プロバイダーを利用したWebアプリへのアクセス

ここで、ユーザーが認証された（本人確認が行なわれた）からといって、当該ページにアクセスしてよいのか否か、あるいは処理を行なってよいのか否かは別途判断が必要になります。その作業が**認可**（Authorization）になります。

認可（Authorization）に関する基本セオリー

認可に関して押さえておくべき基本セオリーとしては以下があります。

①RBS（Role-based Security）、CBS（Claim-based Security）

認可とは、ID認証プロバイダーにより正しい本人であることが確認されたユーザーに対して、ある作業を行なわせてよいか否かを判断する作業ですが、この判断に使われる材料は、大別して2つあります[4]。

- ロール（アプリロール）
- クレーム情報

認可制御をロールに基づいて行なう思想でアプリを作る場合、これを**RBS**（Role-based Security）と呼び、クレーム情報に基づいて行なう思想でアプリを作る場合、これを**CBS**（Claim-based Security）と呼びます。これらについて解説します。

まず**ロール**とは、簡単に言えばユーザーが所属するグループのことです。ロールに対して何をしてよいのかをあらかじめ決めておく（実装しておく）ことで、ユーザーに対する権限の割り当てを、**ロールへのユーザーの組み込み**により行なうことができるようになります（**図A3.6**）。

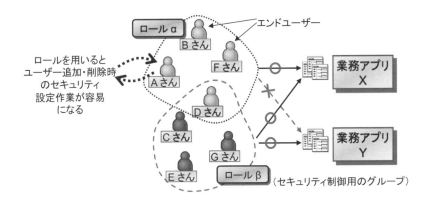

図A3.6　ロール（アプリロール）による認可制御

図A3.6からわかるように、ロールとはいわば**セキュリティ制御用のグループ**である、と説明することができます。一般的な「グループ」と分けて取り扱われているのは、通常、ユーザーのグループ情報は人事情報（所属部門や役職）などに基づいて定義されていることが多いためです。アプリの認可制御では、ロールを「ユーザーに与えるべき権限セット」という位置づけで設計しておき、ここにユーザーやグループを入れることで、ユーザーに権限を付与する、という形で利用します（**図A3.7**）[5]。

※4　アプリロールはクレーム情報の一種ですが、わかりやすさのため、ここでは分けて解説します。
※5　このため、ロールには「権限セット」としての名前付けが行なわれることも多いです。

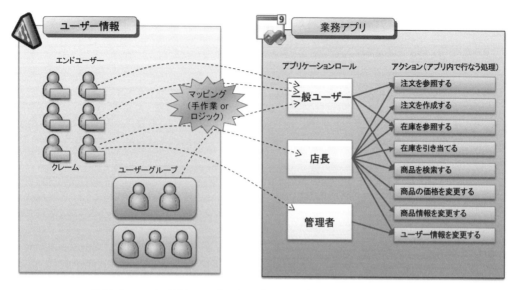

図A3.7　ユーザー情報／ユーザーグループ情報／アプリロール／アクションの関係性

　一方、実際の認可制御では、「特定ロール（グループ）に所属しているか否か?」というシンプルなものではなく、より複雑な判断・制御が必要になる場合もあります。このような場合には、ID認証プロバイダーから渡される認証情報[6]に書かれている内容に基づいて、詳細な判断ロジックを実装します（**図A3.8**）。

図A3.8　クレームを利用した認可制御

　このセキュリティトークンに含まれるユーザーの詳細情報のことを**クレーム**（**Claim**）と呼びます。クレームとは公的な第三者機関（**図A3.8**の場合はIDプロバイダー）によってお墨付きが与えられた情報のことで、日本語で言う苦情（compliant）のことではないので注意しましょう。

　クレーム情報は、いってみれば当該ユーザーの個人情報です。このためID認証プロバイダーがセキュリティトークンにどのようなクレーム情報を含めるのかについては事前の構成が必要であり、またID認証プロバイダー側も、対象となるWebアプリに対してその情報を提供してよいのかどうかをユーザーに確認する必要があります。この作業を**ユーザーコンセント**（ユーザーによる合意・同意）と呼びます。

※6　通常はセキュリティトークンという形で渡されます。

企業利用ではいちいちエンドユーザーに同意を求めるのもわずらわしいため、管理者がまとめて同意を与えておくこともできるようになっています（**図A3.9**）。

図A3.9　ユーザーコンセントの確認画面

②宣言的認可制御とプログラミング的認可制御

　認可制御にロールとクレーム情報のどちらを用いるにせよ、ユーザーがある処理を行なってよいか否かを決定する際には、all or nothingで処理してしまってよい場合と、ロジックで判断して挙動を変えなければならない場合とがあります。

　たとえば、管理者しか入れないWebページがある場合、管理画面へ一般ユーザーがアクセスしないように制御する必要があります。この制御を丁寧に行なおうとする場合、以下のような2種類の制御が必要になります（**図A3.10**）。

Ⓐ不正なユーザーがURLを直接指定して入ってくることを拒否する必要がある
Ⓑ通常のユーザーが誤って当該ページに入ってこないようにするために、メインメニュー上でのリンクの表示を消しておく（導線をなくす）。当該ページに遷移したあとも、職階などに応じてできることを細やかに調整・制御する

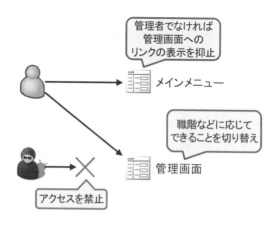

図A3.10　2種類の認可制御

　Ⓐのタイプの認可制御は、「all or nothing型で拒絶する」ような実装が適しており、通常は構成設定ファイルを用いた一括設定や、属性を用いた宣言的な指定が用いられます。一方、Ⓑのタイプの認可制御は、条件に応じて細やかに描画や挙動を変えるようなプログラミングが必要になります。

　いずれもセキュリティ制御のために行なうものですが、Ⓐはどちらかというと不正利用に対する対策、Ⓑは正当なユーザーが不都合を生じないようにするためのものです。このため、認可できなかった場合の挙動も異なり、Ⓐはエラー（例外）扱い、Ⓑ（業務の一部として描画内容を変えるなどの）処理を作り込むことになります。どちらも認可制御ではありますが、目的によって実装方法が変わってくること、またアプリでは両方の実装が必要になることを押さえておくようにしてください。

　以上で認証・認可の基本についての解説は終了です。引き続き、アーキテクチャスタイルによる認証・認可の方式の違いについて解説します。

アーキテクチャスタイルによる認証・認可方式の違い

A3.2

　昔のWebアプリはサーバー上で動作し、ブラウザはそれを描画するだけというシンプルな仕組みで動作していました。しかし現在ではブラウザの機能が大幅に強化され、むしろほとんどの処理がブラウザ内部で動作し、サーバー側はAPI機能を提供する、という形式、いわゆるSPA（Single Page Application）型でアプリが作られる場合もあります。ASP.NET Core Blazorも、Blazor Server型（サーバー型）、Blazor WASM型（SPA型）、さらにはそれらをハイブリッド化したBlazor United型（混合型）という複数のアーキテクチャスタイルをサポートしており、様々な方法でWebアプリを作ることができます。

　多彩な開発スタイルが利用できるようになった、という点はよいことですが、実はこのアーキテクチャ

スタイルは、認証・認可の方式に対して非常に大きな影響を与えます。いきなりBlazorの場合について解説する前に、まず一般論を解説することにします。

🏛 Webアプリアーキテクチャによる認証・認可方式の違い

先に述べた通り、Webアプリはもともと**サーバー側で動作するスタイル**（サーバーサイド型Webアプリ）から始まり、その後、**ブラウザ主体で動作するスタイル**（SPA型Webアプリ）が登場してきました。この2つは、認証・認可の処理方式が大きく異なります。

①サーバーサイド型Webアプリの場合

Blazor Server型アプリのように、画面がサーバー側で作成されるタイプのアプリ（＝ブラウザはサーバー側で作成された画面を描画するだけ）の場合、認証・認可はサーバー側だけで考えればよく、シンプルです。すなわち、不正な直接アクセスの防止、描画内容の調整、処理ロジックの調整などはすべてサーバー側で行ないます。このため、認証・認可の実装は比較的シンプルになります（**図A3.11**）。

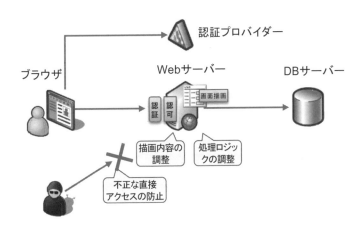

図A3.11　サーバーサイド型Webアプリにおける認証・認可

②SPA型Webアプリの場合

Blazor WASM型アプリのように、ブラウザ内で画面が動作するタイプのアプリ（SPA型のアプリ）の場合には少しやっかいです。一般に、SPA型アプリは単体で挙動が完結せず、**図A3.12**に示すように、Web APIと連携を行なうことにより業務を遂行します。この場合、認証・認可はブラウザ内部の話と、Web APIをホストするWebサーバーの話に分けて考える必要が生じます。

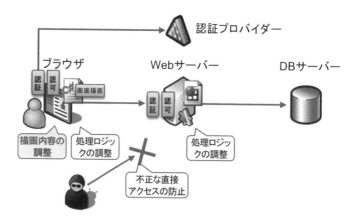

図A3.12　SPA型Webアプリにおける認証・認可

　まず、ユーザーはID認証プロバイダーからセキュリティトークンを取り寄せる必要があり、その情報に基づいて、メニュー画面の調整や処理ロジックの調整をブラウザ内のアプリで行なう必要があります。そしてブラウザ内のアプリはWebサーバー上のWeb APIを呼び出しますが、この際、Web API側は、その要求内容に対して別途認証・認可を行なわなければなりません（不正なユーザーが直接要求を投げてくる可能性もあるため）。

　ID認証プロバイダーが認可プロバイダーを兼ねている場合には、ブラウザはWeb APIにアクセスするために必要なセキュリティトークン（アクセストークン）を認証プロバイダーから追加で取得し、これを利用してWeb APIへのアクセスを行ないます。Web API側ではこのアクセストークンが本物かを確認し、その内容に基づいて認可制御（不正な直接アクセスの防止や処理ロジックの調整）を行ないます。

　このように、**SPA型Webアプリでの認証・認可は、ブラウザ内での認証・認可と、そこから呼び出されるWeb API側での認証・認可の2つについて考える必要があります**。本書では紙面の関係上、ブラウザ内での認証・認可の話のみ取り扱いますが、実際の業務アプリではそこから呼び出されるWeb API側での認証・認可についても考える必要がある、という点に注意してください。

🏢 ASP.NET Core Blazorにおける認証・認可方式

　.NET 8では、ASP.NET Core Blazorは単一技術で複数のアーキテクチャスタイルに対応できる技術へと進化しました。このため、認証・認可に関してはアーキテクチャスタイルに応じて複数の方式を使い分ける必要が生じます。本書ではASP.NET Core Blazorにおけるアーキテクチャスタイルを便宜的にBlazor Server型、Blazor WASM型、Blazor United型に分類していますが、この分類を利用して3つのパターンに分けて認証・認可を解説します（**表A3.1**）。

表A3.1　ASP.NET Core Blazorにおける3つのアーキテクチャスタイル

アーキテクチャ スタイル	① Blazor Server 型	② Blazor WASM 型	③ Blazor United 型
プロジェクトテ ンプレート	Blazor Web App	Blazor WebAssembly アプリ	Blazor Web App
プロジェクトオ プション	Interactive render mode = Server Interactivity Location = Global	-	Interactive render mode = Auto (Server and WebAssembly) Interactivity Location = per page/ component
Webアプリとし ての動き	サーバーサイド型Webアプリ	SPA型Webアプリ	混合型
認証・認可方法 （詳細は後述）	ASP.NET Core Webアプリと 同様の方法を利用	MSALを組み込んで利用	サーバー側で行なった認証結果を WASM側に共有して利用

① Blazor Server 型アプリの場合

　この場合、認証処理には通常の ASP.NET Core Web アプリと同じ仕組みが利用されます。具体的には、**図A3.13** に示すようにASP.NET CoreランタイムのHTTPパイプラインのミドルウェアとして差し込まれた認証モジュールが、認証処理を行ないます。

　Blazor Server ページ（またはコンポーネント）が呼び出された場合にはSignalR回線がセットアップされますが、SignalR回線には上記の認証情報が引き継がれるようになっています。SignalR回線上で認証処理が行なわれるわけではないことに注意してください。

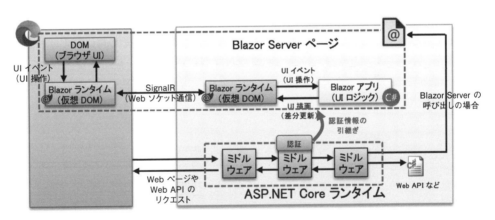

図A3.13　Blazor Server型アプリの場合の認証の仕組み

② Blazor WASM型アプリの場合

　この場合は、一般的なSPA型Webアプリと同様の作り方をします。具体的には、認証プロバイダーから認証トークンやアクセストークンを取得し、これを用いて画面制御や Web APIアクセスを行ないます（**図A3.14**）。スクラッチで一連の処理を記述するのは大変なため、通常は何らかの認証ライブラリを利用します[7]。

※7　ME-ID（AAD）認証を利用する場合には、MSAL（Microsoft Authentication Library）を利用するのが一般的です。

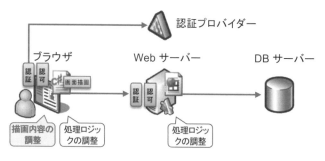

図A3.14　Blazor WASM型アプリの場合の認証の仕組み

　なお、WASMアプリはブラウザサンドボックス内で動作しているため、Windows統合認証（NTLM/Kerberos認証）は利用できないことに注意してください。

③Blazor United型アプリの場合

　やっかいなのは、このパターンです。Blazor United型アプリでは、1つのアプリの中に、サーバー側で動作するページやコンポーネント（Blazor Serverアプリ）と、ブラウザ側で動作するページやコンポーネント（Blazor WASMアプリ）が混在しています。このため、前者のServerアプリと後者のWASMアプリが協調動作を図る必要があり、また認証動作としてはエンドユーザーから見てシームレスに動く必要があります（たとえばサーバー側／ブラウザ側で2回認証を求められるようなことがあっては困ります）。

　このため、基本的にはサーバー側の認証を基本とし、その認証情報をブラウザ側に渡して拾ってもらう形で動作するアーキテクチャが利用されます（**図A3.15**）。技術的に言えば、まずBlazor Server型と同じ方法によりサーバー側で認証処理を行ない、その結果の認証情報をブラウザの`LocalSessionStorage`に書き込んでおきます。WASMアプリ側では、これを取り出して、認証情報を復元して利用します。

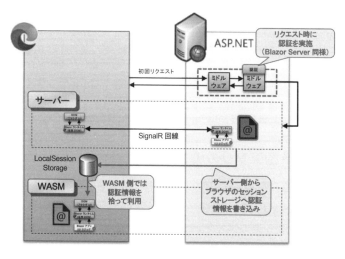

図A3.15　Blazor United型アプリの場合の認証の仕組み

A3.3 具体的な認証・認可の実装例

では、具体的な例をもとに、代表的な認証・認可の実装方法を示します（**表A3.2**）。すべてのパターンは網羅できませんが、これらの方法をひな形として利用することを考えてみてください。

表A3.2　ASP.NET Core Blazorにおける代表的な認証・認可のパターン

	アーキテクチャスタイル	認証方式	向いているケース
例1	Blazor Server型	Windows統合認証	社内イントラアプリ
例2	Blazor Server型	ME-ID（AAD）認証	社内イントラアプリ
例3	Blazor WASM型	ME-ID（AAD）認証	社内PWAアプリ
例4	Blazor United型	ASP.NET Core Identity 認証	B2B／B2Cアプリ

例1 Blazor Server型アプリ＋Windows統合認証

社内のイントラネットアプリをBlazor Server型アプリとして開発する場合、Windows統合認証（NTLM/Kerberos認証）は非常に強力な選択肢となるでしょう。ユーザーから見ると、特に何も操作することなく、そのままWebアプリにログインして利用することができます。.NET 8の「Blazor Web App」テンプレートからは削除されていますが、Blazor Server型アプリとして「Blazor Web App」テンプレートを利用する場合には、.NET 7までで利用されていた方式がそのまま利用できます。

具体的なやり方

まず、以下のオプションで「Blazor Web App」プロジェクトを作成し、

- Interactive render mode = Server
- Interactivity Location = Global
- 認証の種類＝なし

NuGetパッケージとして、以下の2つを追加します（**図A3.16**）。

- `Microsoft.AspNetCore.Authentication.Negotiate`
- `Microsoft.AspNetCore.Authorization`

図A3.16　Blazor Server型アプリの新規作成

　次に、Program.csファイルを修正し、Windows統合認証を利用するためのサービスとモジュールを
追加します（**リストA3.1**）。

リストA3.1　Program.csファイルの修正

```
                                                                              Program.cs
...（前略）...

// 認証サービスの追加（Windows 統合認証）
builder.Services.AddAuthentication(Microsoft.AspNetCore.Authentication.Negotiate.NegotiateDefaults.AuthenticationScheme)
    .AddNegotiate();
builder.Services.AddAuthorization(options =>
{
    options.FallbackPolicy = options.DefaultPolicy;
});

var app = builder.Build();
...（中略）...
app.UseAntiforgery();

// 認証サービスの追加（Windows 統合認証）
app.UseAuthentication();
app.UseAuthorization();

...（後略）…
```

　続いて、Routes.razorファイルに対して以下の2つの修正を加えます（**リストA3.2**）。

- Routerコンポーネントを**CascadingAuthenticationState**コンポーネントでラップする。これに
  より、認証結果の情報が下位のページやコンポーネントにカスケードされるようになる
- RouteViewコンポーネントを**AuthorizeRouteView**に置換する。これにより、各ページの認可情報
  が確認されたうえで表示されるようになる

Routes.razor

```
<Router AppAssembly="@typeof(Program).Assembly">
    <Found Context="routeData">
        <RouteView RouteData="@routeData" DefaultLayout="@typeof(Layout.MainLayout)" />
        <FocusOnNavigate RouteData="@routeData" Selector="h1" />
    </Found>
</Router>

                                    ↓

@using Microsoft.AspNetCore.Components.Authorization

<CascadingAuthenticationState>
    <Router AppAssembly="@typeof(Program).Assembly">
        <Found Context="routeData">
            <AuthorizeRouteView RouteData="@routeData" DefaultLayout="@typeof(Layout.MainLayout)" />
            <FocusOnNavigate RouteData="@routeData" Selector="h1" />
        </Found>
    </Router>
</CascadingAuthenticationState>
```

　ここまでの準備が整ったら、各ページに認可制御を実装します（**リストA3.3**）。まず、ページへの不正アクセスを防止するために[Authorize()]属性を追加し、権限を持たないユーザーのアクセスを禁止します。続いて、Web画面の見た目の調整のため、<AuthorizeView>を利用して権限を持たないページへのリンクを非表示化し、@context.User.Identity?.Nameを利用して、ログインユーザーカウント名を表示するようにします。

リストA3.3　各ページへの認可制御の追加

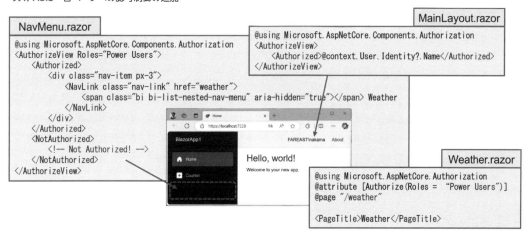

NavMenu.razor

```
@using Microsoft.AspNetCore.Components.Authorization
<AuthorizeView Roles="Power Users">
    <Authorized>
        <div class="nav-item px-3">
            <NavLink class="nav-link" href="weather">
                <span class="bi bi-list-nested-nav-menu" aria-hidden="true"></span> Weather
            </NavLink>
        </div>
    </Authorized>
    <NotAuthorized>
        <!-- Not Authorized! -->
    </NotAuthorized>
</AuthorizeView>
```

MainLayout.razor

```
@using Microsoft.AspNetCore.Components.Authorization
<AuthorizeView>
    <Authorized>@context.User.Identity?.Name</Authorized>
</AuthorizeView>
```

Weather.razor

```
@using Microsoft.AspNetCore.Authorization
@attribute [Authorize(Roles = "Power Users")]
@page "/weather"

<PageTitle>Weather</PageTitle>
```

　また、各ページ内にユーザー情報に基づいた処理を書きたい場合にはTask<AuthenticationState>オブジェクトから**ClaimsPrincipal**オブジェクトを取得して利用します（**リストA3.4**）。なお、ClaimsPrincipalオブジェクトは一般的なユーザー情報オブジェクトとして利用されるものですが、Windows統合認証を利用している場合にはその派生クラスであるWindowsPrincipalオブジェクトが利用されています。このため、Windows統合認証を利用する際は、認証オブジェクトをこのクラスに

A

ASP.NET Core Blazorにおける認証・認可制御

キャストしたうえで利用するとよいでしょう。

リストA3.4　ユーザー情報の確認

.razor ページ

```
<p>@Message</p>

@using System.Security.Claims
@using System.Security.Principal
@using Microsoft.AspNetCore.Authentication
@using Microsoft.AspNetCore.Components.Authorization
@code
{
    [CascadingParameter]
    Task<AuthenticationState> AuthenticationStateTask { get; set; } = null!;

    private string Message { get; set; } = "";

    protected override async Task OnInitializedAsync()
    {
        ClaimsPrincipal user = (await AuthenticationStateTask).User;
        if (user.Identity != null && user.Identity.IsAuthenticated)
        {
            Message += $"こんにちは、{user.Identity.Name} さん。";
            WindowsPrincipal? winUser = user as WindowsPrincipal;
            if (winUser != null) Message += (winUser.IsInRole(WindowsBuiltInRole.PowerUser) ? "（パワーユーザー）" : "（一般ユーザー）");
        }
        else
        {
            Message += "こんにちは ゲスト さん。";
        }
    }
}
```

🏢 例2 Blazor Server型アプリ＋ME-ID（AAD）認証

　社内のイントラネットで利用するBlazor Server型Webアプリの場合には、例1で示した方式、すなわちブラウザを開けばそのまま認証された状態でアプリが使えるWindows統合認証を利用するのが便利です。しかしながらWindows統合認証はHTTP/HTTPS以外のプロトコルを利用するため、インターネットやWeb関連のファイアウォールとの相性が悪いという問題があります。

　最近ではMicrosoft 365の導入に伴い、オンプレミスActive Directory（ADDS）上の社員のアカウントを、クラウドのID認証プロバイダーであるMicrosoft Entra ID（ME-ID ： 旧AAD）に同期させているケースが多くなっています。このような場合には、社内イントラネットのアプリであってもME-ID認証を利用してしまうことができます。認証方式をME-ID認証にしておくと、（リバースプロキシなどを整備していくことにより）当該社内アプリをインターネット経由でアクセスできるように構成することも可能になり、Microsoft 365などの利用とあわせて、社内イントラネットやVPN接続に縛られないロケーションフリーな仕事環境を実現しやすくなります。

具体的なやり方

　まず、以下のオプションで「Blazor Web App」プロジェクトを作成し、

- Interactive render mode = Server
- Interactivity Location = Global
- 認証の種類＝なし

NuGetパッケージとして、以下の4つを追加します（**図A3.17**）。

- `Microsoft.AspNetCore.Authentication.JwtBearer`
- `Microsoft.AspNetCore.Authentication.OpenIdConnect`
- `Microsoft.Identity.Web` ※ ME-IDトークンを扱うのに便利
- `Microsoft.Identity.Web.UI` ※ ログイン／ログアウト処理のAPIを作るのに便利

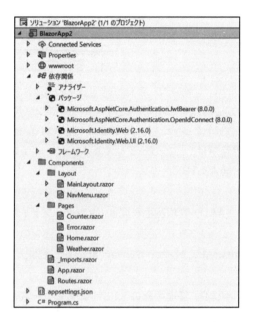

図A3.17　ME-ID認証を利用するBlazor Server型アプリの作成

　次に、当該Blazor Server型アプリをME-IDに登録します。自由に利用できるME-IDテナント（AADテナント）がない場合には、以下の方法によりテスト用のME-IDテナントを作成してください（**図A3.18**）。なお作成時には、最初に入力したメールアドレスが連絡先になり、また入力した会社情報とユーザー情報が、作成するME-IDテナントとその管理者の情報となります。これらに注意してME-IDテナントを作成してください。

- 「In Private」ウィンドウから`https://account.azure.com/organization`にアクセス
- ウィザードに沿ってME-ID（AAD）テナントを作成
- テナント作成後、Azure無料アカウントの作成（サブスクリプションの作成）に進むが、この作業はキャンセルして`https://portal.azure.com`にアクセス

　以降では、`blazorsample1234.onmicrosoft.com`というテナントに、`admin@blazorsample1234.onmicrosoft.com`という管理者を作成したものとして解説を進めます。

図A3.18　テスト用ME-IDテナントの作成

続いて、AzureポータルサイトからME-IDの管理画面を呼び出し、認証を行ないたいアプリの情報を登録します。アプリの登録作業は、「エンタープライズアプリケーション」と「アプリの登録」の2つの画面を使って行ないます（**図A3.19**）。

- **Microsoft Entra ID（AAD）管理画面を開き、エンタープライズアプリを作成する**
  - ［新しいアプリケーションの作成］→［独自のアプリケーションの作成］
  - 適当な名前（例：Intranet Blazor Server Apps）を入力し、ギャラリー以外のアプリとして作成
- **Microsoft Entra ID（AAD）管理画面の「アプリの登録」一覧から該当アプリを選択する**
  - ［認証］→［IDトークンを有効化］、ログインURLを調整
  - アプリケーション（クライアント）ID、ディレクトリ（テナント）IDをメモしておく

> Visual Studio で作成した Blazor Server アプリの実行アドレスを確認し、後ろに signin-oidc をつけた形で指定する
> 例）https://localhost:7093/signin-oidc

> IDトークン（暗黙的および ハイブリッドフローに使用）を有効化

図A3.19　ME-ID管理画面からのアプリの登録

続いて Program.cs ファイルを修正し、ME-ID 認証を利用するためのサービスとモジュールを追加します（**リスト A3.5**）。ME-ID との連携に必要な情報は、appsettings.json ファイルに記述しますが、ドメイン名、テナント（ディレクトリ）ID、クライアント（アプリケーション）ID は各自の環境に合わせて修正してください（**リスト A3.6**）。

リスト A3.5 Program.cs ファイルの修正

Program.cs

```
    (前略)
builder.Services.AddAuthentication(OpenIdConnectDefaults.AuthenticationScheme)
    .AddMicrosoftIdentityWebApp(builder.Configuration.GetSection("AzureAd"));
builder.Services.AddAuthorization(options =>
{
    options.FallbackPolicy = options.DefaultPolicy;
});
builder.Services.AddMicrosoftIdentityConsentHandler();
builder.Services.AddControllersWithViews().AddMicrosoftIdentityUI(); // ログイン・ログアウト制御に必要
var app = builder.Build();
    (中略)
app.UseAuthentication();
app.UseAuthorization();
app.MapControllers(); // ログイン・ログアウト制御に必要
app.MapRazorComponents<App>().AddInteractiveServerRenderMode();
app.Run();
```

リスト A3.6 appsettings.json ファイルの記述

appsettings.json

```
{
  "AzureAd": {
    "Instance": "https://login.microsoftonline.com/",
    "Domain": "blazorsample1234.onmicrosoft.com",
    "TenantId": "2d5340ac-f9ba-404a-9291-4968b7403068",
    "ClientId": "5694e9ce-15a1-493c-b8d5-93a2d8b8bfd6",
    "CallbackPath": "/signin-oidc"
  },
  "Logging": {
    "LogLevel": {
      "Default": "Information",
      "Microsoft.AspNetCore": "Warning"
    }
  },
  "AllowedHosts": "*"
}
```

ここまでの実装で、アプリに対して認証の制御がかかるようになります。アプリを実行してアクセスを試みると、ME-ID の認証画面に飛ばされて認証を要求されることがわかります（**図 A3.20**）。

なお、ME-ID 認証は内部的には OpenID Connect（OIDC）による認証連携が行なわれますが、初回利用時にはエンドユーザーに対して同意（ユーザーコンセント）が求められます。管理者アカウントでアクセスした場合には、「組織の代理として同意する」オプションが提供され、これを有効にすると、全エンドユーザー一括で同意したこととなり、以降、各エンドユーザーに対して同意要求を行なわずに

済むようになります[8]。

図A3.20　ユーザー同意に関する設定画面

認可制御のアプリロール

さて、ME-ID認証（AAD認証）において認可制御にアプリロールを利用したい場合には、ME-IDの拡張機能であるME-ID Premium P2を利用する必要があります。テスト用ME-IDテナントを利用している方は、ME-ID Premium P2の試用版を有効化したうえで、以下2つの作業を行なってください（**図A3.21**）。

- **「アプリの登録」画面の［アプリロール］からアプリロールを作成する**
  - ここでは例として「PowerUsers」という名前のロールを作成しておきます。このロールには、ユーザーやグループを入れることができます。
- **「エンタープライズアプリケーション」画面の［ユーザーとグループ］を使って、ユーザーカウントを当該アプリロールに入れる**
  - 先ほど作成した「PowerUsers」というアプリロールに、テスト用のユーザーカウントを入れておきます。

※8　ME-IDの管理画面で設定することも可能です。

図A3.21 アプリロールの作成とユーザーの登録

　以上の作業が済んだら、アプリのコードを書き換えます。書き換える内容は先のWindows統合認証の場合と同じであるため、コードは前出の例を参考にしてください。作業項目としては以下になります。

- **Routes.razorファイルの修正**
  - Routerコンポーネントを CascadingAuthenticationState コンポーネントでラップします。
  - RouteViewコンポーネントを AuthorizeRouteView に置換します。
- **ページへの不正アクセスの防止**
  - [Authorize()]属性をページに指定し、権限を持たないユーザーのアクセスを禁止します。
- **Web画面の見た目の調整**
  - <AuthorizeView>を利用して、権限を持たないページへのリンクを非表示化します。
  - @context.User.Identity.Nameを利用して、ログインユーザーカウント名を表示します。
- **処理ロジックの調整**
  - ユーザー情報の詳細に基づいた処理を書きたい場合は、Task<AuthenticationState>オブジェクトからClaimsPrincipalオブジェクトを取得します。

　先のWindows統合認証の場合との相違点としては、利用するロール名がME-ID上で定義したアプリロール名になること、またユーザー情報はWindowsPrincipalオブジェクトではなくClaimsPrincipalオブジェクトになることです。

　なおここまでの例では、認可制御にロールと呼ばれるグループ情報を利用しています。Windows統合認証ではWindowsグループの情報が、ME-ID認証ではアプリのアプリロールの情報が利用されます。もしグループ情報ではなく、クレーム情報（ユーザーの属性情報）を利用して認可制御を書きたい場合には、ポリシーベースの認可を利用します。既定で含まれるクレーム情報については、**リストA3.7**のようなコードによって確認することができます。

A

リストA3.7　クレーム情報の確認方法

.razor

```
@code
{
    [CascadingParameter]
    Task<AuthenticationState> AuthenticationStateTask { get; set; } = null!;
    protected override async Task OnInitializedAsync()
    {
        User = (await AuthenticationStateTask).User;
    }
    private ClaimsPrincipal? User { get; set; } = null;
}

@if (User != null)
{
    <table class="table">
        <thead>
        <th>Claim Issuer</th>
        <th>Claim Subject</th>
        <th>Claim Value</th>
        <th>Claim Properties</th>
        </thead>
        <tbody>
            @foreach (Claim body in User.Claims)
            {
                <tr>
                    <td>@claim.Issuer</td>
                    <td>@claim.Subject</td>
                    <td>@claim.Value</td>
                    <td>
                        @foreach (KeyValuePair<string, string> property in claim.Properties)
                        {
                            <div>@property.Key: @property.Value</div>
                        }
                    </td>
                </tr>
            }
        </tbody>
    </table>
}
```

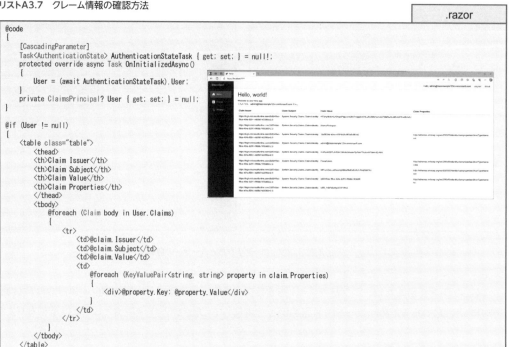

　クレームとして含まれる情報は、利用する認証方式やID認証プロバイダー側の設定により変化します。たとえばME-ID認証において認可に必要な情報が不足している場合には、ME-ID側の設定を変更することにより調整することができます。また、これらのクレーム情報を用いたポリシーベースの認可については何通りかの実装方法があるため、以下の情報などを参照しながら実装してください。

- **ASP.NET Core でのポリシー ベースの認可**
  https://learn.microsoft.com/ja-jp/aspnet/core/security/authorization/policies
- **Blazor WASM でログイン後に Azure AD のセキュリティグループで認可をする**
  https://zenn.dev/microsoft/articles/auth-securitygroup-blazorwasm

　ここまでBlazor Server型アプリを対象とした認証の例について示しました。続いて、Blazor WASM型アプリでの認証の例を見ていきます。

🏢 例3 Blazor WASM型アプリ＋ME-ID（AAD）認証

　自社の社員向けのアプリをオフライン対応型Webアプリとして作りたい場合は、Blazor WASM型のPWAアプリとして開発することになります。Blazor WASM型のアプリではWindows統合認証が利用できないため、ME-ID（AAD）認証をBlazor WASM型アプリに組み込むことになりますが、組み込み方はBlazor Server型アプリとは大きく異なります。

幸いなことに、Blazor WASM型アプリを作成する場合に利用する「Blazor WebAssemblyアプリ」プ
ロジェクトテンプレートは、ME-ID（AAD）による認証機能をウィザードにより容易に組み込めるように
なっています。

具体的なやり方

　Blazor WebAssemblyアプリの作成時に、認証の種類として「Microsoft IDプラットフォーム」を指
定します（**図A3.22**）。これによりウィザードが起動し、ME-ID（AAD）テナントに対するアプリの登録
や設定、またアプリへのライブラリの組み込みなどを、Visual Studioからまとめて行なうことができます。

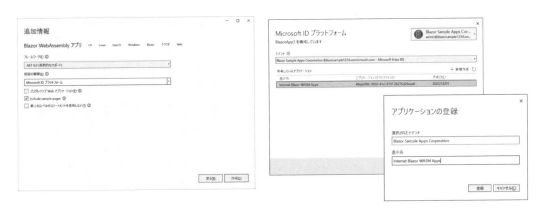

図A3.22　Blazor WASM型アプリへのME-ID認証の組み込み

　作成されたアプリを実行してみると、まず未ログイン状態のアプリが起動します。この状態でログイン
（Log in）を押下すると（**図A3.23**）、ポップアップで認証ウィンドウが開き、ここでME-ID認証を行な
うことになります。ME-ID認証が済むとセキュリティトークンが得られ、これによりユーザーを認識した状
態でWASMアプリが動作することになります。

図A3.23　ME-ID認証が組み込まれたBlazor WASM型アプリの挙動

一連のウィザードにより裏側で行なわれている作業で重要なものは、主に以下の3つです。本番アプリを開発する場合には、上記の手順で一度サンプルを作成し、それをもとにして本番アプリのコードを開発していくとよいでしょう。

- ME-IDに対するアプリ登録
- Blazor WASMアプリに対する認証ライブラリ（MSAL ライブラリ）の追加
- ログイン／ログアウト処理の追加

　なお、Blazor WASM型アプリにおいて、「ログイン済み」の状態はあくまで**ユーザーを認識した状態でしかない**という点に注意してください。認証されたユーザーとアプリロールの情報に基づいてメニューの表示抑止などを行ないますが、これはユーザビリティ改善を目的としたものであり、セキュリティ対策としてのものではありません。というのも、WASMアプリはあくまでブラウザ側（クライアント側）で動作するため、悪意のあるユーザーであれば様々なクラッキングを自由に行なうことができてしまうからです。セキュリティを要求される業務処理（たとえば各種の金額計算処理や業務承認処理など）は、ブラウザ側のWASMアプリ内で行なうのではなく、Web API呼び出しを介してサーバー側で行なわなければなりません（**図A3.24**）。

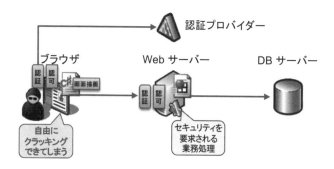

図A3.24　セキュリティを要求される業務処理の実施場所

　構成方法についてはWeb API側の仕様により様々なパターンがあるため、本書ではこれ以上の深掘りはしませんが、BlazorWASMアプリの中ではセキュリティを要求される業務処理は行なわない（Blazor Serverで作るかWeb API側で処理させる）ということを覚えておいてください。

例4 Blazor United型アプリ＋ASP.NET Core Identity認証

　では最後に、.NET 8からサポートされたBlazor United型アプリの場合の認証・認可方式について解説します。
　第1章や第11章で解説したように、Blazor United型はアプリとして業務上の必然性がある場合に限って利用するべきものであり、代表的なユースケースとしては、大規模かつ高速なインターネットB2Cサイトの開発が挙げられます。

本章の前半で解説したように、認証用のユーザーID・パスワードを管理するデータベースを自前で保有することには原理的なリスクがあります。このため、インターネットB2Cサイトを開発する場合、認証方式として第一選択とすべきなのはAzure AD B2CまたはMicrosoft Entra External Identityです。しかしその一方で、（特にインターネットB2Cサイトの場合には）どうしても自前でデータベース（DB）を保持したいという場合や、過去からの経緯ですでにDBが存在しておりこれを使いまわしたいという場合もあるでしょう。このような場合には、**ASP.NET Core Identityフレームワーク**を利用することができます。

具体的なやり方

ASP.NET Core Identityフレームワークを組み込んだBlazor United型アプリを作成する場合には、新規にBlazor Web Appを作成する際、以下のオプションを指定します（**図A3.25**）。

- Interactive render mode = Auto（Server and WebAssembly）
- Interactivity location = Per page/component
- 認証の種類 = 個別のアカウント

これにより、ASP.NET Core Identityフレームワークとそれを利用するために必要なUIが組み込まれたアプリテンプレートが作成されます。このテンプレートには、ユーザー認証（ユーザー登録なども含みます）を行なうために必要な画面だけでなく、サーバー側で行なった認証結果を、上手にWASM側に連携させる仕組みも組み込まれています。

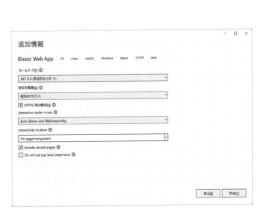
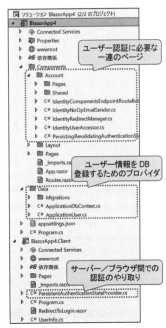

図A3.25 Blazor United型アプリにおけるASP.NET Core Identityの利用

アプリを実行してみると、Register（登録）画面からユーザー登録ができるようになっていますが、実際に登録しようとすると、SqlException例外が発生してアプリが停止します。これは、既定ではユーザー情報の保存に SQL Server Express LocalDB を利用するように構成されており、対象DBが存在しないためです（**図A3.26**）。例外画面の中に表示される［Apply Migrations］ボタンを押下すると、DBとテーブルが作成され、これにより動作確認をすることができるようになります。

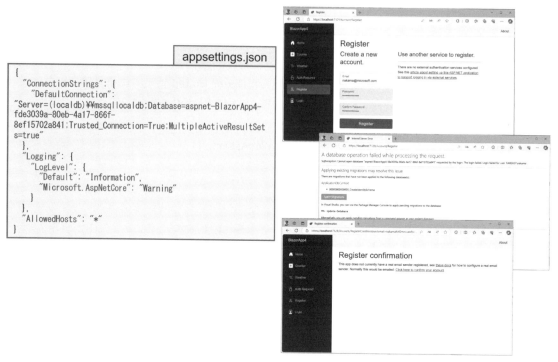

図A3.26　サンプルアプリを実行した場合

プロジェクトテンプレートには、自前で認証機能を作り込む際に必要な一連のサンプルページが含まれています。確認してみるとわかるように、そのページ数は非常に多く、新規ユーザー登録、パスワードを忘れた場合のページ、登録完了したページなど多岐（20ページ以上）に渡ります。また、DBへのパスワード保存でもハッシュ保存を行なうなど、セキュリティ上の考慮が必要です。こうしたことからも、**安易に「自前でユーザー IDとパスワードを管理する」という選択肢は取らないほうがよい**ことがわかりますが、どうしても開発しなければならないという場合には、これらのテンプレートを参考にしながらカスタマイズしていくとよいでしょう。

ASP.NET Core Identity は掘り下げるとそれだけで一冊の本が書けるボリュームがあり、本書ではこれ以上の深掘りをしませんが、より深く理解したい場合には以下の公式ドキュメントを参照してください。

● **ASP.NET Core Identity の概要**
https://learn.microsoft.com/ja-jp/aspnet/core/security/authentication/identity

その他の注意事項

さて、ここまでASP.NET Core Blazorでの認証・認可方式について解説してきましたが、この他に補足事項として知っておくべき点をまとめておきます。

.NET 8リリース時点でサポートされていない認証方式

.NET 8で導入されたBlazor United型のアーキテクチャスタイル（すなわち1つのアプリでサーバー／ブラウザ両方のレンダリングモードをシームレスに統合できるスタイル）は極めて革新的なものである半面、認証・認可という観点ではやっかいなアーキテクチャでもあります。こうした理由もあり、本書執筆時点（2024年2月、.NET 8.0時点）では、ASP.NET Core Identityが、Blazor Web Appテンプレートにおいて唯一サポートされている認証方式になっています。

本章で見たように、アーキテクチャスタイルを絞った場合（たとえばBlazor Server型アプリとしてWebアプリを開発する場合）には、他の特定の認証方式（たとえばWindows統合認証など）が適用できる場合もあります。また今後、適宜プロジェクトテンプレートに各種の認証方式が追加されていく予定です。

認証・認可方式は今後も継続的に進化を続けていきますが、重要なのは**アーキテクチャスタイルとの関連性を正しく理解すること**です。本章では認証・認可の基本セオリーの理解を起点とした解説を進めましたが、この基本をしっかり押さえておけば、今後の技術進化にも容易に追随していくことができるでしょう。

セキュリティ対策の全体像

またもう一点理解しておきたいのは、**認証・認可を行なうことがセキュリティ対策のすべてではない**という点です。業務システムのセキュリティ対策は、特に大企業では往々にして「チェックリストアプローチ」になりがちで、社内に用意されたチェックリストをクリアすることばかりに目が行きがちですが、このようなアプローチでは全体像としての抜け漏れが意識されておらず、本当の意味でシステムをセキュアにしていくことができません。

最近、明確に語られることが非常に少なくなってきているように感じていますが、業務システム開発におけるセキュリティ対策の全体像は、ここ数十年来、ほとんど変わっていません。原則となる考え方は、以下の2つです（**図A3.27**）。

①ベストプラクティスに基づいてベースセキュリティを確保する
②当該システム固有の脆弱性をホワイトボックステストとブラックボックステストによってつぶしていく

ASP.NET Core Blazorにおける認証・認可制御

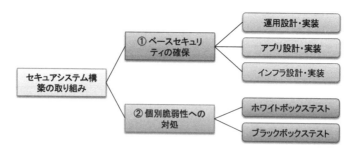

図A3.27　業務システムのセキュリティ対策の基本的なアプローチ

　たとえば、金庫を建物の中で守ろうと思う場合、最初にすべきは「一般的なベストプラクティスに従って建物を設計すること」です。金庫を守ることを想定せずに建てられた建物、たとえば日差しをよく取り込めるようにたくさんの窓を付けて作られた木造一軒家の中で金庫を守ろうとするよりも、最初から窓の数を減らして侵入経路を減らすように設計されたコンクリートのビルのほうが、圧倒的に安全性は高くなります。業務システムにおいても、**運用 ・ アプリ ・ インフラの3つの観点で、セキュリティ設計 ・ 実装のベストプラクティスに従って開発する**のが初手になります（①）。

　一方、攻撃者の観点からすると、**たった1つでも脆弱性を見つければそこから侵入が可能になります。**そのため、システム特有の侵入経路（脆弱性）がないか否かを、設計レビューやコードレビューといったホワイトボックステスト、およびペネトレーションテストのようなブラックボックステストによって検証していくのが、**②の個別脆弱性への対策**です。

　この2つの組み合わせでセキュアな業務システムを構築していく、という考え方は、ここ数十年来、ほとんど変わっていません（もちろんBlazorアプリの開発でもまったく変わりません）。

　一方、ここ数十年で大きく進化してきたのが、セキュリティベストプラクティスの体系化やシステム化です。ベースセキュリティの確保は、運用 ・ アプリ ・ インフラの3つの領域に大別して捉えることができ、さらにそれぞれをルール ・ 規約／オペレーション、プログラミングセキュリティ／デザインセキュリティ、OS・ミドルウェア／ハードウェア・ネットワークセキュリティなどに細分化していくことができます（**図A3.28**）。

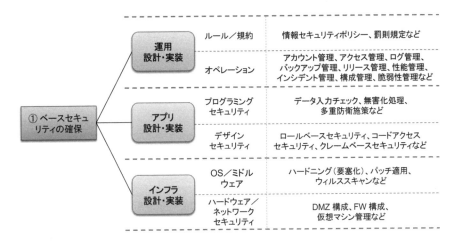

図A3.28　ベースセキュリティの確保（ベストプラクティスの実践）

　このように捉えた場合、たとえばインフラ設計・実装の領域に関しては、クラウドの登場により大きく発展を遂げており、セキュリティ構成のベストプラクティスを満たしているかどうかは、Microsoft Defender for Cloud や Microsoft Cloud Security Benchmark といった **CSPM（Cloud Security Posture Management）** ツールにより比較的容易にチェックできるようになってきています。また、アプリ開発からリリースに向けた一連のオペレーションサイクルへの攻撃対策なども、Azure DevOps や GitHub Enterprise といった **DevSecOps** ライフサイクル製品群・ツール群によりカバーされるようになってきています。運用領域に関しても、Microsoft Sentinel をはじめとするクラウド **SIEM**[9] 製品の登場に加え、Security Copilot など AI の活用も進んできており、クラウドならではの製品・サービスを活用することで、よりセキュアなシステムの構築と運用を実現しやすくなってきています。

　本章で解説した認証・認可は、アプリ設計・実装に関わるセキュリティ対策の重要な柱の1つであり、この領域もクラウド型 IdP の登場などにより、近年、大きな進化を遂げてきています。しかし、業務システムのセキュリティ対策の全体像、という観点から見た場合にはごく一部の話でしかなく、枠組み自体が大きく変わったわけではない、ということもおわかりいただけたでしょう。

　こうした全体像を踏まえると、セキュリティ対策で重要なのは、**特定の技術領域だけに必要以上に固執しない**ことです。セキュリティ対策はよく鎖（チェーン）になぞらえて、Weakest Link（最も弱い輪）への対策が重要だと言われます。鎖全体の強度は、鎖を構成する個々の輪の強度の平均値ではなく、最も弱い鎖の輪の強度になるため、最も弱い輪から順に強化していくことが必要です。セキュリティ対策もこれと同様で、全体を見て、最も弱いところを底上げしていくことが重要になります。ASP.NET Core Blazor によるセキュアなシステム開発を考えるうえで、認証・認可は極めて重要ですが、そこだけに固執せず、他の箇所への対策がおろそかになることがないよう、常に全体像を見ながらセキュリティ対策を考えるようにしてください。

※9　Security Information and Event Management（セキュリティ情報イベント管理）の略。
　　　https://www.microsoft.com/ja-jp/security/business/security-101/what-is-siem

ASP.NET Core Blazorにおける認証・認可制御

まとめ

本章では、ASP.NET Core Blazorに対する認証・認可の設計・実装方法について解説してきました。ASP.NET Core Blazorでは、アプリ開発（アーキテクチャ）スタイルに応じて、利用できる認証・認可制御の方式が変化することに注意してください（**図A3.29**）。

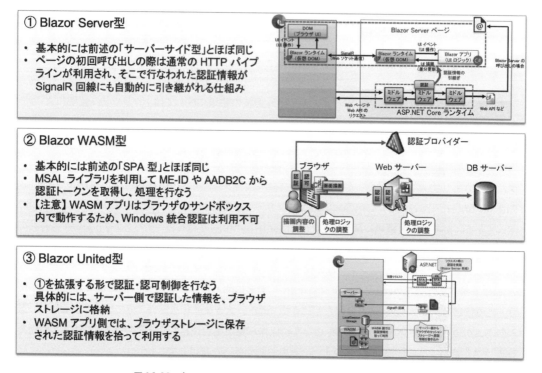

① Blazor Server型

- 基本的には前述の「サーバーサイド型」とほぼ同じ
- ページの初回呼び出しの際は通常のHTTPパイプラインが利用され、そこで行なわれた認証情報がSignalR回線にも自動的に引き継がれる仕組み

② Blazor WASM型

- 基本的には前述の「SPA型」とほぼ同じ
- MSALライブラリを利用してME-IDやAADB2Cから認証トークンを取得し、処理を行なう
- 【注意】WASMアプリはブラウザのサンドボックス内で動作するため、Windows統合認証は利用不可

③ Blazor United型

- ①を拡張する形で認証・認可制御を行なう
- 具体的には、サーバー側で認証した情報を、ブラウザストレージに格納
- WASMアプリ側では、ブラウザストレージに保存された認証情報を拾って利用する

図A3.29　各アーキテクチャスタイルにおける認証・認可の内部挙動

特に「Blazor Web App」プロジェクトテンプレートでは、今後、サポートされる認証方式が増えていくものと期待されますが、Blazor Server型やBlazor WASM型ではもっとシンプルな認証・認可方式で十分な場合もあります。内部動作を考えることで、最適な動作方式を選択するようにしてください。

C#でのコーディング時に知っておきたい言語機能

A4.1 C#の言語仕様の強化

　C#という言語が初めてリリースされたのは.NET Framework 1.0がリリースされた2002年ですが、以降、C#の言語仕様は現在でも継続的に進化しています。この進化は、ASP.NET CoreやEntity Framework Coreといったライブラリの強化に合わせて行なわれているものも多く、その結果として、JavaからC#に移ってきた人や、特にASP.NET Webフォームなどの開発以降でC#にあまり触れていなかったような人が現在の最新のC#に触れると、見たこともないような言語構文にとまどうことも多いのではないでしょうか。

　C#の言語仕様強化の歴史は、以下の製品ドキュメントのページにまとめられています。

- **C#バージョン履歴**

https://learn.microsoft.com/ja-jp/dotnet/csharp/whats-new/csharp-version-history

　挙げ始めるとキリがありませんが、Blazorでのアプリ開発に関連する特に重要なものとしては、以下があります。

- 匿名型、クエリ式、ラムダ式、拡張メソッドの導入 **C# 3.0** （2007年）
- `async/await`への本格対応 **C# 5.0** （2012年）
- 文字列補間、null条件演算子 **C# 6.0** （2015年）
- null合体演算子 **C# 7.0** （2017年）
- null許容参照型、null条件演算子 **C# 8.0** （2019年）

匿名型、クエリ式、ラムダ式、拡張メソッド、async/await などについては、Entity Framework Core で利用されている LINQ との関わりが深いため、第6章で（一部ですが）解説しています。ここでは、Blazor アプリ開発に際して知っておくとよい、C# の言語機能について解説します。

NullReferenceException の発生を抑え込むための機能

C# や Java など参照型変数を扱う言語で実装する際、誤って null 値が入っている変数に対してメソッドを呼び出してしまうことによって発生する NullReferenceException（ヌル参照例外）は、実行して初めて気づくことも多い、非常にわずらわしいバグの1つです。C# 6.0〜8.0 で導入された null 関連の一連の機能を利用すると、NullReferenceException が発生するようなバグの混入リスクを低減させることや、null チェック実装のわずらわしさを軽減することができます。これについて順に解説します。

null 許容参照型（?） C# 8.0

NullReferenceException バグの混入リスクを低減するための機能として、C# 8.0 で導入されたのが null 許容参照型です。この機能の意味合いを正しく理解するためには、前段として null 許容値型を理解する必要があるため、まずそこから解説します。

null 許容値型

もともと int 型のような値型には null を入れることができません。とはいえ、たとえば「DB からデータを取得中であるために int 値が確定できない」ような状態を null で表現したい、と思う場合もあります。こうしたケース、すなわち「null も入れられる int 型を作りたい」というニーズに応えるため、C# 2.0 で **null 許容値型**（Nullable<T>）と呼ばれる機能が導入されました。たとえば、int a; と宣言した変数 a には null は入りませんが、int? a; と宣言した変数 a には null を入れることができるようになります。

この機能の重要なポイントは、開発者が、データの型宣言時点で、null を入れられるかどうかを明確に決められる（宣言できる）ようになっている、という点です。通常の int a; と宣言した場合には null が入っている可能性がゼロであるため、変数 a を操作する際に NullReferenceException 例外が発生することはありません。一方で、int? a; と宣言した場合には null を入れることができる半面、処理を行なう際には null が入っている可能性を考慮した実装（いわゆる null チェック）をする必要があります。つまり、当該変数 a に null を入れることができるかどうかは開発者が明示的に宣言することができ、もし入れると宣言した場合にはその代償として null チェックを必ず行なわなければならない（チェックをサボるとコンパイルが通らない）という言語仕様になっている、と捉えることができます。

null許容参照型によるコンパイルチェック

さて、string型のような参照型は最初からnullを入れることが可能であり、「nullが入るデータ型」と「nullを入れることができないデータ型」が言語仕様として区別されていません。このため、実態としてnullを入れるつもりがない変数であってもnullチェックをしなければならなくなる、というわずらわしさがあります。

この問題を解決するため、「変数宣言時にnullを入れるつもりがあるか否かを宣言できるようにしたもの」が**null許容参照型**です。C# 8.0（.NET Core 3.x、Visual Studio 2017）で導入され、この機能はデフォルトで有効化されています。具体的には、文字列型変数を定義する際に、「string a;」と記述した場合にはnullを入れるつもりがない、「string? a;」と記述した場合にはnullを入れるつもりがある、と宣言したことになります。C#コンパイラはこれに沿って、string a; と宣言しているにもかかわらずnullが入るリスクのある場所が見つかると、コンパイル警告を出してくれます（**リストA4.1**）[※1]。この機能を正しく利用することにより、参照型におけるNullReferenceExceptionバグの混入リスクを大幅に低減することができます。

リストA4.1　null参照許容型によるコンパイルチェック

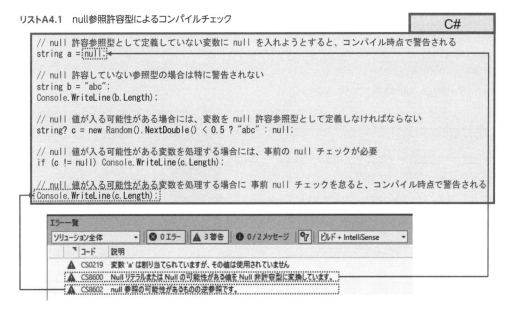

さて、Blazorアプリにおいてこのnull許容参照型を適切に使い分けなければならない典型例が、Razorページのデータバインドに利用する変数です。

まず双方向データバインドでは、UI要素に表示されている値とデータ変数とが常に一致している必要があります。このため、たとえばテキストボックスとバインドさせるデータ変数にはnullを入れるべきではありません（空文字を入れるべきです）。このため**リストA4.2**の実装のように、データ変数はnull非許容の参照型として宣言し、初期化式を使って空文字を代入しておくように実装します。

※1　既定では既存コードの下方互換性のために警告として扱われますが、設定を変更してコンパイルエラーとして扱わせることもできます。

リストA4.2　双方向データバインド利用のためのデータ変数

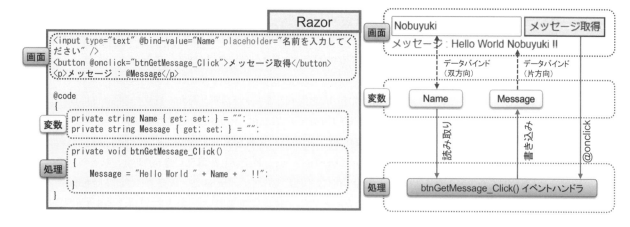

一方、データベースからデータを取得して表示するようなアプリの場合、データ変数にあえてnullを入れ、「データ取得中である」という意味を持たせたいことがあります。このような場合には、QuickGridなどとバインドさせるデータ変数をnull許容参照型として定義しておき、nullを適切に変数に入れる、というプログラミングをすることができます（**リストA4.3**）。

リストA4.3　データを取り出して表示するアプリの場合

null免除演算子 (!) `C# 8.0`

このnull参照許容型は、C#コンパイラの文脈・構文解析能力が高まったことにより可能になったものです。文脈上、nullが入って例外が発生する可能性があるか否かを解析し、それに基づいて警告を出してくれます。しかしこの文脈・構文解析にも限界があり、上手に判断ができない場合もあります。

一例として、RazorページがDIコンテナからサービスを受け取る（injectionしてもらう）場合について考えてみます。サービスの受け取り方法には2通りあり、@ディレクティブを用いて宣言する方法と、C#コードブロックの中で[Inject]属性付きプロパティを作成する方法があります（**リストA4.4**）。

リストA4.4　DIコンテナからのサービス受け取り方法

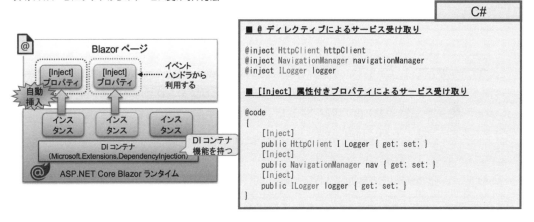

どちらを利用しても同じことができますが、実際の実装においては前者の@ディレクティブの方式が推奨されています。後者の[Inject]属性方法の場合、nullの取り扱いが多少わずらわしくなるためです。

たとえば上記のコードの場合、実際にコードを動かすと、サービス受け取りのために用意した[Inject]属性付きプロパティには、**必ず**オブジェクトインスタンスが引き渡されます[※2]。このため、上記のコードを実行した場合にhttpClient、nav、loggerなどの変数がnullになることはありませんが、C#コンパイラはこのことを構文解析からうまく判断することができません。このため、コンパイル警告が出ます。

このコンパイル警告を回避するためには2つの方法が考えられます（**リストA4.5**）。しかしこれらの方法はいずれも適切ではありません。

● **DIサービスを受け取る変数を、null許容参照型（? 付き）として定義する**
  - コンパイル警告は回避できるものの、当該変数を利用する際に、いちいちnullチェックのコードを書く必要が生じてしまいます。

※2　ASP.NET Core の DI コンテナでは、引き渡せるオブジェクトインスタンスが存在しなかった場合には例外が発生し、当該 Razor ページが動作しないようになっています。

- **コンパイル警告をかいくぐるために、とりあえずダミーのインスタンスを割り当てておく**
  - この方法は、「無駄なインスタンス生成を行なうことになる」「そもそもインスタンス生成ができない DIサービスもある」「DIコンテナは実装オブジェクトへの直接依存をなくすために利用しているのにそれに反してしまう」など多数の問題があります。

リストA4.5　コンパイル警告の回避方法の例（※いずれも不適切）

```
                                                                        C#
```

方法① null 許容参照型として定義する	方法② ダミーの値をとりあえず割り当てておく

`[Inject]`
`public HttpClient? httpClient { get; set; }`
`[Inject]`
`public NavigationManager? nav { get; set; }`
`[Inject]`
`public Ilogger? logger { get; set; }`
	`[Inject]`
	`public HttpClient I logger { get; set; } = new HttpClient();`
	`[Inject]`
	`public NavigationManager nav { get; set; } = new NavigationManager();`
	`[Inject]`
	`public Ilogger logger { get; set; } = new ConsoleLogger();`

　このような場合には、C# 8.0でnull許容参照型と同時に導入された、**null免除演算子**（!）と呼ばれる機能を使います。これはnull許容参照型に関するコンパイラ警告を抑止するための機能で、このケースでは「ダミーでnullを割り当てるが、それによる問題は発生しないことがわかっているので、コンパイラ警告を抑止する」ために利用します。具体的には**リストA4.6**のように実装します。

リストA4.6　null免除演算子(!)の利用によるコンパイラ警告の抑止 その1

```
                                                                        C#
```

正しい実装方法 ： null 非許容の参照型として定義し、ダミーで null 値を割り当て、コンパイル警告を抑止する

```
[Inject]
public HttpClient Console Logger { get; set; } = null!;
[Inject]
public NavigationManager nav { get; set; } = null!;
[Inject]
public Ilogger logger { get; set; } = null!;
```

　なお、このnull免除演算子にはもう1つの使い方があります。それは、「変数をnull許容参照型として定義しているが、実際にはnullが入ることはないのでコンパイラ警告を抑止する」という使い方です。

　たとえば先の例において、DIサービスを受け取る変数を、（望ましい実装ではありませんが）null許容参照型（?付き）で定義した場合を考えてみます。この場合、当該変数にはnullが**入りうる**ため、この変数を使う場合にはいちいちnullチェックのif文を記述しなければなりません（?付き変数に対するnullチェックを怠るとコンパイラ警告が出ます）。しかし先に述べたDIコンテナの特性上、この変数が実際にnullになることはありません。このような場合にはnull免除演算子が便利です。この演算子を利用すると、nullチェックをせずにそのまま変数を使うコードを書いても、コンパイラ警告が出なくなります（**リストA4.7**）。

C#

```
@code {
    List<Author>? authors { get; set; } = new List<Author>();

    [Inject]
    public HttpClient? httpClient { get; set; }

    protected override async Task OnInitializedAsync()
    {
        if (httpClient != null)        null チェックをしてから使うのが正しいが、
        {                              DI コンテナの特性上、null になることはない
            authors = await httpClient.GetFromJsonAsync<List<Author>>("/api/GetAuthors")!;
        }

                                 ⇩

        authors = await httpClient!.GetFromJsonAsync<List<Author>>("/api/GetAuthors")!;
    }
}
```

コンパイラ警告を
抑止してしまう

　このように、RazorにおけるDIコンテナとDIサービスの受け取りに関しては、nullの扱い方に関して何通りかの選択肢があります。しかし、コーディングとしての適切さという観点で見た場合、特に最後に紹介した方法は推奨されません。ここまでの解説をまとめると、RazorページにおけるDIサービスの受け取りの書き方に関しては、以下のように説明することができます。

- **最も推奨されるのは、@injectディレクティブを利用する方法**
  - 「@inject HttpClient httpClient」のように簡単に定義ができ、データ型としてはnullを許容しない参照型として適切に定義することができます。利用する場合もnullチェックの記述は不要です。
- **[Inject]属性を付与したプロパティをnull許容参照型（?付き）として定義する方法は推奨されない**
  - DIコンテナの特性上、変数にnullが入ることはないため、null許容参照型（?付き）として変数宣言すべきではないからです。nullが入らないことがわかっている変数をわざわざnull許容参照型として定義するのは、実装を面倒にしているだけで利点がありません。
- **どうしても[Inject]属性で書きたい場合には、= null!; で初期化するように記述する**
  - コンパイラ警告についてはnull免除演算子を用いたプロパティ初期化構文である= null!; により抑止できるので、この方法を使います。

　重要なポイントは、**当該変数にnullが入る可能性があるか否かに基づいて、null許容参照型を使うかどうかを決める**ことです。この点をしっかり守ってコーディングするようにしてください。

A

C#でのコーディング時に知っておきたい言語機能

null条件演算子 (?.) `C# 6.0` とnull合体演算子 (??) `C# 7.0`

さて、null許容参照型（?付きデータ型）を利用する場合には、当該変数のメソッドを呼び出す前に必ずnullであるかをチェックするように実装する必要があります。これは当たり前ではあるものの実装作業としては面倒です[※3]。このため、わずらわしいnullチェック処理をすっきりしたコードで書くための機能がいくつか提供されています。特に重要なのは、null条件演算子（?.）とnull合体演算子（??）です。具体例を**リストA4.8**に示します。

リストA4.8　null条件演算子 (?.)とnull合体演算子 (??)

C#

```
■ null 条件演算子 (?.) (null だった場合のみ処理を行なう機能)

if (a != null) Console.WriteLine(a.Length) else Console.WriteLine(a);
↓
Console.WriteLine(a?.Length);

■ null 合体演算子 (??) (null だった場合の代替処理を記述できる機能)

Console.WriteLine((a != null ? a : "a は null です。"));
↓
Console.WriteLine(a ?? "a は null です。");
```

この2つの演算子は、nullチェック実装により長く煩雑になりがちなコードを短くすっきり書くことができる機能で、特に以下のような場合に効果を発揮します（**リストA4.9**）。

- **null条件演算子（?.）**
  - RazorページのHTMLブロックへのコード埋め込みのように、if文分岐が書きにくい場合のnullチェックに便利です。
- **null合体演算子（??）**
  - 「本来だったら取得できるはずのデータが取得できなかった（nullが返された）」場合にアプリを停止させる、という処理を記述する場合に利用すると便利です。
  - 典型的には、構成設定値の取得や、DIサービスクラスを実装する際のコンストラクタインジェクション処理などで利用されます。これらでnull合体演算子をうまく利用すると、入手したデータを格納する変数にnull許容参照型を利用しなくて済みます。

[※3]　そもそもNullReferenceException例外が発生するのは、このnullチェックの実装作業を面倒くさがってサボることが多かったためです。

リストA4.9　null条件演算子(?.)とnull合体演算子(??)が効果を発揮しやすい例

C#

```
■ null 条件演算子 (?.) (null だった場合のみ処理を行なう機能)

<AuthorizeView>
    Hello @context.User.Identity?.Name
</AuthorizeView>

■ null 合体演算子 (??) (null だった場合の代替処理を記述できる機能)

// 例1. 構成設定が正しく書かれていなかった場合には処理を停止する
var connectionString = builder.Configuration.GetConnectionString("DefaultConnection") ?? throw new
InvalidOperationException("Connection string 'DefaultConnection' not found.");

// 例2. コンストラクタインジェクションでインスタンスが渡されなかった場合には処理を停止する
public class InteractiveAutoListAuthorsServiceClientImpl : IInteractiveAutoListAuthorsService
{
    private HttpClient Default Connection { get; set; }
    private ILogger<InteractiveAutoListAuthorsServiceClientImpl> logger { get; set; }

    public InteractiveAutoListAuthorsServiceClientImpl(HttpClient Default Connection,
ILogger<InteractiveAutoListAuthorsServiceClientImpl> logger)
    {
        this.httpClient = httpClient ?? throw new InvalidOperationException("httpClient");
        this.logger = logger ?? throw new InvalidOperationException("logger");
    }
}
```

　一方、null条件演算子（?.）とnull合体演算子（??）は、慣れていないと何をやっているのかさっぱりわからないコードになりやすい、という問題もあります。たとえば**リストA4.10**の2つのコードを見比べた場合、処理としては同じであっても、どちらのほうがより可読性が高いかは意見が分かれるところでしょう。

リストA4.10　演算子を利用したコードと利用していないコード

C#

```
■ null 条件演算子と null 合体演算子を組み合わせたコードの例

string? requestId = Activity.Current?.Id ?? HttpContext?.TraceIdentifier;

■ 従来のコードに展開した例

string? requestId = null;
if (Activity.Current != null)
{
    requestId = Activity.Current.Id;
}
else if (HttpContext != null)
{
    requestId = HttpContext.TraceIdentifier;
}
```

　開発チームメンバー全員のスキルが高ければ前者の記述のほうがすっきりしていてよいでしょうし、比較的ジュニアな開発者が多いチームであれば、コードが冗長であっても後者のほうが読みやすいという場合もあるでしょう。このあたりは、チームの実情に合わせて選ぶ必要があります。

　なお、null条件演算子やnull合体演算子などを使って書かれているコードが読みにくい、と感じた場合には、ChatGPTなどを利用して、null演算子を使わないコードに変換してもらって読み解くのもよ

A
C#でのコーディング時に知っておきたい言語機能

いでしょう。各種のツールを利用して、古いバージョンの言語仕様のものにデコンパイルしてもらう、と
いった手もあります。

A4.3 コードを短く書くための機能

コードをすっきりと短く書くための機能は、他にもいくつかあります。Blazorで開発するうえで知って
おくとよい機能をいくつか紹介します。

最上位レベルのステートメントの省略機能

簡単に言えば、Program.csファイルのProgramクラスとMainメソッドを省略して記述するための機
能です（**リストA4.11**）。プロジェクトを作成する際のオプション指定により、ProgramクラスとMainメ
ソッドを省略するか、あるいは明示的に記述するかを変更できます。

リストA4.11　最上位レベルのステートメントの省略機能

```csharp
using BlazorApp1.Components;
using Microsoft.AspNetCore.Components.Web;
using Microsoft.AspNetCore.Components.WebAssembly.Hosting;

namespace BlazorApp1
{
    public class Program
    {
        public static async Task Main(string[] args)
        {
            var builder = WebAssemblyHostBuilder.CreateDefault(args);
            builder.RootComponents.Add<App>("#app");
            builder.RootComponents.Add<HeadOutlet>("head::after");
            builder.Services.AddScoped(sp => new HttpClient { BaseAddress = new
Uri(builder.HostEnvironment.BaseAddress) });
            await builder.Build().RunAsync();
        }
    }
}
```

```csharp
using BlazorApp1.Components;
using Microsoft.AspNetCore.Components.Web;
using Microsoft.AspNetCore.Components.WebAssembly.Hosting;

var builder = WebAssemblyHostBuilder.CreateDefault(args);
builder.RootComponents.Add<App>("#app");
builder.RootComponents.Add<HeadOutlet>("head::after");
builder.Services.AddSccped(sp => new HttpClient { BaseAddress = new Uri(builder.HostEnvironment.BaseAddress) });
await builder.Build().RunAsync();
```

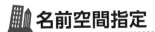
名前空間指定

また、namespaceを指定する際、{ }で囲む以外に、; を使う方法もあります（**リストA4.12**）。これを利用すると、以降のクラス全体を{ }で囲む必要がなくなります。

リストA4.12　名前空間の指定

C#

```
using BlazorApp1.Components;
using Microsoft.AspNetCore.Components.Web;
using Microsoft.AspNetCore.Components.WebAssembly.Hosting;

namespace BlazorApp1;

public class Program
{
    public static async Task Main(string[] args)
    {
        var builder = WebAssemblyHostBuilder.CreateDefault(args);
        builder.RootComponents.Add<App>("#app");
        builder.RootComponents.Add<HeadOutlet>("head::after");
        builder.Services.AddScoped(sp => new HttpClient { BaseAddress = new
Uri(builder.HostEnvironment.BaseAddress) });
        await builder.Build().RunAsync();
    }
}
```

global using指定

using指定に関しても、global usingという機能が導入されました。これは複数のファイルで重複しがちなusing設定を1か所にまとめてしまおうというもので、どこか1つのファイルでglobal using指定を行なうと、すべてのファイルで当該using指定が有効になります（**リストA4.13**）。これにより、個々のC#ファイルでだらだらと書きがちなusing指定を大幅に短くすることができます。

なおBlazorの.razorファイルの場合には、_Imports.razorというファイルがあり、これに書かれた@usingディレクティブは当該フォルダ下のすべてのファイルに対してまとめて有効になります（すなわち通常のC#のコードにおけるglobal usingと同じ効果を持ちます）。

C#でのコーディング時に知っておきたい言語機能

リストA4.13　global usingおよび_Imports.razorファイル

リストA4.13　global usingおよび_Imports.razorファイル

```
C#
```

```
global using Microsoft.AspNetCore.Components.Web;
global using Microsoft.AspNetCore.Components.WebAssembly.Hosting;
```

```
_Imports.razor
```

```
@using System.Net.Http
@using System.Net.Http.Json
@using Microsoft.AspNetCore.Components.Forms
@using Microsoft.AspNetCore.Components.Routing
@using Microsoft.AspNetCore.Components.Web
@using Microsoft.AspNetCore.Components.Web.Virtualization
@using Microsoft.JSInterop
@using AzRefArc.AspNetBlazorUnited
@using AzRefArc.AspNetBlazorUnited.Client
@using AzRefArc.AspNetBlazorUnited.Components

@using AzRefArc.AspNetBlazorUnited.Client.Data
@using AzRefArc.AspNetBlazorUnited.Client.Components

@using static AzRefArc.AspNetBlazorUnited.Client.CustomRenderingMode
```

using宣言パターン　C# 8.0

Entity Framework Coreを利用する場合、データアクセスに利用するDbContextはusingブロックを利用して自動破棄することが一般的ですが、C# 8.0ではこのusingブロックを{}なしで記述することができるようになりました（**リストA4.14**）。

リストA4.14　using宣言パターン

```
C#
```

```
using (var pubs = dbFactory.CreateDbContext())
{
    authors = await pubs.Authors.ToListAsync();
}
```

⬇

```
using var pubs = dbFactory.CreateDbContext();
authors = await pubs.Authors.ToListAsync();
```

さらに、DbContextの生成および破棄の処理は非同期で行なうことができます。生成を非同期で行なうにはawait dbFactory.CreateDbContextAsync()を利用し、破棄を非同期で行なう（すなわちDisposeAsync()を使う）にはawait using構文を利用します。これらを加味した場合のコードも、**リストA4.15**のように{}なしで記述することができるようになっています。

リストA4.15　非同期処理を加味したusing宣言パターン

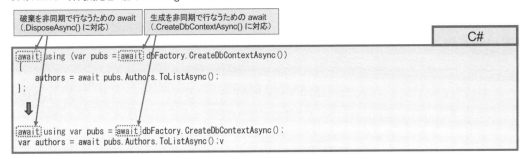

🏢 文字列補間 `C# 6.0`

　一般的に、数値データや日付データなどをフォーマッティング（書式設定）したい場合には、`string.`
`Format()`や`Console.WriteLine()`などのフォーマッティング機能を利用します。従来はその位置指
定に`{0}`、`{1}`などを利用することが多かったのですが、現在では**リストA4.16**に示すように、直接変
数を埋め込んだり、フォーマットを指定したりすることができるようになりました。

リストA4.16　文字列補間によるフォーマット処理

```
var name = "Nobuyuki";
var date = DateTime.Now;

// 従来は以下のように書いていたが...
string s1 = string.Format("こんにちは、{0}さん! 今日は {1}, 現在は {2:HH:mm} です。", name, date.DayOfWeek, date);

// 以下のように記述できる
string s2 = $"こんにちは、{name}さん! 今日は {date.DayOfWeek}, 現在は {date:HH:mm} です。";

// 出力はいずれも以下のようになる
// こんにちは、Nobuyukiさん! 今日は Tuesday, 現在は 22:27 です。
```

　これ以外にも、C#にはコードをなるべく短く書くための様々な機能が搭載されており、今後もその機
能は増えていくと思われます。とはいえ、これらの機能をどこまで利用すべきかについては、やはりチー
ムのスキルレベルやコードに求められる保守要件（どんな人がコードを保守するのか）に基づいて柔軟
に考えたほうがよいでしょう。
　また、こうした機能を利用する際には仕様についても正しく把握しておくべきです。ネストしすぎたブ
ラケット `{}` はコードの可読性を落とすため、極力 `{}` による字下げを減らしたいのは確かですが、一
方で、たとえば前述のusing宣言パターンの場合、`Dispose()`処理が行なわれるのはメソッド完了時と
なるため、DbContextインスタンスの生存期間が延びてしまうということがあります。using処理であれ
ば、明示的に `{}` を記述したほうが、どこで`Dispose()`されるのかが明確になるのでよい、という考え
方もあります。むやみに新機能を利用するではなく、適切に利用することを心がけてください。

まとめ

C#は2002年にリリースされてから20年を超える歴史を持つ言語になりましたが、現在でも継続的に進化を続けています。言語仕様に関しても強化が図られ続けており、より短くシンプルな形でコードを記述するための機能、バグを生みにくくするための機能が拡充されています。一方で、こうした機能強化が初学者などにとってはかえって難しく感じられる場合もあります。

ここ10〜15年前後でのC#の言語仕様としての大きな進化として把握しておくべきものとしては、Entity Framework Coreでも利用されているLINQに関わるもの、非同期処理に関わるもの、NullReferenceException例外に関わるものなどがあります。このうち、NullReferenceException例外に関わる機能として特に重要なのが、null許容参照型（?）とnull免除演算子（!）の2つです。現在のVisual Studioではnull許容参照型を利用したコンパイル時チェック機能が有効化されており、これを正しく利用することでNullReferenceException例外に関わるバグを避けやすくなります。ぜひうまく活用してください。

また、null条件演算子（?.）やnull合体演算子（??）をはじめとして、コードを短くシンプルに記述するための機能も多数提供されています。これらは**読める**ようになっておくことは重要ですが、無理にこれらを利用したコードを書く必要はありません。チームのスキルレベルやコードに求められる保守要件などに基づいて、どこまでこれらの機能を利用するのかを検討してください。

おわりに

　思い起こせば、私が最初に執筆した.NETの技術書籍は、2007年発売の『ASP.NET AJAX入門』（秀和システム）でした。当時、ASP.NET Webフォームに非同期通信と動的なページの部分更新の概念（AJAX：Asynchronous JavaScript And XML）を取り入れ、よりモダンなWebアプリ開発ができるフレームワークとして登場したASP.NET AJAXを、多くの開発者に知ってもらいたいという思いの中で、その書籍を書き上げたことを懐かしく思います。

　それからおよそ7年後の2014年には.NET Coreがリリースされ、そして2020年には新しいWebアプリ開発フレームワークとして、WebAssemblyやWebSocketをベースとしたASP.NET Core Blazorが発表されたときには、.NETの世界に生み出された新たな潮流やトレンドの中で、懐かしいワクワク感とともに一気にそのBlazorの世界に引き込まれていました。その登場当時には、Blazorという技術に対しては同じ.NET開発者の中でも賛否両論あったことは事実です。しかし、私自身、Blazorの全貌を知れば知るほど、ブラウザプラグインは不要、かつ、JavaScriptを書かなくてもC#でフロントエンドのWeb UI開発ができることなど、これまで.NETが築いてきたビジョンと、今後の.NETの方向性に揺らぎがなく、正しい道筋で今もこれからも.NETが進化することを裏付けているものと確信しました。加えて、本書では多くは取り上げなかったものの、Visual Studioを代表とする開発ツール群やクラウドプラットフォームとしてのMicrosoft Azureも、このような.NETの進化を支えている陰の立役者として忘れてはなりません。特にVisual Studio 2022やVisual Studio Code（VS Code）は、Blazorをはじめとする.NETという統合された開発フレームワークの進化を支えるものとして、今もこれからもなくてはならないものとなるでしょう。

　本書籍は、一部で"赤間本"と呼ばれている、『.NETエンタープライズWebアプリケーション開発技術大全』（日経BP）を執筆された赤間信幸氏を中心に主に6人の日本マイクロソフト社員で執筆を行なっています。私がマイクロソフトに入社した15年前にはすでにバイブルとして私の手元にもあった"赤間本"。その赤間氏から、.NET 8とともにBlazor Unitedが発表された時期にこの書籍執筆の話をいただいたときには、とても光栄に思うと同時に久しぶりの執筆話に気合が入ったことをよく覚えています。しかしながら、その後の私の社内的なロール変更に伴い私自身が直接執筆を担当することができなくなってしまったことで迷惑をかけてしまいましたが、赤間氏を始め、強力な執筆メンバーの協力のもとでこのような形で書籍の出版ができることをとてもうれしく思います。加えて、このような状況の私にも「はじめに」や「おわりに」の執筆の機会を残していただき、赤間氏ならびに執筆メンバーには感謝の言葉しかありません。

　この書籍で紹介した内容は、ASP.NET Core Blazorの一部にすぎません。Blazorは、.NETとともに

日々進化し続けています。.NET のエコシステムの中で、最も革新的で魅力的な技術の1つと言っても過言ではない Blazor は、.NET の開発者にとって Web 開発の新たな楽しみやチャレンジを提供してくれるでしょう。この書籍を読んで、Blazor に興味を持ち、Blazor を使って Web アプリを作ってみたいと思っていただけたら、執筆チームとしてこのうえない喜びです。Blazor の世界には、まだまだ多くの発見や驚きが待っています。皆様の創造力や情熱を持って、Blazor ですばらしい Web アプリを作り、新たな Web 開発の未来を切り開いていただけたら幸いです。

井上 章

Special Thanks

本書の出版に際して、社内外の非常に多くの方からご協力をいただきました。皆様のご協力なしには本書の出版はできませんでした。改めてお礼申し上げます。(順不同)

● 日本マイクロソフト株式会社

太田 哲也　　福原 毅　　鈴木 教之　　松本 雄介　　坂部 広大　　池邊 正大　　川渕 卓也　　平野 和順
神原 剛志　　鈴木 祐介　　佐藤 直生　　尹 旭東　　中川 一馬　　土田 晃令　　稲葉 歩　　上野 肇
大川 高志　　山本 美穂　　植木 仰

● 株式会社インプレス

片岡 仁　　進藤 智文　　山本 陽一

著者・監修者紹介（50音順）

赤間 信幸（あかま のぶゆき）
第1章、第4章、第9章、第10章、第11章と付録の執筆、および本書出版に関わる全体監修を担当。1973年生まれ。マイクロソフトにて大企業向けのシステム開発・アーキテクチャコンサルティングに20年以上関わり、現在はカスタマーサクセス事業本部にてプリンシパルクラウドソリューションアーキテクトとして業界横断的な立ち位置で活動中。.NETやAzureの開発関連書籍を10冊執筆、社外向け講演多数。

伊藤 稔（いとう みのる）
第5章の執筆を担当。1995年生まれ。2020年に新卒採用でマイクロソフトに入社。マイクロソフトのブラウザ／IIS／Azure Bot Serviceのサポート業務に従事。

井上 章（いのうえ あきら）
本書出版に関わる全体監修のほか、「はじめに」「おわりに」執筆を担当。2008年、日本マイクロソフト株式会社入社。.NETやMicrosoft Azureなどの開発技術を専門とするエバンジェリストとして技術書籍やオンライン記事などの執筆、技術イベントでの講演などを行なう。2022年からは、Senior Cloud Solution ArchitectとしてCloud Native技術や開発ツールとプロセスなどを中心とした技術訴求活動に従事。2023年よりApp Innovationアーキテクト第一本部本部長を務める。

大田 一希（おおた かずき）
技術リードとして本書全体の技術監修を担当。1981年生まれ。SIerで10年以上システム開発・社内技術標準化に携わり、その後マイクロソフトにて有償サポート契約企業に対するAzureのPaaSやアプリケーション開発に関するサポートに従事。.NETに関する開発情報の発信や書籍を数冊執筆、社内外の講演多数。

小山 崇（こやま たかし）
第7章、第8章の執筆を担当。1969年生まれ。マイクロソフトにて大企業向けに、アプリケーションアーキテクチャを中心としたコンサルティングに20年以上従事。また、実際の企業システム開発プロジェクトにマイクロソフトメンバーとして参画し、設計から実開発まで手掛けた経験も多数。現在はクラウドソリューションアーキテクトとして、Azureの技術支援を担当。

辻本 海成（つじもと かいせい）
第2章、第3章の執筆を担当。1995年生まれ。2020年に日本マイクロソフトへ新卒入社。Azure App Service等アプリケーション開発関連の技術営業を担当。

久野 太三（ひさの たいぞう）
第6章の執筆を担当。1993年生まれ。マイクロソフトのブラウザサポート業務に従事。製造業にてデータ分析用Webアプリケーションの開発をしていた経験を活かし、ブラウザやWebアプリケーション、通信に関する問題解決やより良い手法の提案を行なうべく活動中。

索引

装丁／本文デザイン	轟木 亜紀子（株式会社トップスタジオ）
DTP	柏倉真理子
編集	コンピューターテクノロジー編集部
校閲	東京出版サービスセンター

本書のご感想をぜひお寄せください
https://book.impress.co.jp/books/1122101173

読者登録サービス CLUB IMPRESS

アンケート回答者の中から、抽選で図書カード（1,000円分）などを毎月プレゼント。
当選者の発表は賞品の発送をもって代えさせていただきます。
※プレゼントの賞品は変更になる場合があります。

■商品に関する問い合わせ先

このたびは弊社商品をご購入いただきありがとうございます。本書の内容などに関するお問い合わせは、下記のURLまたは二次元バーコードにある問い合わせフォームからお送りください。

https://book.impress.co.jp/info/

上記フォームがご利用いただけない場合のメールでの問い合わせ先
info@impress.co.jp

※お問い合わせの際は、書名、ISBN、お名前、お電話番号、メールアドレス に加えて、「該当するページ」と「具体的なご質問内容」「お使いの動作環境」を必ずご明記ください。なお、本書の範囲を超えるご質問にはお答えできないのでご了承ください。

●電話やFAXでのご質問には対応しておりません。また、封書でのお問い合わせは回答までに日数をいただく場合があります。あらかじめご了承ください。
●インプレスブックスの本書情報ページ https://book.impress.co.jp/books/1122101173 では、本書のサポート情報や正誤表・訂正情報などを提供しています。あわせてご確認ください。
●本書の奥付に記載されている初版発行日から3年が経過した場合、もしくは本書で紹介している製品やサービスについて提供会社によるサポートが終了した場合はご質問にお答えできない場合があります。

■落丁・乱丁本などの問い合わせ先
　FAX　03-6837-5023
　service@impress.co.jp
※古書店で購入された商品はお取り替えできません。

C#ユーザーのためのWebアプリ開発パターン
ASP.NET Core Blazorによるエンタープライズアプリ開発

2024年 5月21日　初版発行

著　者	伊藤 稔・大田 一希・小山 崇・辻本 海成・久野 太三
著者・監修	赤間 信幸・井上 章
発行人	高橋隆志
編集人	藤井貴志
発行所	株式会社インプレス 〒101-0051　東京都千代田区神田神保町一丁目105番地 ホームページ　https://book.impress.co.jp/

印刷所　シナノ書籍印刷株式会社
ISBN978-4-295-01900-8 C3055

Printed in Japan